中國數谷

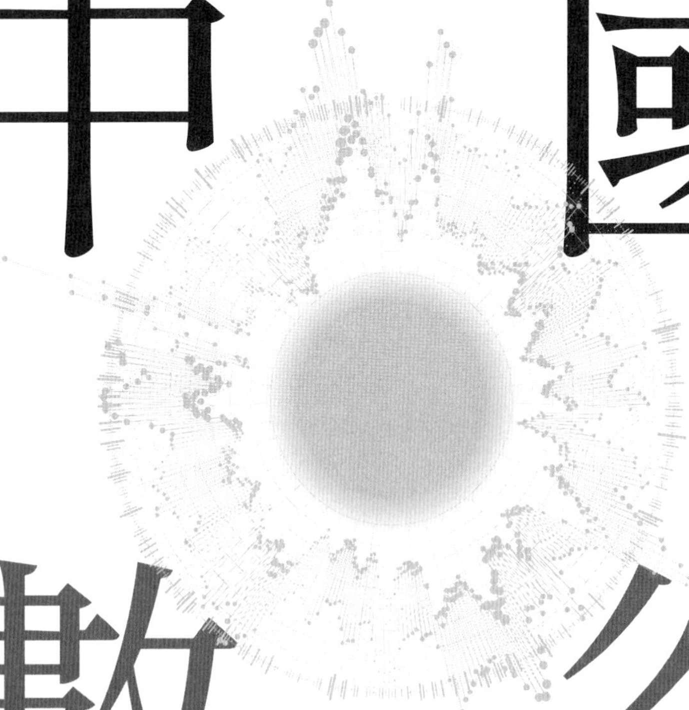

趕超美國矽谷的大數據革新

大數據戰略重點實驗室｜著　　連玉明｜主編

編撰委員會

序——

朝著中國數谷的目標不斷邁進

在人類社會進步的時間軸上，科技創新總會在時代變革的關鍵節點貢獻著革命性的力量。就像蒸汽時代的到來，讓社會生產力實現了近代以來的第一次飛躍，電氣時代帶來了第二次飛躍，而訊息時代帶來的是幾何倍數的飛躍。在過去二十多年，互聯網促進了商業模式和產業業態的不斷創新，徹底改變了人們的消費習慣，成為新經濟發展的引擎。隨著大數據、雲端運算、5G網路、物聯網、人工智慧等技術的普及，萬物互聯、數化萬物將真正成為可能，這將會重塑整個產業格局和經濟形態，讓資源配置效率和社會生產效率大大提升，讓人類創造財富的速度和進程大大加快，讓技術疊代週期和企業創業週期大大縮短。可以預見，大數據與實體經濟的融合應用將迎來更廣闊的前景。

習近平總書記致二〇一九數博會的賀信中指出，「當前，以互聯網、大數據、人工智慧為代表的新一代訊息技術蓬勃發展，對各國經濟發展、社會進步、人民生活帶來重大而深遠的影響。各國需要加強合作，深化交流，共同把握好數位化、網路化、智慧化發展機遇，處理好大數據發展在法律、安全、政府治理等方面挑戰。」這為大數據產業發展指明了前進方向，也對我們加快國家大數據（貴州）綜合試驗區建設提出了更高的要求。

近年來，貴陽貴安順應新一輪科技革命和產業變革的大勢，以敢想敢幹的魄力和知行合一的智慧率先搶灘大數據藍海，大數據政用、商用、民用取得顯著成效，先後獲批建設國家級大數據產業發展集聚區、大數據產業技術創新試驗區、大數據及網路安全示範試點城市，成立全國首家大數據交易所，首個大數據國家工程實驗室，成為國內首批 5G 試點城市。英特爾、思愛普、富士康和中電科、阿里巴巴、華為、京東、奇虎 360、科大訊飛等一批國內外大數據領軍企業落戶，湧現出滿幫集團、易鯨捷、朗瑪信息等一大批本地優強企業，為高品質發展注入了強大動力，探索出了一條創新驅動發展、數據驅動創新的綠色崛起之路。

大數據對貴陽貴安的眷戀，讓這座城市生機盎然，「中國數谷」的美譽蜚聲海內外，這是對我們極大的鼓勵和鞭策。貴陽貴安將繼續高舉大數據這面旗幟，堅定不移把大數據戰略行動向縱深推進，不斷強化對現有大數據企業的支持力度，強化對大數據企業的招商力度，強化與大數據融合的高科技企業的招商力度，強化對大數據等高科技領域的人才引進力度，加快大數據與實體經濟、鄉村振興、服務民生、社會治理的融合，做大做強數位經濟，繼續深入推進國家大數據綜合試驗區核心區建設，努力朝著「中國數谷」的目標不斷邁進，譜寫貴陽貴安經濟社會發展新篇章。

趙德明 中共貴州省委常委

中共貴陽市委書記、貴安新區黨工委書記

二〇二〇年五月

主編序——

大數據發展給一個城市的啟示

我自二〇一四年三月起到貴陽掛職市長助理，那個時期正是貴州和貴陽拉開大數據發展序幕之時。五年多來，我參與、服務和見證了貴州和貴陽大數據發展的整個歷程和重大項目。我感受最深的一點是，大數據在貴州和貴陽是一種戰略部署。任何行動一旦上升為戰略，它必將起到引領全局、覆蓋全面、貫穿始終的強大作用。很多媒體問我：「全國都在搞大數據，為什麼貴州和貴陽能夠成功？」我說：「全國都在搞大數據，但是把發展大數據作為一種戰略的，只有貴州和貴陽。」

如果我們對貴州和貴陽發展大數據進行一個週期性判斷的話，可以概括為四個階段，即「無中生有、風生水起、落地生根、開花結果」。過去的五年，是貴州和貴陽發展大數據從無中生有到風生水起的五年，今後的五年，貴州和貴陽的大數據發展正邁入落地生根、開花結果的新階段。回顧貴州和貴陽大數據的發展歷程，我們不禁會問：大數據究竟給貴州和貴陽帶來了什麼？我個人認為至少有以下三點：

第一，貴州和貴陽發展大數據是一項具有劃時代意義的重大戰略選擇。習近平總書記對貴州最重要的指示，就是守住「兩條底線」，既保護生態，又發展經濟。這兩條底線的核心，是實現貴州從「美而窮」到「美而富」的飛躍。那麼，這個飛躍中那「驚險的一躍」靠什麼？答案只有一個，選擇只有一條，就是創新。只有靠創新驅動發展，才能從根本上實現「生態美、百姓富」的目標。而大數據正是創新的引爆器，或者說是新一輪科技革命和產業變革交叉融合的引爆點。這個引爆點讓東部與西部、沿海與內地、已開發地區與開發中地區站在了同一條起跑線上。更為重要的是，大數據是一場由科技引發的社會變革，這個變革打破了國家、區域、城市的邊界，突破了已開發地區與開發中地區的隔閡，並將解構和重構資源配置方式，讓一切不可能成為可能，使「無」生了「有」。大數據對貴州和貴陽的劃時代意義就在於，發展大數據給貴州和貴陽帶來了希望和未來。

第二，貴州和貴陽發展大數據走出了一條不同於東部、有別於西部的發展新路。這條新路的本質，就是創新驅動發展、數據驅動創新。從某種意義上講，貴州和貴陽發展大數據，有很多先天不足，比如基礎差、市場弱、人才缺、可持續發展難度大等。在別人認為根本不可能發展大數據的貴州和貴陽，究竟是靠什麼發展大數據並走向成功的呢？最關鍵的一條，就是靠大數據的場景應用。用貴州和貴陽自己總結的話講，就是「聚通用」，大數據的匯聚、融通、應用就形成了場景。

場景應用是創新的第一驅動力。舉例來說，在貴陽發展大數據的主要路徑選擇，概括起來叫「抓兩頭、促中間」。所謂「抓兩頭」，一頭是抓數據中心建設，一頭是抓呼叫中心建設，這是大數據發展初期的兩大切入點。所謂「促中間」，就是促進大數據發展的政用、商用、民用，也就是我們所說的場景應用。特別是在政用方面，圍繞政府治理，貴陽打造出了「數據鐵籠」、「黨建紅雲」、「社會和雲」、「數治法雲」、「同心合雲」等品牌，在大數據政府治理方面走在了全國前列。

場景應用是創新中的再創新。這種再創新顛覆與重構了創新方式，它讓科技創新與社會創新全面對接，並且讓科技從實驗室走出來，使科技創新直接服務於社會需求。場景應用促使創新資源、創新政策、創新體制、創新環境發生全面變革，實現了創新需求與創新成果低成本、高效率的無縫對接，從而大大提升了政府效能，推動了經濟轉型升級。以場景應用為導向的創新驅動發展、數據驅動創新的新路，在實施國家創新驅動發展戰略中具有可複製、可推廣的全國意義。

第三，貴州和貴陽發展大數據已經成為開發中地區後發趕超的文化品牌。大數據是什麼並不重要，重要的是大數據改變了我們對世界的看法。大數據不僅改變了貴州和貴陽對世界的認識，更重要的是，也改變了世界對貴州和貴陽的認識。貴州和貴陽不僅成為中國大數據發展的戰略策源地，而且成為引領全球大數據發展的重要風向標。這個風向標的重要標誌，就是搶占了四個制高點：一是以塊數據為核心的理論創新制高點；二是以地方立法為引領的制度創新制高點；三是以標準制定為主導的規則創新制高點；四是以場景應用為驅動的實踐創新制高點。這四個制高點的意義，已經超越其現實利益和經濟價值，而彰顯出其獨特的文化軟實力和品牌競爭力，並逐步內化成為一種文化信仰和品牌力量。在中國的任何地方，現在只要提到貴州，大家就會自然而然將其和大數據聯繫在一起。貴州不再是貧窮、落後、開發中的代名詞，而是年輕人創業、創新和追夢、築夢的地方。這就是大數據品牌的力量。

貴州和貴陽發展大數據是一個城市的覺醒。發展是有階段性和週期性的。俗話講，三十年河東，三十年河西。如果前三十年是沿海地區率先發展的話，那麼，後三十年西部地區，特別是貴州和貴陽的後發趕超也是必然。關鍵在於，在後三十年發展的起跑線上，貴州人和貴陽人把握了先機，勇於並敢於站在新科技革命和新產業變革交叉融合的引爆點上。這種「勇」和「敢」是一種覺醒，一種文化的覺醒，本質上是文化自信。五百多年前，明朝大思想家王陽明曾在貴陽龍場悟道，提出「知行合一」的心學思想，而今天，貴州人和貴陽人把「知行合一」踐行於大數據發展的生動實踐中。這種踐行是貴州的覺醒、貴陽的覺醒。

今天，大數據已成為引領中國數谷綠色崛起，促進經濟社會高品質發展的新引擎。以建設國家大數據（貴州）綜合試驗區和打造「中國數谷」為突破口，貴州和貴陽把大數據作為提升政府治理能力的新手段、服務社會民生的新途徑、引領產業轉型升級的新動力、推動大眾創業萬眾創新的新機遇，堅持「四個強化、四個融合」的發展新方向，全面推進國家部署的大數據七項系統性試驗，培育轉型升級新動能，拓展經濟發展新空間，為經濟社會高品質發展提供了強有力支撐。正是對「大數據」這一命題與眾不同的回答，數據流、訊息流、技術流在這裡奔騰激盪，古老與現代、歷史與未來在這裡交匯融合，政府、企業、民眾對發展大數據充滿了信心和期待，這裡必將會如矽谷一樣，成為策源地、集聚區和築夢場，成為奇蹟誕生的地方。

我還想特別指出的是，對「中國數谷」的持續追蹤研究是一座燈塔和一面鏡子，它一邊指引著貴陽大數據發展前行的方向，一邊反映著貴陽大數據發展的探索歷程。二〇一五年五月，大數據戰略重點實驗室研究出版了《創新驅動力：中國數谷的崛起》理論專著，系統闡述了貴陽打造中國數谷的戰略定位，全面深入地解讀並揭示了貴陽以大數據為創新驅動力實現創新、轉型、成長的奧秘。二〇一八年五月，大數據戰略重點實驗室研究出版了《中國數谷》，這是一部全面梳理總結貴陽成長為「中國數谷」的秘籍，講述了貴州和貴陽如何在生態保護與經濟發展「兩難的抉擇」中探索出一條「雙贏的新路」，系統回答了最前沿的大數據為什麼生長在開發中的貴州和貴陽等問題。如今，我們研究出版《中國數谷》（第二版），不僅為貴陽擘畫了一幅大數據發展升級版的宏偉藍圖，更為「數位中國」建設提供了可供借鑑的「貴陽方案」。我們希望透過這本書能夠與正在探索創新之路的城市、地區乃至國家一起分享關於「中國數谷」建設的故事和機遇。《中國數谷》系列專著的研究出版，不是一般性的記事和紀實，而是貴州和貴陽這片大數據的熱土邁向新時代的重大行動宣示和誓師。貴州和貴陽發展大數據已經成為開發中地區後發趕超的文化品牌，我們不得不更多地關注她、研究她、把握她，因為我們每個人都身在其中，這也是我們必須對中國數谷肅然起敬，並且持續探尋的根本動因。

連玉明

大數據戰略重點實驗室主任

二〇二〇年三月二十八日

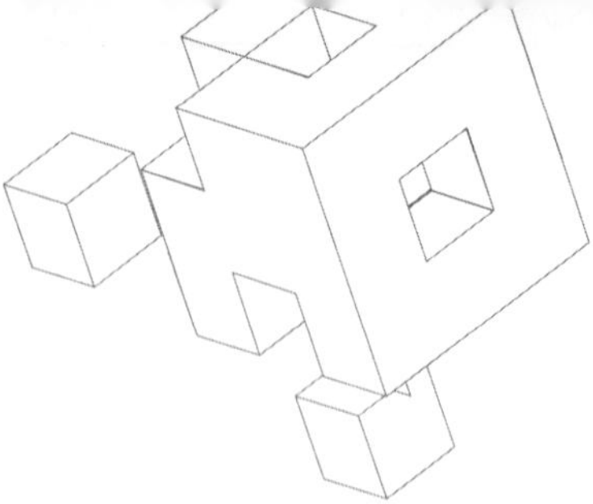

目錄

CHAPTER 2 國家試驗・國家大數據戰略的數谷實踐 112

——緒論 乘風而行，逐鹿雲端——

貴州，在人們的印象中似乎總是與妙趣橫生的喀斯特地貌、層疊錯落的開屯梯田、戴紅纓珠帽的少數民族少女、激盪味覺靈魂的酸湯魚、馳名中外的茅台酒和「老乾媽」聯繫在一起……人們對貴州的認知，彷彿除了「夜郎自大」和「黔驢技窮」這兩個「千古奇冤」的成語外，就只剩下「天無三日晴，地無三尺平，人無三文銀」的調侃了。作為內陸，她沒有沿海發達；作為高原，她沒有西藏神祕；作為民族地區，她又沒有雲南風情萬種。千百年來，貴州都是上述謎面的謎底，總之，貴州是一塊說不清、道不明而又近在咫尺的神祕土地。

風來兮，雲起時，不知從何時起，從飯稻羹魚到風馳電掣，一個西部省分崛起的雄心被世人窺見……習近平總書記在參加黨的十九大貴州省代表團討論時，讚譽貴州是十八大以來黨和國家事業大踏步前進的一個縮影。《西日本新聞》評價貴州，「兼顧以最高端技術促發展和環境保護的『知行合一』模式，或許也是關係中國未來的試金石」。美國媒體 CNN 刊文指出，貴州是中國的大數據「矽谷」（GUIZHOU: CHINA'S FINEST THE BIG DATA VALLEY OF CHINA）。貴州這些年綜合實力的顯著提升、脫貧攻堅的顯著成效、生態環境的持續改善、人民群眾滿足感的不斷增強，相對於單個省級層面的成績，更有著十八大以來中國華章的「縮影」意義。正如我們未曾錯過三十年前（一九九〇年）的廣東和浙江，今天，啟示自貴州始。

大開放：因路而生的貴州將再因路而興

回顧歷史，我們會發現貴州是一個因路而建的省分。明代學者郭子章在《黔記》中如此描述貴州的重要地位：「貴州四面皆夷，中路一線，實滇南出入口戶也。黔之役，專為滇設，無黔則無滇。」為保住這條建於元代，東起湖廣，從東向西橫貫西南的驛道，明廷在貴州駐紮重兵，確保進軍雲南的軍事道路暢通，並於一四一三年利用思州思南土司叛亂，順勢建立了貴州省。明御史宋興祖說過，貴州雖名一省，實不如江南一大縣，山林之路不得方軌，溝渠之流不能容船，民居其一苗居其九，一線之外四顧皆夷，即平居無事，商賈稀闊。明朝在貴州建省根本不是因為經濟問題，而是為了鞏固邊防，正如《黔記》中所述，「（貴州）從古不入版圖，我朝因雲南而從此借一線之路，以通往來」。而為路建省這個重大的國家舉措，不僅改變了整個西南的格局，也幾乎重構了中國的文化版圖。

「自漢江買舟入黔，高山萬仞，浚水千灘，洶湧之聲不絕於耳，扁舟逆流，兩次斷纜，無限艱辛，備極驚駭，頗動思歸之念……」這是一百六十多年前的清代，長白人常恩受命安順府知府，首次入黔後給京中友人的一封信。貴州雖因路而生，但由於地理環境特殊，在很長一段時期，交通曾成為阻礙貴州發展的最大瓶頸。過去，這裡曾是中國的交通窪地，一條盤山路二十四道拐，訴說著當地人出行的艱難，一條懸崖絕壁上的天渠，講述著當地人生活的酸楚。「年年五穀豐，就是路不通；有貨賣不出，致富一場空」便是百姓口中的順口溜。一九九一年，貴陽到黃果樹公路建成通車，這是貴州第一條高等級公路。直到二〇一二年，貴州高速公路總里程才有二千公里，大大落後於周邊省分。二〇一五年的最後一天，貴州省八十八個縣、市、區的城區車輛都可以在二十分鐘內駛入高速公路，成為中國西部地區第一個、全國第九個實現縣縣通高速公路的省分。如今，貴州高速公路總里程達到七〇〇四公里，總里程居全國第四位，高速公路綜合密度居全國第一。二〇一七年年底，貴州全省實現村村通瀝青（水泥）路、村村通客運，成為全國第十四個、西部第一個實現全省建制村道路通暢的省分。貴州陸路交通也實現了從「五尺道」上的馬蹄絕響，到「縣縣通高速」的華麗轉身。

二〇一四年，貴廣高鐵開通，貴州正式進入高鐵時代。貴陽到廣州的鐵路旅行時間大幅壓縮到四個小時，連通了珠三角。隨後，上海到昆明的滬昆高鐵、重慶到貴陽的渝貴高鐵、成都到貴陽的成貴高鐵相繼通車，貴陽與長三角地區、成渝地區建立了高速網路。貴陽到南寧的貴南高鐵三年內也將建成，屆時，貴陽將成為名副其實的西南高鐵交通樞紐中心。在民航方面，貴州目前投入使用機場十一個，實現全省九個市州機場全覆蓋，成為中國西南地區機場分布密度最高的省分，超出全國平均水準約一・六倍。按照貴州省人民政府批准的機場布局規劃，到二〇三〇年，全省要形成八十八個縣，縣縣通通用機場的布局，貴州民航將呈現運輸航空和通用航空比翼齊飛的格局。

「涉歷長亭復短亭，兼旬方抵貴州城」，是宋代詩人趙希邁筆下的貴州行路之難。而如今，世界高橋前一百名中，四十六座在貴州，有著「橋樑博物館」之稱的貴州，其交通的巨變讓人歎為觀止。航道暢通、樞紐互通、江海聯通、關檢直通，正在助力貴州西部內陸開放新高地建設。從「蜀道難於上青天，黔路更比蜀道難」，到縣縣通高速，通航機場市州全覆蓋；從貴廣高鐵到滬昆高鐵，從渝貴鐵路到成貴高鐵、貴南高鐵，貴州形成了貫通長三角、珠三角、京津冀和川渝滇的快速通道……黔山秀水間，一座座架設於雲端的橋，一條條穿行於群山的路，氣勢如虹。一個快速、便捷的立體交通網路徹底打通了層巒疊嶂的山地，交通強省的貴州使得「西南地區通江達海」的通道地位得到了凸顯，匯聚成了「貴州速度」。

大扶貧：波瀾壯闊的史詩級大遷徙

一邊是峽谷，一邊是絕壁。進出村寨，唯有一條崎嶇的絕壁「天路」。烏蒙山深處的畢節市黔西縣金蘭鎮瓦房村哈沖苗寨，是一個「掛」在懸崖上的寨子。土地破碎，山石橫生，而且是地質災害頻發點、峭壁落石不斷。守著這一方水土的十二戶五十四名苗族同胞，以種植玉米為生，世代貧苦。貴州貧，很大程度上貧在「一方水土養不起一方人」。貴州的一些貧困山區，喀斯特地貌突出、耕地資源匱乏、生態環境脆弱，有專家斷言很多區域「不適宜人類居住」。二〇一二年，貴州共有貧困縣六十六個，貧困鄉七四〇個，貧困村一三九七三個，貧困人口九二三萬人，接近全國總貧困人口的十分之一，貧困發生率二十六・八％。到二〇一五年，按貧困線標準（人均純收入二三〇〇元／年），仍有六二三萬人生活在貧困線以下，貧困人口數量排全國第一位。

貴州曾長期是全國貧困人口最多的省分，脫貧攻堅是貴州的頭等大事和第一民生工程。

為斬斷貧困，倔強的貴州人迎難而上，以破釜沉舟的意志盡銳出戰，以滴水穿石的恆心拔除窮根，打響了一場聲勢浩大的扶貧決戰，譜寫了一篇波瀾壯闊的搬遷史詩。二〇一九年十二月二十三日，貴州省宣布全面完成「十三五」時期易地扶貧搬遷任務，共搬遷一八八萬人。二〇一六年，全國新時期易地扶貧搬遷起步實施之時，擺在貴州面前的是這樣一串極具挑戰的數字：搬遷人數居全國第一位，幾乎相當於拉脫維亞一個國家的人口總數；搬遷地域廣，涉及八十九個縣市區、開發區，超過一萬個自然村寨；搬遷難度大，一八八萬搬遷人口中建檔立卡貧困人口占一五〇萬人，占比接近八十%。而彼時的貴州，還只是一個經濟總量剛剛突破萬億元，財政總收入二四〇〇多億元的省分。

「每個人的自由發展是一切人的自由發展的條件。」這是一百多年前，馬克思在《共產黨宣言》裡留下的深沉思考。促進社會公平正義，讓全社會的人都享有自我尊嚴，有實現個人理想的機會，是社會主義制度的內在要求。一戶人的搬遷，是生活的改變；一八八萬人的搬遷，正是讓發展更加平衡、讓發展機會更加均等、發展成果人人共享的生動注腳。易地扶貧搬遷是精準扶貧工程的重要組成部分，是打贏脫貧攻堅戰的關鍵舉措。用四年時間讓一八八萬人順利搬遷告別貧困，這在貴州歷史上、在中國扶貧史上前所未有，也是中國一千萬貧困人口易地扶貧搬遷攻堅戰中的絢麗樂章。在歷史的長河中，四年只是「彈指一揮間」，然而對於一八八萬實施搬遷的貴州人來說，這卻是一段我們共同見證和參與的歲月，是無數個體及家庭命運的巨變，是四千多萬貴州人向著未來充滿激情的迸發，也如涓滴入海，匯聚成同步小康的磅礴力量。

二〇一八年，時任世界銀行行長金墉到貴州考察後評價：「貴州是我見過的最令人鼓舞的脫貧範例之一；貴州在努力消除貧困的同時，為發展中國家提供了寶貴經驗。」人類歷史上數百萬級人口規模的大遷徙，幾乎無一例外與疾病、饑荒和戰爭有關，而今天發生在中國大地上的這一次偉大遷徙，卻是在強有力的組織下向著小康與幸福奔去。四年時間，一八八萬貧困人口陸續告別「一方水土養不起一方人」的荒涼大山，遷向城鎮、園區，以及充滿生機活力的地方，開啟了各自嶄新的人生。四年時間，在貴州大地延續了千百年的絕對貧困，也因一百八十八萬人生存發展條件翻天覆地的變化而褪去了「魅影」。今天的貴州不再墊底，不再是貧困的代名詞，正在撕下貧困的標籤，貼上靚麗的名片！

大數據：創新驅動發展，數據驅動創新

「貴州做了一個世界級的戰略定位，為中國未來的大數據發展提供了無限的想像。」阿

里巴巴創始人馬雲的這句話，為數位貴州的美好願景作了精彩注腳。從二〇一四年正式拉開大數據發展的序幕，貴州以敢為天下先的創新魄力邁上「雲端」，從經濟開發中省分上升為國家首個大數據綜合試驗區，這裡誕生了中國第一家大數據交易所，這裡舉辦了全球首個以大數據為主題的博覽會，這裡還頒布了中國第一部大數據地方性法規，這裡的大數據企業達到九五〇〇多家……從一張白紙到一張藍圖，貴州依靠大數據駛入發展的快車道，數位經濟增速連續四年排名居全國第一位，貴州 GDP 增速連續多年排在全國的前三位，大數據對貴州經濟增長的貢獻率超過了二十%。從一片荒山到一片熱土，貴州依靠大數據登上了世界大舞台，在全球產業的最前沿發出了貴州聲音。

曾經「一瓶酒、一棵樹、一間房」是貴州的資深名片，分別是茅台酒、黃果樹瀑布、遵義會議會址。而如今，談大數據必談貴州，談貴州必談大數據，大數據成為世界認識貴州的新名片。關於大數據與貴州，二〇一五年，更多的人是在「尋因」：貴州為什麼能發展大數據？時至今日，「尋因」的人少了，「問果」的人多了：大數據給貴州帶來了什麼？坐落在貴州被譽為「天眼」的 FAST 射電望遠鏡或許是最好的例證，FAST 僅初期計算性能需求就在每秒二百萬億次以上，儲存容量需求達到 10PB 以上，隨著時間推移和科學任務深入，其對數據處理的需求量還將呈爆炸式增長。而面對如此巨大的數據量，位於貴州貴安國家級新區的FAST數據中心輕鬆應對，精準完成一項項超級計算的任務。大數據讓中國「天眼」更加深邃和智慧，也為貴州實現彎道取直、後發趕超插上騰飛翅膀。

八山一水一分田，這是貴州；中國的大數據「矽谷」，這也是貴州。回望歷史，過去的貴州在發展上曾受困於山；聚焦當下，如今的貴州正在因山而興。在貴安新區的一座小山十分出名，這是騰訊在貴州為大數據建設的「家」，裡面有五個大山洞，總面積有四個足球場那麼大，房間的層高超過了六十多米，未來這裡將存放三十萬台服務器。不止騰訊這一個數據中心落戶貴安新區，富士康、蘋果iCloud、中國移動、中國聯通和中國電信等現代化大型企業的數據中心，以及未來更多的數據都儲存在這裡。建設在山洞裡的數據中心，超過七成的時間都用不著空調，涼爽的氣候與充足的電力兼備，讓貴州成為天造地設的「中國機房」。

「遙看一色海天處，正是輕舟破浪時」。發展大數據是一個換道超車的機遇，是過去幾十年以來，歷史給貴州的最大機遇。時任貴州省委副書記、省長諶貽琴說：「我們貴州已經嘗到了發展大數據的甜頭，我們深切感受到，大數據這座挖不完的『鑽石礦』，璀璨奪目，潛力無限，『富礦』還在後頭。套用一句網路流行語，確認過眼神，大數據就是貴州要找的『人』。我們一定要把大數據發展進行到底，為貴州經濟高品質發展插上騰飛的翅膀。」在大數據發展的起跑線上，貴州把握了先機，勇於並敢於站在新科技革命和新產業革命交叉融合的引爆點上，始終初心不改，一路披荊斬棘，硬生生探索出一條道來，創造了令人稱讚的「貴州奇蹟」，使貴州成為中國大數據產業發展的戰略策源地和風向標。

大生態：綠色是多彩貴州最厚重的底色

走遍大地神州，醉美多彩貴州。這裡有獨特的喀斯特地貌，孕育著鬼斧神工的山巒和溶洞；這裡有蛛網密布的河流，造就了雄奇壯美的瀑布景觀；這裡有層層疊疊的農家梯田，彩繪出一幅幅迷人的田園畫卷；這裡有勤勞善良的少數民族，呈現出多姿多彩的民族風情。作為旅行愛好者心中的聖經，《孤獨星球》正式推出了「Best in Travel 2020」世界最佳旅行目的地榜單。貴州，作為中國唯一入選的地區，並且在全球範圍內，力壓西班牙、阿根廷、克羅埃西亞、巴西等旅遊勝地，榮耀上榜。貴州被《紐約時報》評為「全球最值得到訪的旅行地」，被CNN評為「中國最有前途的旅遊目的地」……

「江南千條水，雲貴萬重山，五百年後看，雲貴勝江南」。在中國偌大的國土上，貴州是真正寶藏般的存在。因為山高谷深，交通不便，這裡少了遊人的喧鬧，也最大程度保存了自己的風俗和文化，可貴州的美卻一直被嚴重低估。生態優勢從來都是貴州最為獨特的優勢，是一塊閃閃發亮的招牌，是貴州永續發展的巨大財富。有人說，「貴州綠」是天生的，不足為傲。這話只說對了一半。誠然，貴州頗得天地的垂青，喀斯特的百變地貌，造就了無數引人入勝的天然溶洞；流水潺潺，造就了雄奇的黃果樹大瀑布；赤水的丹霞地貌，也令人歎為觀止；植被豐富，氣候溫潤，山地公園省，多彩貴州風，確實是「天生麗質」。然而，「貴州綠」是美麗的，也是脆弱的。

生態優美，但又異常脆弱，護綠是貴州永恆的主題。貴州將大生態上升為全省戰略行動，承諾堅決不走「先污染後治理」的老路、堅決不走「守著綠水青山苦熬」的窮路、堅決不走「以犧牲生態環境為代價換取一時一地經濟增長」的歪路，而走一條「用生態之美、謀趕超之策、造百姓之福」的新路。貴州堅持擦亮「貴州綠」這塊金字招牌，堅持生態優先、綠色發展，在「山更秀、水更清、天更藍、空氣更清新」上下功夫，打通綠水青山與金山銀山的雙向轉換通道，以更高標準打造美麗中國的「貴州樣板」。如今，站在「四渡赤水」的茅台渡口，赤水河流清湍急。赤水河全長五一二公里，是中國生物多樣性的重要保護區，生態價值彌足珍貴，作為全球優質白酒產區，為中國白酒產業貢獻產值數千億元，這是貴州守護一條河用綠水青山換來金山銀山的寫照。

生態文明是一種行動指南，坐而論道不如起而行之。貴州將大扶貧、大數據寓於大生態之中，在廣度和深度上謀求更大的綠色發展。從「盼溫飽」到「盼環保」，從「求生存」到「求生態」，在綠色發展這條路上，貴州「跑」得越來越快，路越來越寬。作為生態文明先行示範區建設省分，貴州堅持以生態文明理念引領經濟社會發展，踐行綠水青山就是金山銀山理念，大力推進大生態戰略行動，探索走出了一條人與自然和諧共生，綠色發展和可持續發展新路，為世界生態文明建設提供了豐富的「貴州經驗」，發出了響亮的「中國生態之聲」，向中國乃至全球提交了一份獨特而厚實的生態文明建設「貴州經驗」。

早在成書於上古時期的《尚書》中就有「欽若昊天」、「敬授民時」的經典語句，這是中華民族追求天人合一，追求人與自然和諧最早的文字記載，可見中華民族五千年文明史的源頭蘊含著天人合一的優秀傳統文化因子。在中國大西南的貴州這片土地上，人們始終懷揣著生態夢，堅守著綠色的理念。正是有了這份獨特的綠色情節、綠色情懷、綠色信仰，貴州滋長出了綠色基因。憑藉著對山水的摯愛、對一草一木的真情以及對發展的渴求，探索出了一條經濟和生態雙贏的綠色崛起新路。貴州把「天人合一」的綠色信仰和「知行合一」的陽明文化融入創新驅動發展的行動中，以文化自信堅定發展自信，造就了「中國數谷」的綠色崛起。

風雨多經志彌堅，關山初度路猶長。貴州正以堅如磐石的信心、只爭朝夕的精神、堅韌不拔的毅力，建設國家生態文明試驗區、國家大數據（貴州）綜合試驗區、內陸開放型經濟試驗區，一步一個腳印把前無古人的偉大事業推向前進。新中國成立七十年來，特別是改革開放四十年來，貴州撕掉「貧窮落後」的「標籤」，取得了前所未有的發展成就，走出了一條符合省情的開發中地區科學發展之路。「一滴水可以反映出太陽的光輝，一個地方可以體現一個國家的風貌。」貴州的發展是中國大踏步前進的一個縮影，更是中華民族實現偉大復興的有力證明！

1 CHAPTER 雲上貴州・數谷貴陽綠色崛起的奧秘

千載夜郎，初露崢嶸，悠悠黔城，方興未艾。五百年前，貴山之南，扶風山麓，王守仁結廬傳道，以陽明思想開啟了「知行合一」的儒學經典。五百年後，「中國數谷」，數據之都，大數據常變常新，以融合創新激發了城市內生動力。時間可以記錄一個國家披荊斬棘的斐然成就，也足以見證一座城市櫛風沐雨的蛻蛹化蝶。六年來，從繪就爽爽生態到逐鹿大數據，貴陽發生了翻天覆地的變化。大數據，讓這座昔日山高路遠、默默無聞的城市走出了一條有別於東部、不同於西部其他省分城市的發展新路，開啟了一場順應時代潮流，在創新發展的波瀾中後發趕超、奮勇崛起的博弈。如果說現階段的貴陽更多是承載著一種發展自信和未來期許的話，那麼憑藉打造大數據時代的策源地、集聚區和築夢場，貴陽終將逐步內化崛起成為名副其實的「中國數谷」。

第1節・最先進的大數據為何生長在開發中的貴州

回首向來蕭瑟處，興衰成敗盡可尋。貴州守住「兩條底線」就是要實現從「美而窮」到「美而富」的飛躍，而這個飛躍中那「驚險的一躍」就是數據創新。如今，談大數據必談貴州，談貴州必談大數據。習近平總書記曾讚譽說，「貴州發展大數據確實有道理」。李克強總理肯定貴州把大數據從「無」生了「有」。回顧貴州大數據產業發展歷程會發現，貴州大數據崛起的背後蘊藏著深刻的時代和社會根源，是偶然性與必然性的統一，也是四千多萬貴州人共同期待和推動的結果。

❶守底線、走新路、奔小康

守住發展和生態兩條底線，培植後發優勢，奮力後發趕超，走出一條有別於東部、不同於西部其他省分的發展新路是習近平總書記對貴州發展的殷殷囑託。發展中、開發中是貴州的基本省情，貧困落後是貴州的主要矛盾，加快發展是貴州的根本任務。挨著窮守著青山秀水，還是致了富面對灰天濁流，這既是黑格爾所言的「兩種合理性」的衝撞，也是「生存還是毀滅」哈姆雷特式的問題，脫離生態環境保護追求經濟發展是竭澤而漁，離開經濟發展推動生態環境保護是緣木求魚，發展和生態是須臾不能鬆懈的兩件大事，考驗著貴州四千多萬同胞的發展智慧。

1. 破解「富饒的貧困」悖論

貴州有大美。在大美的中國，貴州如同一片美麗的秋海棠葉，鑲嵌在祖國西南的雲貴高原之上。這裡流淌著來自高原湖泊、峽谷溶洞的飛泉，這裡處處可以看到石林、樹林、風林的形影相牽，以及村寨山野芳草清流的綿延。藉著月光，窺見吊腳樓美人靠上幸福的纏綿，還有籬牆外，少數民族少女少年的舞姿翩翩。清晨，升騰起的是美麗鄉村的裊裊炊煙，暮色中穿過的是城裡人好奇的望眼，塔樓上傳出的鐘鼓聲，響徹了山頂河沿。風雨橋上的長桌宴，吸引了家家戶戶的新夜……

貴州很富有。貴州水能資源理論儲量全國排行第六，煤炭遠景儲量全國排行第五，有著「江南煤海」之譽的貴州，煤炭儲量是中國南方十二個省煤炭儲量的總額，而且「沒有哪個省像貴州一樣水煤互濟」。貴州生物資源儲量豐富，所謂「黔地無閒草，夜郎多良藥」，正是貴州生物資源豐富的生動寫照。此外，聞名海內外的「苗族飛歌」、「侗族大歌」及布依族「八音坐唱」，也是貴州深厚民族文化的代表。

貴州也很窮。這裡是中國西部多民族聚居之地，也是貧困問題最突出的開發中省分。二

○一九年貴州GDP為一六七六九・三四億元，相當於廣東的十五%；人均GDP為四・六八萬元，相當於廣東的四十八%，相當於全國平均水準的六十六%。按貧困人口標準為人均純收入二三○○元及以下，二○一五年，貴州有貧困人口六二三萬，占全國貧困人口的八・九%，數量居全國第一位；貧困發生率十八%，比全國高十・八個百分點；全省八十八個縣（市、區、特區）中，貧困發生率在十%以上的有六十一個。二○一八年，貴州仍有貧困人口一五五萬人，貧困發生率為四・三%。

二○一二年一月，國務院印發《國務院關於進一步促進貴州經濟社會又好又快發展的若干意見》（國發〔二○一二〕二號）指出，「貴州是我國西部多民族聚居的省分，也是貧困問題最突出的開發中省分。貧困和落後是貴州的主要矛盾，加快發展是貴州的主要任務。貴州盡快實現富裕，是西部和開發中地區與全國縮小差距的一個重要象徵，是國家興旺發達的一個重要標誌」。二○一二年四月，貴州省十一次黨代會報告指出：「目前，我省小康進程大體上落後全國八年，落後西部平均水準四年，是全國貧困問題最突出的開發中省分。」二○一二年，貴州人均GDP在全國三十一個省區市中排名掛末，其他主要經濟指標均處於全國落後位置。如果不發展，就會在同步小康中「脫隊」，給中國全面小康「拖後腿」。

2.生態與發展的兩難抉擇

落後、貧窮，全國人均經濟總量長期掛末卻蘊藏著豐富的礦產資源。山區、閉塞，全國唯一沒有平原支撐的省分卻養成了獨特豐厚的生態優勢。發展，會不會導致貴州最有價值的生態名片最終名不副實。保護，會不會讓貴州在國家完成同步小康目標的路上脫隊。提到貴州，能聯想到的所有關鍵詞之間在字面上都充斥著矛盾。貴州有沒有其他選擇？決策者如何讓在起跑線就落後的貴州以清新健康的姿態一同跨入全面小康？找準主要矛盾，是破題的關鍵。

二〇一五年六月十八日，習近平總書記在貴州省視察工作時指出：「希望貴州的同志再接再厲，全面貫徹黨的十八大和十八屆三中、四中全會精神，以鄧小平理論、『三個代表』重要思想、科學發展觀為指導，協調推進『四個全面』戰略布局，積極適應經濟發展新常態，守住發展和生態兩條底線，培植後發優勢，奮力後發趕超，走出一條有別於東部、不同於西部其他省分的發展新路。」作為後發地區的貴州，要實現經濟社會的快速發展，面臨著既要「趕」又要「轉」的雙重任務，就要在路徑選擇、生態環境、資源稟賦、區位條件等方面培植後發優勢，切實守好增長速度、人民收入、貧困人口脫貧、社會安全四條發展底線和山青、天藍、水清、地潔四條生態底線，在新的起點上推動經濟社會發展，實現歷史性新跨越。

對貴州來講，貧困落後是主要矛盾，加快發展是根本任務。必須堅持發展是解決貴州所有問題的關鍵這個戰略判斷，在一個較長時間內保持一個合理的發展速度。但加速發展絕不是盲目發展，而是要尊重經濟規律，有品質、有效益、可持續發展。在工作中，就是要守住「兩條底線」：一條是發展底線，保持較快的發展速度；一條是生態底線，不能增加落後產能、破壞生態環境。守住發展和生態「兩條」底線，成為貴州要加速發展、後發趕超，也要加快轉型、優化效益的戰略準則。守住了底線，才能在處理好「趕」與「轉」的基礎上，實現經濟發展的「好」與「快」。在貴州，發展在為生態保護提供實力保障；生態在為科學發展鑄造強勁內核。

習近平總書記曾指示：「貴州過去發展慢、欠帳多，還是要保持一個較快的發展速度，要守住發展和生態兩條底線；正確處理好生態環境保護和發展的關係，是實現可持續發展的內在要求，也是推進現代化建設的重大原則。」貴州既是一個「經濟窪地」，又是一個生態脆弱區，要守住發展的底線，必須保持一個較快的發展速度；要守住生態的底線，必須轉變發展方式，保住綠水青山。綠水青山和金山銀山絕不是對立的，關鍵在人，關鍵在思路。只要思路對、路徑對、方法對，因地制宜選擇好發展產業，在加快發展中積極主動地保護生態環境，貴州完全能夠實現發展與生態、富裕與美麗的雙贏。這也正是習近平總書記的特別囑咐，「這是貴州要寫好的一篇大文章」。

3.百姓富、生態美的新路

守底線、走新路。中央賦予貴州的新使命，立足於適應新常態、把握新常態、引領新常態這一中國經濟發展的大邏輯，深刻把握貴州省情實際和後發趕超的時代特徵，指明了貴州未來的前進航向，勾勒了貴州發展的美好新藍圖。

貴州既要守住發展底線，又要守住生態底線，唯有走出一條能夠真正找準貴州定位、發揮貴州優勢、體現貴州特色的新路。這就要求貴州必須奮力後發趕超、加快縮小與全國發展差距，正確處理發展和生態環境保護的關係，以開放促進改革，全面推進深化改革，全面推進法治建設、社會治理能力現代化。

貴州的新路有別於東部，要突出環境保護，防止先污染後治理、邊污染邊治理；要突出綠色循環，形成低消耗、低排放、可循環、可持續的綠色生產方式；要突出協調共享，推動城鄉一體、協同發展，讓城鄉居民享受到發展成果；要突出集聚集約，堅持園區化發展，實現項目組合、企業集聚生產、產業集群發展；要突出民族文化，深度融合和充分發展地域和民族文化特色。

貴州的發展新路也不同於西部其他省分。新路提倡注重以構築精神高地引領幹事創業；

以主基調、主戰略引領趕超跨越；以高端定位引領創新轉型；以綠化貴州引領生態建設；以扶貧開發引領民生改善。這條發展新路，是一條奮力後發趕超、加快縮小與全國發展差距的新路；是一條堅守「兩條底線」，正確處理發展和生態環境保護關係的新路；是一條以開放促進改革，全面推進深化改革的新路；是一條全面推進法制建設，推動社會治理體系和治理能力現代化的新路。

❷ 大扶貧、大數據、大生態

二〇一七年四月，貴州省第十二次常代會，正式將大生態列為繼大扶貧、大數據之後的第三大戰略行動。至此，貴州形成了大扶貧、大數據、大生態三大戰略行動聯動發展的格局。以大扶貧補短處，以大數據搶先機，以大生態迎未來，三大戰略行動目標一致、指向明晰、有機融合，為「守底線、走新路、奔小康」勾勒出清晰的路徑。

1. 大扶貧：撕掉千百年來絕對貧困的標籤

「連峰際天兮，飛鳥不通」，五百多年前，明代思想家王陽明被貶至貴州龍場驛時發出感嘆；「無藪澤之饒、桑麻之利，歲賦所入不敵內地一大縣」，二百多年後，清代乾隆年間貴州巡撫愛必達這樣評價；「黔處天末，崇山復嶺，鳥道羊腸，舟車不通，地狹民貧」，清代貴州學者陳法這樣勾勒家鄉的悲情輪廓。「八山一水一分田」的貴州，橫亙綿延的高山深谷，曾經束縛了多少高原兒女對美好生活的嚮往。很長一段時間，貴州一直是全國農村貧困面最大、貧困程度最深、貧困人口最多的省分，所面臨的諸多貧困難題，實際上是世界性難題，攻克這些難題，撕掉千百年來的貧困標籤，事關中國全面建成小康社會「第一個百年」奮鬥目標的實現，也將對人類減貧事業做出重大貢獻。

習近平總書記對貴州貧困群眾特別牽掛，對貴州脫貧攻堅工作特別關心。二〇一四年三月七日，習近平總書記參加十二屆全國人大二次會議貴州省代表團審議時強調，要扎實推進扶貧開發工作，真正使貧困地區群眾不斷得到實惠。二〇一五年六月，習近平總書記深入貴州調研脫貧攻堅工作並召開部分省區市黨委主要負責同志座談會，強調要在精準扶貧、精準脫貧上下更大功夫，始終做到「四個切實」、「六個精準」、「五個一批」。二〇一七年十月，黨的十九大召開期間，習近平總書記參加貴州省代表團討論時，要求守好發展和生態「兩條底線」，開創百姓富、生態美的多彩貴州新未來，強調「實現『第一個百年』奮鬥目標，重中之重是打贏脫貧攻堅戰。已經進入倒計時，絕不能猶豫懈怠，發起總攻在此一舉」。二〇一八年七月，習近平總書記對畢節試驗區工作作出重要指示，要求貴州盡銳出戰、務求精準，確保按時打贏脫貧攻堅戰。

二〇一五年年底，貴州省明確在「十三五」時期，將圍繞「守底線、走新路、奔小康」總要求，突出實施大扶貧、大數據兩大戰略行動。為全力確保按時高品質打贏脫貧攻堅戰，近年來，貴州堅持把脫貧攻堅作為頭等大事和第一民生工程，以脫貧攻堅統攬經濟社會發展全局，深入推進大扶貧戰略行動，聚焦重點工作，保持決戰態勢，持續向貴州千百年來的絕對貧困發起總攻，推動脫貧攻堅連戰連捷。在戰略層面，貴州守好發展和生態「兩條底線」，深入實施大扶貧戰略行動，以脫貧攻堅統攬經濟社會發展全局，奮力開創百姓富、生態美的多彩貴州新未來；在戰術層面，全力打好「四場硬仗」，堅決抓好「五個專項治理」，實施「四個聚焦」主攻深度貧困地區，深入推進農村產業革命，推進大數據與脫貧攻堅深度融合，取得了精準扶貧的突出成效，為精準扶貧形成了許多「貴州經驗」。

堅持基礎設施建設先行，貴州加強農村的通組通村公路建設。這幾年貴州建成了近八萬公里的農村通組硬化路，把公路修到了自然村寨、村民小組，徹底解決農村交通不便的問題。同時，實施農村飲水安全攻堅決戰行動，讓所有的農民群眾都能夠喝上安全水、放心水；實施新一輪農村電網改造，加快農村寬頻網路建設；強力推進易地扶貧搬遷，徹底改變「一方水土養不起一方人」的貧困地區人民的生存條件，做到「六個堅持」，即堅持建設資金由省級統貸統還，堅持以自然村寨整體搬遷為主，堅持城鎮化集中安置，堅持以縣為單位集中建設，堅持不讓貧困戶因搬遷而負債，堅持以產定搬、以崗定搬；推進農村產業扶貧，為持續穩定脫貧構建牢固的產業支撐，圍繞確保按時打贏的目標，發展高效經濟作物，大幅度減少低效玉米種植面積；實施教育醫療住房「三保障」，加快補齊農村基本公共服務的短處；每年壓縮黨政機關行政經費六％用於義務教育脫貧攻堅；提升農村醫療衛生服務能力，全面實施農村基本醫療服務、基本醫療保險和大病保險、醫療救助，解決因病致貧、因病返貧的問題；大力改造農村危房，現已改造五十一萬戶；實施「四個聚焦」，主攻深度貧困地區，堅決攻克最後堡壘；提出把扶貧資金、東西部扶貧協作、基礎設施建設、幫扶力量向深度貧困地區聚焦；連續開展「五個專項治理」行動，在貧困人口的漏評錯評、貧困人口錯退、農村危房改造不到位、資金使用不規範、扶貧領域腐敗和不正之風等方面成效明顯。

貴州「彎下腰來拔掉窮根」，實施精準扶貧「六個到村到戶」，探索出了「摘帽不摘政策」、「資源變股權、資金變股金、農民變股民」等扶貧措施，初步形成了一套可信可行、可學可用、可複製可推廣的「貴州經驗」，創造了全國扶貧開發的「省級樣板」。黨的十八大以來，貴州農村建檔立卡貧困人口從二〇一三年的七四六萬人減少到二〇一八年的一五五萬人，累計減貧五九一萬人，貧困發生率從二十・六％下降到四・三％，減貧人數全國第一，三十三個貧困縣成功脫貧摘帽。與此同時，全省經濟增速，連續八年居全國前三位。貴州經濟社會發展獲得的成績，被習近平總書記讚譽為「黨的十八大以來黨和國家事業大踏步前進的一個縮影」。

2.大數據：彎道取直後發趕超的關鍵一招

偏居西南一隅，地處平均海拔近一千二百米的雲貴高原之上的貴州，卻是中國經濟圈中的一片「窪地」，經濟基礎薄弱，GDP 總量排名全國靠後。歷史上的貴州還受交通、訊息閉塞的困擾，旅遊、氣候等優勢資源長期得不到有效的開發，導致貴州成為最容易被人們遺忘的省分。所謂「養在深閨人未識」便是貴州面臨的困境。那時候的貴州，或多或少有點懷才不遇的境遇。如果貴州不能轉換發展思路，走出一條不同以往，甚至不同於任何地區發展模式的創新發展新路，貴州只能一直墊底，它將永遠無法撕掉貧窮、落後的標籤。

任何時代只要有變革就有機遇，關鍵是看能不能發現前瞻性產業和技術變革的趨勢。在貴州力求突破，卻難尋發展機遇的關鍵時刻，一個充滿變革的大數據時代緩緩走來，這對於一直渴求機遇的貴州而言，是難得的一個機遇。大數據才剛剛進入大眾的視線，便立刻引起貴州的注意，被視作「換道超車」的引擎。在中國大數據革命爆發前夕，貴州表現出前所未有的前瞻性，成為第一個走上探索道路的勇者。二〇一三年年底，中國移動、中國聯通、中國電信三大營運商數據中心相繼落戶貴州貴安新區，成為二〇一三年中國大數據領域最轟動的新聞，此舉標誌著貴州大數據異軍突起，正式邁出大數據發展的步伐，踏上了大數據的征程。

發展大數據是貴州「換道超車」的機遇，是創業之旅，但同樣也是挑戰，也是重重困難的考驗。相對於貴州發展大數據具有的優勢而言，貴州大數據發展的不足更容易受到關注。基礎差、市場弱、人才缺、可持續發展難度大等，這些問題的存在，使貴州發展大數據看起來像是一個偽命題，因此，讓許多人對貴州大數據發展產生「不確定」的態度。貴州大數據發展之初，貴州大數據發展最終會有什麼樣的成就，一部分人對此持觀望的態度，甚至還充斥著質疑之聲。

北海雖賒，扶搖亦可接。貴州在踏上大數據征程之後，迅速將大數據作為全省發展「三大戰略」之一，舉全省之力主攻大數據。早在二〇一四年二月，貴州省人民政府就印發了《關於加快大數據產業發展應用若干政策的意見》、《貴州省大數據產業發展應用規劃綱要（二〇一四～二〇二〇年）》。同年三月，貴州省委、省政府在北京舉行了大數據產業發展推介會。二〇一五年十一月，中共貴州省第十一屆委員會第六次全會審議透過《中共貴州省委關於制定貴州省國民經濟和社會發展第十三個五年規劃的建議》，決定實施大數據戰略行動，把大數據作為「十三五」時期貴州發展全局的戰略引擎，更好地用大數據引領經濟社會發展，服務廣大民生，提升政府治理能力。貴州也是全國最早從省委、省政府的層面立體推動大數據發展戰略的省分。

貴州發展大數據是一種戰略部署。從貴州省層面看，「十三五」期間，貴州的三大戰略行動就是大扶貧、大數據、大生態。從貴陽市層面看，「十三五」期間，貴陽的戰略部署就是以大數據為引領加快打造創新型中心城市。如此明確之戰略定位和如此強大之戰略定力，是前所未有的。更重要的是，在貴州和貴陽發展大數據這個重大決策上，全省上下、全市上下在思想上高度認同、政治上高度契合、步調上高度一致。經過兩年多的探索，二〇一六年二月國家發改委、工信部、中央網信辦聯合發函批覆，同意貴州建設全國首個國家大數據綜合試驗區。

實施大數據戰略行動是守住發展底線的必然抉擇。對貴州來講，貧困落後仍然是主要矛盾，加快發展仍然是根本任務。守住發展底線，以創新引領發展，不僅是把大數據作為產業創新、尋找藍海的發展選擇，更是把大數據作為引領貴州發展的戰略引擎，加快培育新的經濟增長點，實現經濟社會持續、健康、較快發展。同時，實施大數據戰略行動是守住生態底線的現實選擇。貴州生態環境基礎良好，但又十分脆弱，遭到損壞後難以修復和恢復。要守住生態底線，必須樹立正確的發展思路，正確處理經濟發展和生態環境保護的關係，既要金山銀山也要綠水青山。貴州要實施大數據戰略行動，透過發展大數據引領經濟轉型、促進綠色發展，能夠推動發展和生態環境保護協同共進，實現經濟效益、社會效益、生態效益同步提升，走出一條有別於東部、不同於西部其他省分的發展新路。

作為全國第一個提出大數據發展戰略行動並付諸實踐的省分，貴州以大數據為引領重構後發地區整體發展模式，打破資源瓶頸，以背水一戰的勇氣、敢為人先的朝氣、苦幹實幹的銳氣，探索出一條西部追趕東部的發展新路，躍上了風光無限的數據之峰。中國工程院院士孫九林評價：「貴州的大扶貧、大數據、大生態三大戰略，以全新的方式謀劃跨越發展新路徑：以大扶貧補短處，以大數據搶先機，以大生態迎未來。在社會發展、經濟轉型的新常態下，數據資源是經濟增長的新要素，數據資源開發應用是經濟增長的新動力。大數據之所以重要，正因為它是不可替代的資源，是新的生產要素。貴州把大數據作為提升政府治理能力的新手段、服務社會民生的新途徑、引領產業轉型升級的新動力、推動大眾創業萬眾創新的新引擎，把發展數位經濟作為大數據戰略行動的重要方向，全面推進國家部署的大數據七項系統性試驗，加快建設首個國家大數據綜合試驗區，培育了轉型升級新動能，拓展了經濟發展新的空間，為全省經濟社會更好更快發展發揮了引擎作用。正如習近平總書記所肯定的，『貴州發展大數據確實有道理』。」

3.大生態：擘劃「綠色貴州」的美麗畫卷

草木蔓發，春山可望。作為長江和珠江上游重要生態屏障的貴州，境內山巒眾多、風光秀美，被譽為「中國的綠色走廊」。貴州又是一個典型的「富饒的貧困省」，截至二〇一九年二月，仍有一百多萬貧困人口生活在山區，山底下埋藏著豐富的煤炭、磷礦、錳礦等礦產資源，發展與保護的矛盾十分明顯。如何破解這種矛盾？如何把後發優勢轉化為經濟優勢？貴州的思路很清晰，那就是「念好山字經，做好水文章，打好生態牌」，不走先污染後治理的老路，不走以犧牲環境為代價換取一時經濟增長的邪路，也不走捧著青山綠水「金飯碗」過窮日子的窮路，要走生態優先、綠色發展，百姓富、生態美的新路。

黨的十八大把生態文明建設納入五位一體的總布局，貴州提出要打造全國生態文明先行區，就是把生態文明理念植根在全省發展的骨子裡，就是把環境指標放在更為重要的位置。實際上稍加留意就能發現，自加壓力、自念緊箍咒早已成為貴州推進生態文明建設和探索綠色發展的常態。這個經濟實力尚不算很強的西部省分，近年來卻在完善綠色保障體系方面獲得了多個全國第一：二〇〇七年，在全國率先建立兩級環保法庭；二〇〇九年，第一屆生態文明貴陽會議召開；二〇一三年，在全國率先從省級層面實行河長制，生態文明貴陽會議升格為生態文明貴陽國際論壇，是國內唯一以生態文明為主題的國家級論壇；二〇一四年，頒布實施全國首部省級生態文明建設地方性法規；二〇一五年，貴州省委全面深化改革領導小組第十六次全體會議研究生態文明體制重點改革專題，審議《生態文明體制改革實施方案》、《貴州省推行環境污染第三方治理實施意見》和《執行最嚴格的環境影響評價制度全面深化環評審批制度改革工作方案》；二〇一六年，在全國率先啟動生態環境損害賠償制度改革試點；二〇一七年，中共中央辦公廳、國務院辦公廳印發《國家生態文明試驗區（貴州）實施方案》，大生態成為貴州省的三大發展戰略之一；二〇一八年，第四十二屆世界遺產大會將梵淨山列入《世界遺產名錄》，至此貴州已是中國世界自然遺產數量最多的省分。

貴州像對待生命一樣對待生態環境，像保護眼睛一樣保護生態環境，建設生態文明已成為貴州上下的高度共識和自覺行動。「貴州之貴，貴在豐富的能礦資源，貴在良好的生態環境，貴在獨特的民族文化」。良好生態環境既是貴州的發展優勢和競爭優勢，又是人民美好生活的重要組成部分和我們要實現的重要目標。貴州省委省政府堅守民生情懷，為生態留白，給自然種綠，為文化添彩，依託優勢建設綠色生態家園，讓居民在山水綠影間望得見山、看得見水、寄得了鄉愁。發展和生態辯證法，正在貴州不斷呈現出更加絢麗的色彩，展示更加豐富的內涵，沉澱更加深厚的底蘊。

黨的十八大以來，貴州省委省政府堅決貫徹落實習近平總書記對貴州生態文明建設工作和環境保護工作的重要指示精神，牢牢守住發展和生態「兩條底線」，堅持生態優先、綠色發展，不斷豐富生態文明建設的機制和路徑，促進發展和生態「兩條底線」驅動、交融、互促，讓貴州國家生態文明試驗區的金字招牌越擦越亮，讓生態環境永遠成為貴州老百姓為之驕傲的「幸福不動產」，讓綠水青山永遠成為貴州老百姓用之不竭的「綠色提款機」。全省生態紅利不斷釋放，森林覆蓋率由一九七九年的十八・四%提高到二〇一九年的五十八・五%，增長了四十・一個百分點。當前，貴州世界自然遺產數量居全國第一位，綠色經濟占比超過四十%，社會公眾對貴州生態環境滿意度居全國第二位。二〇二〇年，貴州森林覆蓋率將突破六十%，綠色經濟占地區生產總值比重提高到四十四%。

知者行之始，行者知之成。二〇一八年，生態文明建設寫入憲法，「綠水青山就是金山銀山」已成為全民共識。生態文明建設是一項功在當代、利在千秋的偉大事業，也是一項必須一代接著一代幹的宏偉工程。凝聚全省力量以踏石留印、抓鐵有痕的韌勁共同念好山字經、做好水文章、打好生態牌，離不開綠色文化的培育。貴州設立了「生態日」，將生態文明教育作為學生思想道德教育的重要內容和實施素質教育的重要載體納入國民教育體系，在城市社區和鄉村開展豐富多彩的生態文明宣傳教育活動；傳承和保護貴州民族生態文化，強化「人與自然是生命共同體，人類必須尊重自然、順應自然、保護自然」生態文明建設的道德支撐和文化自覺，使「天人合一、知行合一」的生態文明理念成為貴州共識，推動全社會形成綠色、環保的良好風尚。

貴州念好「山字經」，種好「搖錢樹」，做好「水文章」，探索出一條生態文明建設新路。抓住「後發優勢」，努力實現「彎道超車」，貴州生態文明的「金字招牌」越來越靚。

舉目千山皆是綠。生態環境顯然是貴州後發趕超、快速發展中從未丟掉過的底線。這就是貴州的砥礪行動，建設國家生態文明試驗區，為美麗中國貢獻「貴州經驗」。這就是貴州的不變初心，推動長江經濟帶發展，全力構築長江上游綠色生態屏障。這就是貴州的多彩藍圖，以「多彩貴州公園省」為總體目標，發展和生態共譜華美篇章。

❸ 貴州發展大數據確實有道理

對昔日貴州而言，如果遵循「追趕式」等普通、尋常的發展模式，貴州將難以實現超越發展，也無法成為不被人們習慣性遺忘之地。唯有走一條不同尋常的發展道路，貴州才有可能實現趕超。而如今，大數據和貴州命運的交織，成為貴州逆轉局面的關鍵，為貴州的發展前途帶來無限轉機。在過去的六年裡，貴州打造以及不斷完善的大數據舞台，創造出令人稱讚的「貴州奇蹟」，為貴州帶來耳目一新的變革，使大數據產業發展要素齊聚貴州，集聚效應的體現，奠定了貴州在中國大數據版圖上不可或缺的地位，將貴州從邊緣位置推向聚光燈下，使其成為眾人關注的焦點，世界終於不能再忽略貴州。回顧貴州發展大數據的歷程，我們不禁會問：貴州發展大數據的最大優勢是什麼？

貴州發展大數據具有先天優勢，即「天賜＋良機」。所謂「天賜」，是指貴州發展大數據具有天然的氣候優勢和獨有的資源優勢。清爽的空氣、涼爽的天氣、充沛的降水和充足的電力，再加之穩定的地質結構，無地震、無風災、無旱澇為貴州發展大數據，特別是建設數據中心確立了難得的比較優勢。所謂「良機」，是指貴州牢記習近平總書記「守好發展和生態『兩條底線』」的囑託，審時度勢、搶先布局，順應新一輪科技革命和產業變革的世界潮流，從零開始，開啟了大數據創新發展之旅。

貴州發展大數據具有先發優勢，即「笨鳥＋先飛」。所謂「笨鳥」，是指開發中、發展中的基本省情，雖然導致貴州大數據發展起點較低，但正因如此，貴州人更加珍惜難得的發展機會，堅信勤能補拙、巧能成事。所謂「先飛」，是指貴州敢於站在大數據發展的風口上走前人沒有走過的路。大數據是先機、是藍海，發展大數據是在走前人沒有走過的路。面對大數據，有些地區在新事物、新機遇面前成為猶豫者、觀望者，不想做、不敢做。貴州並沒有畏難退縮和停滯不前，而是迎難而上和知難而進，在學中做，做中學，邊學邊做，邊做邊學，變後發為先發，打響了過去只能在先進省分和已開發地區發展大數據的新時期的「突圍戰」。

貴州發展大數據具有先行優勢，即「領跑＋群跑」。所謂「政府領跑」，是指貴州省委、省政府把大數據與大扶貧、大生態作為全省三大戰略行動之一，以大數據政用帶動商用、民用，在大數據多個領域先行先試、領先領跑，成為國家第一個大數據綜合試驗區。所謂「社會群跑」，是指一批有競爭力、影響力的領軍型大數據企業不斷在貴州誕生，產業發展、社會治理、民生服務等領域一個又一個大數據創新成果被廣泛應用，一個又一個新技術、新模式、新業態在貴州持續出現。先行先試的探索和實踐已經把貴州特別是省會貴陽變成大數據戰略策源地、技術標準輸出地、新興產業發源地和模式創新湧現地，成為創新思想碰撞地、高端要素匯聚地和創新試驗容錯地。

更重要的是，貴州發展大數據具有先做優勢。無論是先天、先發還是先行，核心是先做。先做才是貴州發展大數據真正的優勢。從某種意義上講，有的地方資源比貴州多，條件比貴州好，能力比貴州強，發展比貴州快，但發展大數據卻比貴州慢，甚至還比貴州差。差在哪裡？差在「做」字上。有的領導不想做、不敢做、不會做。面對大數據，不願想問題，不敢擔風險，不會抓機遇，甚至在新事物、新機遇面前成為猶豫者、觀望者、懈怠者和軟弱者。而貴州和貴陽則敢於站在大數據發展的風口上，搶占大數據發展的理論創新制高點、實踐創新制高點和規則創新制高點。大數據是先機，是藍海，發展大數據是在走前人沒有走過的路。只有學中做，做中學，邊學邊做，邊做邊學，才能贏得先機，才能搶占藍海。

行百里者半九十。貴州近年來的大數據產業發展雖然取得可圈可點的成績，但就大數據產業發展生命週期而言，貴州大數據產業發展期仍有很長的路要走。雖然貴州在大數據發展方面占據了先發、資源聚集等各類有利條件，創造了難能可貴的大數據發展「貴州模式」。但隨著後來者的發力和追趕，貴州的先發優勢或許會被一定程度的削弱，對於貴州而言，大數據產業發展能否在現有基礎之上，繼續湧現出源源不斷的動力，推動大數據融合發展更加深入，才是決定貴州大數據能否一直保持領先的關鍵。在大數據產業革命中，貴州是先行者，也是最早嘗到甜頭的受益者。然而，群雄並起已然成為這場革命的一個必然趨勢，作為中國大數據產業策源地的貴州，唯有保持發展勢頭，不斷選擇「再出發」，才能把多年來積累的產業優勢發揮到極致，才能在大數據時代潮流中獨占鰲頭。

第2節・「中國數谷」的成長邏輯和發展歷程

六年來，發展大數據成為貴州貴陽堅守發展和生態「兩條底線」、探索「雙贏之路」的戰略選擇，大數據成為貴州貴陽謀求競爭優勢的核心戰略，把「無」生了「有」，走出了一條有別於東部、不同於西部其他省分的發展新路，這是認識、適應和引領新常態的思維變革。從二〇一四年開始，透過發展大數據，貴州貴陽在新科技領域快速發展，成為中國首個國家大數據綜合試驗區，擁有了中國大數據領域的多個創新和第一，大數據成為世界認識貴州貴陽的一張新名片。

❶ 數位中國的貴州方案

貴州是全國唯一將大數據戰略作為全省經濟社會發展主戰略之一的省分。貴州省委、省政府高度重視大數據發展，在推進大數據發展之初，形成了「344533」的總體發展思路，逐步明確和描繪了大數據發展藍圖。二〇一七年貴州省十二次黨代會，提出了未來五年實施大扶貧、大數據、大生態三大戰略行動，進一步堅定大數據路徑選擇。二〇一八年四月，貴州省委強調要將大數據戰略行動向縱深推進，並作出「一個堅定不移、四個強化、四個融合」

戰略部署。大數據戰略行動是貴州的發展方向創新，對於中國特別是內陸落後地區在目前普遍面臨的生態環保和經濟發展雙重壓力下，透過把握時代機遇實現突破，具有重要的探索價值和借鑑意義。

1.「344533」發展思路

在貴州大數據發展之初，逐步形成並提出了「344533」的發展總體思路。「344533」即圍繞回答「數據從哪裡來、數據放在哪裡、數據如何使用」這三個大數據發展的核心問題，堅持「數據是資源、應用是核心、產業是目的、安全是保障」四個發展理念，建設「國家級大數據內容中心、服務中心、金融中心、創新中心」四個中心，打造「基礎設施層、系統平台層、雲應用平台層、增值服務層、配套端產品層」五個層級產業鏈，發展「大數據核心業態、關聯業態、衍生業態」三類業態，實現以「大數據提升政府治理能力、推動轉型升級、服務改善民生」三個目的，統籌指導推動全省大數據發展。「344533」是貴州大數據發展實踐的重要思考和方法創新，也是指導貴州大數據發展的頂層設計，為貴州大數據的未來發展指明了目標和方向，並為中國地方發展提供了典型的方法論經驗指導。

圍繞三個核心問題。貴州從「數據從哪裡來、數據放在哪裡、數據如何使用」三大根本性問題出發，構建大數據發展體系。發展大數據產業，推動大數據應用，海量的數據資源是基礎，貴州依託建設數據中心的天然優勢，吸引了三大營運商和眾多企業將數據中心放到貴州，為貴州發展大數據產業奠定了堅實的基礎。此外，發展呼叫產業，打通政府數據壁壘，都為貴州發展大數據產業提供了核心數據支持。解決了數據從哪裡來的問題，還需要考慮數據放在哪裡的問題，透過建設「雲上貴州」平台，開通雲端運算服務器、數據庫服務器，解決了貴州數據儲存的關鍵問題。最後，數據的應用，貴州將海量數據拿給政府、企業、民眾用，形成政府、企業、社會多元互動、協作共治的良好格局。

堅持四個發展理念。貴州發展大數據始終堅持「數據是資源、應用是核心、產業是目的、安全是保障」四個理念。把大數據作為「未來的新石油」，推動經濟高效、可持續發展的關鍵資源，是政府進行宏觀調控、市場監管、社會治理的基礎，也是企業占領市場、贏得機遇的利器。同時，以大數據技術應用為核心，充分運用大數據的先進理念、技術和資源，透過高效蒐集、有效整合、深化應用政府數據和社會數據，提高政府決策能力和管理能力，提升貴州競爭力。並且，將產業發展作為大數據戰略的重要目的，致力於發展大數據核心業態、關聯業態、衍生業態，藉由產業發展釋放大數據紅利。最後，以數據安全作為大數據應用的基礎和前提，按照「開放、互通、安全」的大數據發展要求，高度重視數據訊息安全，提升網路訊息安全保障能力，並開展數據安全立法和管理制度的建設。

建設四個中心。貴州致力於建設「國家級大數據內容中心、服務中心、金融中心、創新中心」四個中心。基於獨特的環境和三大營運商數據中心集聚貴州的資源優勢，吸引一批國家級、行業級、龍頭企業數據中心或災備中心落戶貴州，建設長江經濟帶數據基地和中國南方數據中心，力爭把貴州打造成國家級大數據內容中心。在擁有數據資源的基礎上，培育集聚一批開展數據分析、提供數據服務的增值服務企業，形成「立足西南、面向全國、輻射東盟」提供大數據服務的優勢產業集群和數據服務中心，把貴州打造成國家級大數據服務中心。在前兩個中心的基礎上，在貴陽開展試點與推廣，形成數據商品化的市場機制，開展數據交易和結算，把貴陽建成大數據時代的金融中心，力爭把貴州打造成國家級大數據金融中心。最終，將貴州打造為國家級創新中心。

打造五個層級產業鏈。貴州大數據產業發展方針的制定主要從以下五方面著手，即基礎設施層、系統平台層、雲端應用平台層、增值服務層和配套端產品層。在基礎設施層，貴州重點打造了三大營運商貴安新區數據中心，建成並投入運行貴陽•貴安國家級互聯網骨幹直聯點，大力推進訊息基礎設施建設，提高互聯網出省頻寬能力；在系統平台層，貴州與阿里巴巴合作，建設全省統一「雲上貴州」系統平台，對政府掌控的數據儲存資源、計算資源和寬頻資源實施統一管理；在雲端應用平台層，貴州省重點圍繞「7＋N」雲端應用，培育雲端服務龍頭企業，雲端應用平台層是由掌握數據資源、針對特定應用領域提供應用服務的企業組成，這些企業都有較強的龍頭帶動作用，在增值服務層，貴州重點引導數據挖掘應用，催生增值服務企業集群，引進和培育了一批提供互聯網、移動互聯網、物聯網、服務外包、數位文化創意、電子商務、移動 APP 等增值應用和衍生服務的骨幹企業；在配套端產品層，貴州重點培育生產配套企業，全力拓寬產業鏈。落地貴州的骨幹企業包括富士康、海信、貴陽華強北電子訊息產業園、航天科技、得安科技等，核心產品包括智慧手機、智慧電視及機頂盒、平板電腦、北斗導航設備、訊息安全終端機等。

發展三類業態。貴州積極打造和發展大數據「核心業態、關聯業態、衍生業態」三大類業態。核心業態主要是圍繞數據生命週期、大數據關鍵技術和大數據核心業務所形成的一類業態，主要包括數據儲存、蒐集、加工、交易、安全等大數據關鍵技術和核心業務的產業生態。關聯業態主要是在產業鏈上、下游與大數據核心業態聯繫緊密的電子訊息產業形態，主要包括智慧終端、電子商務、呼叫中心與服務外包等與核心業態緊密聯繫的產業生態。衍生業態主要是大數據在各行業、各領域的融合應用所衍生的業態，是大數據與相關領域主動融合發展的產物，主要包括智慧製造、智慧健康、智慧旅遊、智慧物流、智慧農業等大數據與傳統產業緊密融合、協同發展的大數據衍生業態。

實現三個目的。貴州將大數據戰略上升為全省大戰略，最終是為了實現提升政府治理水準、改善社會民生和促進產業轉型三大目的。貴州致力於用大數據提升政府治理能力，讓政府決策可以「用數據說話」，能夠準確把握改革發展穩定中的新情況、新問題，問政於民、問需於民，提高社會公眾對政府決策的參與度。貴州致力於用大數據改善社會民生，以數據促進便民、利民，在社保、教育、交通、醫療、民政、基建、工商、氣象等領域滿足民眾的服務需求，促進民生服務的均等化、精細化和普惠化，以數據促進公正、高效，簡化辦事流程，「讓數據多跑路、百姓少跑腿」，提升群眾大數據應用滿足感。貴州致力於用大數據促進產業轉型，推動電子訊息產業的快速發展，推動其他產業領域的轉型升級，透過大數據與現代農業、現代製造業、服務業等融合發展，改造提升傳統產業，發展壯大新興產業，促進經濟發展提質增效。

貴州大數據發展「344533」的總體思路得到了國家層面、企業界、學術界的充分認可。透過堅持和完善「344533」頂層設計，將大數據作為提升政府治理能力的新手段、服務社會民生的新途徑、引領產業轉型升級的新動力，推動「大眾創業、萬眾創新」的新引擎，持續釋放大數據紅利，開展大數據綜合性、示範性、引領性發展的先行先試，促進貴州大數據基礎設施的整合和數據資源的匯聚應用，為國家建設數據強國開展先行探索、積累先試經驗、提供有力支撐。

2.「144」戰略部署

站在新的發展階段，貴州立足全局、面向全球、聚焦關鍵、實事求是，堅定不移地沿著習近平總書記指引的戰略方向前進，進一步提出「144」總體思路。「一個堅定不移」、「四個強化」、「四個融合」的發展方向，即堅定不移把大數據戰略行動向縱深推進，強化對現有大數據企業的支持力度、強化對大數據企業的招商力度、強化對大數據融合的高科技企業的招商力度、強化對大數據等高科技領域的人才引進力度，以及加快大數據與實體經濟的融合、加快大數據與鄉村振興的融合、加快大數據與服務民生的融合、加快大數據與社會治理的融合。貴州大力實施大數據戰略行動，既符合國家戰略又體現時代特徵，既符合戰略目標又體現戰略部署和戰術執行。

堅定不移實施大數據戰略行動。黨的十九大以來，貴州大數據取得了新的發展成效，進入了新的發展階段。貴州將大數據戰略行動作為高速增長階段向高品質發展階段轉變的重要契機，在新時代實現新的更大作為。一是堅持創新驅動發展。貴州的大數據發展模式和創新實踐印證了創新發展戰略在地方的落地，貴州將始終把大數據作為創新發展的動力，堅定不移實施大數據戰略行動，主動服務國家創新驅動發展戰略和國家大數據戰略。二是堅持數據驅動創新。貴州大力實施大數據戰略行動，全力推進國家大數據綜合試驗區建設，在全國搶先實現了一系列首創之舉，大數據開拓了貴州創新發展的「眼界」和「胸懷」，貴州堅持數據驅動創新，努力打造成為中國大數據發展的策源地、大數據要素的集聚區和大數據探索的築夢場。三是堅持高品質發展。中國經濟進入高品質發展階段，既是對產業轉型升級的總體要求，又是把握時代脈搏的戰略判斷，未來貴州將以大數據為引領，促進三次產業在城鄉之間的廣泛滲透融合，形成以實體經濟為主導、以高新技術產業為先導、三次產業深度融合、綠色低碳協同發展的現代產業體系。

「四個強化」助推企業營商環境優化。企業與人才是大數據推動經濟高品質發展的中堅力量，在追求高品質發展之路上，貴州以「四個強化」為途徑，打造招商引資政策「窪地」和公平營商環境「高地」。一是強化對現有大數據企業的支持力度。貴州將加快完善對大數據產業發展的各項優惠政策，深入開展服務大數據企業、服務大數據項目專項行動，進一步強化對現有大數據企業的支持力度。二是強化對大數據企業的招商力度。貴州將加大招商力度，加強營商環境的培育，讓優秀的、有實力的大數據企業在貴州聚集，瞄準國內外有實力的大數據企業，把工作做到位，把服務做到家，讓好項目、好企業雲集貴州、共襄發展。三是強化與大數據融合的高科技企業的招商力度。充分發揮現有的大數據發展優勢，對全國乃至全球與大數據融合的高科技企業進行精準瞭解，制定精準的招商方案，做到有的放矢、精準招商。四是強化對大數據等高科技領域的人才引進力度。堅持人才是第一資源，把「智力收割機」開進企業、開進高校、開進專業機構，深入實施「百千萬人才」引進計劃、黔歸人才計劃，進一步強化對大數據等高科技領域的人才引進力度。

「四個融合」推動經濟社會高品質發展。貴州把融合作為大數據的價值所在，堅持以問題為導向，推動經濟轉型升級，在大數據融合方面創造新經驗、闖出新天地。一是大數據與實體經濟融合。加強工業互聯網體系建設，實施軍民融合大數據、裝備製造大數據、原材料工業大數據、醫藥與食品製造大數據等應用示範工程，積極推廣大數據應用場景TOP100，加快推進以貴陽海信、航天電器為代表的智慧製造轉型升級。二是大數據與鄉村振興融合。聚焦數位化農業生產管理、農產品品質追溯、農村電商發展等重點，積極推廣以農業大數據物聯網平台為代表的農業現代化精細管理示範，助推鄉村振興戰略實施。三是大數據與服務民生融合。建好用好大數據精準產業扶貧平台，深入實施「大數據＋教育」、「大數據＋醫療」、「大數據＋交通」、「大數據＋健康」等行動，著力切中民生領域痛點，讓大數據更好造福百姓，提高人民群眾的滿足感和幸福感。四是大數據與社會治理融合。把大數據手段充分運用到社會治理的各個領域和環節，不斷加快智慧公共服務、智慧安居服務、智慧健康保障、智慧安全防控等大數據平台建設，實現政府決策科學化、社會治理精準化、公共服務高效化。

3.「七」項系統性試驗

二〇一六年二月二十五日，國家發改委、工信部、中央網信辦聯合發函批覆，同意貴州建設國家大數據（貴州）綜合試驗區。國家大數據（貴州）綜合試驗區要圍繞數據資源管理與共享開放、數據中心整合、數據資源應用、數據要素流通、大數據產業集聚、大數據國際合作、大數據制度創新等七大主要任務開展系統性試驗，透過不斷總結可借鑑、可複製、可推廣的實踐經驗，最終形成試驗區的輻射帶動和示範引領效應。

開展數據資源共享開放試驗。制定貴州政務數據資源共享管理辦法，建立政務數據資產登記制度和政務數據資源目錄體系，探索建立政務數據資源審計和安全監督制度，建立健全大數據安全保障體系；加快整合人口、法人、自然資源和空間地理、宏觀經濟等基礎數據庫，集聚「雲上貴州」平台，二〇一七年年底前實現省、市兩級政府部門訊息系統一〇〇%接入「雲上貴州」平台；建立完善公共數據開放共享清單，實施數據開放計劃，依法開放公共數據，鼓勵企業、社會組織和個人進行商業模式創新，孵化大數據增值服務企業。

開展數據中心整合利用試驗。統籌政務數據資源和社會數據資源，推動建設南方數據中心，對分散數據中心進行整合，集聚一批雲端運算數據中心，形成綠色環保、低成本、高效率的大型區域性數據中心，探索納入國家數據中心體系，針對本區域、其他區域和中央部門、行業企業等用戶提供應用承載、數據儲存、容災備份等數據中心服務。

開展大數據創新應用試驗。在宏觀調控、市場監管、社會治理、信用建設、商事管理、生態環境等領域開展政府治理大數據創新應用，實施「數據鐵籠」、大數據治稅等重點工程，提升政府治理能力；實施「精準扶貧雲」示範工程，建立西部貧困地區大數據精準扶貧的示範應用；推進健康醫療、交通旅遊、文化教育等重點民生領域大數據應用，實施大數據惠民工程，提升公共服務水準。

開展大數據產業聚集試驗。推動傳統產業與大數據融合發展，推動大數據在工業、農業和現代服務業的示範應用，發展智慧製造、農業大數據、電子商務等新興產業和新興業態，促進傳統產業轉型升級；積極培育大數據產業生態體系，發展大數據核心業態、關聯業態和衍生業態；打造大數據金融服務平台，推進「互聯網＋普惠金融」發展；打造一批滿足大數據重大應用需求的產品、系統和解決方案，培育一批大數據骨幹企業，建設一批大數據眾創空間和孵化器，培養一批大數據產業人才，建成有特色、可示範的大數據產業發展集聚區。

開展大數據資源流通試驗。以貴陽大數據交易所等為載體，構建大數據資源流通平台，建立健全數據資源流通機制，完善大數據資源流通的法規制度和標準規範，形成大數據流通、開發、使用的完整產業鏈和生態鏈，促進大數據跨行業、跨區域流通。

開展大數據國際合作試驗。積極參與大數據相關國際合作框架體系內的國際研發和項目交流，打造「數博會」等國際會展交流平台，探索推進數位「一帶一路」；引導國內外企業加強大數據關鍵技術、產品的研發合作，推動中國大數據產品、技術和標準「走出去」。

開展大數據制度創新試驗。將服務模式創新、政策制度突破、體制機制探索作為大數據試驗區建設的重點，建立大數據地方法規規章，推動數據資源權益、個人隱私保護等相關立法先試先行，探索建立大數據關鍵共性標準，創造有利於推動大數據創新發展的政策體系。

按照批覆要求，國家大數據（貴州）綜合試驗區要在控制好試點風險，以及保障國家安全、網路安全、數據安全和個人隱私保護的基礎上，進行大膽探索、創新發展。透過加強組織領導、完善機制、落實責任、合理配置資源，有力有序有效推進創建工作落實。同時，強化對試驗區建設實施進度的追蹤分析和監督檢查，加強對應用成效的量化評估，定期和及時總結經驗、協調解決問題、推廣應用成果。

❷ 數據驅動的戰略路徑

作為中國首個大數據綜合試驗區，貴州時刻緊跟數據驅動創新的戰略路徑，透過構建「五大體系」，打造「七大平台」，實施「十大工程」，多維度、深層次探索大數據發展之路，促進區域性大數據基礎設施的整合和數據資源的匯聚應用，扎實推進國家大數據（貴州）綜合試驗區建設，努力將綜合試驗區建設成為全國數據匯聚應用新高地、綜合治理示範區、產業發展集聚區、創業創新首選地、政策創新先行區，最終實現「數據強省」的目標。

1. 構建五大體系

構建創業創新體系。貴州全力打造一批大數據技術創新平台，突破一批大數據、雲端運算關鍵技術，建設一批大數據眾創空間和孵化器；透過數位創業，孵化一批大數據企業，精準扶持一批與大數據關聯的中小型企業；按照「創新要素聚集、創新效率優化、帶動性強」的標準建設國家大數據產業技術創新試驗區。

構建資金投入體系。透過優化省級經信、發改、科技等部門的現有專項資金支出結構，加大對大數據和「互聯網＋」的投入力度，連續三年每年資金投入增長不低於十五％；透過鼓勵金融機構加大對大數據企業的信貸支持力度，支持符合條件的大數據企業依法進入多層次資本市場進行融資，構建多層次投資體系。

構建人才支撐體系。採取掛職、任職、市場化招聘和柔性引才等多種方式加大人才培養引進力度，引進一批懂管理、懂應用的大數據人才，構建「人才＋項目＋團隊」、「人才＋基地」等人才培養新模式；透過建立大數據人才認證體系，推動各類大數據急需人才的培訓和認證。

構建安全保障體系。針對重要訊息系統平台安全的技術防護，開展大數據技術、產品和平台的可靠性及安全性測評，開展「貴陽國家大數據安全靶場」建設；建立健全數據安全管理制度，落實訊息安全等級保護，深化網路安全防護體系和態勢感知能力建設，開展安全監測和綜合防範。

構建稅費優惠體系。認真貫徹落實國家各項稅收優惠政策，保證大數據企業應享盡享；對符合條件的大數據企業在開發新技術、新產品、新工藝產生的研究開發費用按規定予以加計扣除，從事技術轉讓、技術開發業務及諮詢、技術服務獲得的收入免徵增值稅。大中型數據中心用電執行大工業企業電價政策。各市州制定支持大數據產業發展、產品應用、購買服務等方面的政策措施。

2. 打造七大平台

「七大平台」即打造大數據示範平台、大數據集聚平台、大數據應用平台、大數據交易平台、大數據金融服務平台、大數據交流合作平台和大數據創業創新平台。透過搭建平台，引領經濟社會發展、服務廣大民生、提升政府治理能力，支撐全省經濟社會全面發展。

打造大數據示範平台。以建設國家大數據（貴州）綜合試驗區為總平台，以貴陽市、貴安新區為大數據核心示範引領，積極爭取國家政策和資源支持，建設一批支撐全省經濟社會發展的大數據示範平台；推動大數據產業集聚發展，形成應用與產業相互促進、良性發展的有效機制；建設大數據技術創新平台，積極探索西部開發中城市經濟發展與生態改善雙贏的創新驅動發展模式；建設黔中大數據應用服務基地，豐富發展大數據應用服務，培育新興業態，建設「數據強省」，打造西部地區新的經濟增長極；建設貴州惠水百鳥河數位小鎮，著力打造全國大數據與互聯網精準營銷示範小城鎮，成為產業、科技、人文與自然協調發展的全國城鎮化建設新典範。

打造大數據集聚平台。以數據的「匯聚、融通、應用」為目標，整合貴州大數據基礎設施、數據資源匯聚和大數據產業集聚，為全省經濟社會發展提供持續不斷的創新驅動力；以三大通訊營運商貴安新區數據中心基地為核心，整合全省大數據基礎設施，建設中國南方數據中心。透過經濟社會各領域數據資源的匯聚，圍繞大數據中心的建設目標，吸引一批國際級、國家級、行業級數據中心集聚貴州，打造中國的數據富饒地區，有力支撐產業匯聚和應用發展。推動大數據產業的集聚，以貴陽市、貴安新區作為大數據產業發展重點集聚區，其他市（自治州）結合市場需求和自身資源稟賦，因地制宜選擇合適業態，聚集一批具有較強市場競爭力的龍頭企業，匯聚一批具有較強發展潛力的創新型企業，形成大數據產業發展的集群效應。

打造大數據應用平台。全力建設「雲上貴州」平台，全面推進政府治理、民生服務和產業發展各項新應用，充分利用大數據的關聯分析、融合分析、深度分析和預測分析等優勢，推動政府、民生和產業數據的挖掘應用，形成國內第一個全省統籌的雲端運算和大數據應用平台，全面推進全省經濟社會各領域的體制創新、模式創新、服務創新和管理創新。推進建設政府治理大數據應用，大幅提升政府治理能力，推進民生服務大數據應用，打造線上線下合一、前台後台貫通、縱向橫向聯動、最後一公里打通的政務服務模式，鼓勵支持產業發展大數據應用，推動產業轉型升級，加快經濟社會發展，實現各領域數據資源的塊上集聚。

打造大數據交易平台。以貴陽大數據交易所為載體，打造全國大數據交易中心，在貴州形成促進社會供給和需求精準匹配的新興市場；透過大數據交易的規則和制度建設，探索形成大數據交易的運作模式，完善大數據資源定價機制和交易機制，強化安全體系和技術標準，形成較為完善的制度體系；透過大數據交易的產品和市場建設，開發適用於大中小企業和公眾交易的數據產品，推進大數據清洗加工、大數據資產評估、大數據徵信等相關配套服務，建立健全大數據交易市場；透過大數據交易的技術系統建設，加快大數據交易系統完善與應用，不斷擴大交易規模和交易品種，為數據開發者提供統一的數據檢索、開發平台，為數據使用者提供豐富的數據來源和數據應用，建設全國一流的大數據交易平台。

打造大數據金融服務平台。以建設大數據金融中心為目標，發揮大數據資源與資金等生產要素資源相融匯的倍增效應，構建支撐全省大數據產業發展和社會各領域服務的大數據金融服務平台。透過大數據金融業務創新，以大數據資產化為基礎的產權交易、期權投資、股權投資等金融工具的研發創新，為大數據產業發展和大數據時代經濟轉型提供更多的金融工具、服務和衍生產品；透過推進「互聯網＋普惠金融」的發展，依託貴陽作為全國移動電子商務金融科技服務創新試點城市，發展包括第三方支付機構、電商金融、商業保理、互聯網金融門戶在內的各類互聯網金融業態。推進金融機構的大數據應用，支持金融機構與互聯網企業開展多元化合作，開展融資、儲蓄、投資、保險、匯兌、支付和清算等金融服務的互聯網和大數據應用，推動金融IC卡在交通、旅遊、教育、醫療、社區等公共服務領域的創新應用，服務貴州省產業升級和經濟轉型。

打造大數據交流合作平台。以大數據為引領落實互利共贏的開放戰略，形成貴州對外開放的新格局。按照「國際化、專業化、可持續化」的原則，繼續辦好中國國際大數據產業博覽會，打造全球大數據領域交流合作的國際化平台，推進大數據研發者、創意者、生產商、應用商、投資商、交易商雲集貴州。建立和完善區域交流合作平台，依託貴安新區電子訊息產業園、中關村貴陽科技園，開展與國際、北京市、長三角、珠三角等區域的合作，吸引中關村等地從事大數據應用研發和營運的創業團隊、研究機構、產業組織到貴州發展；建立和完善國際交流合作平台，加強與美國、印度、韓國、瑞士、愛爾蘭、英國、德國等國家開展數據處理技術、智慧製造、軟體服務外包、電子政務、智慧平台、自貿園區等領域國際交流合作。

打造大數據創業創新平台。以大數據作為全省創新發展的火車頭，形成促進創新的體制架構，發揮貴州大數據創新創業的先發優勢，引領全省經濟社會創新發展。透過推進大數據創業創新孵化器建設，建設一批大數據創客產業園和眾創空間，以開放政府數據資源、開放市場等多種手段，培育一批大數據創業創新企業或團隊，募集一批大數據產業商業模式，激發大數據產業優秀創意，推動大數據成果應用。構建大數據創業創新投融資體系，匯聚一批天使投資和風險投資機構，政府引導產業投資基金和創業投資機構投資「種子期」和「起步期」的大數據企業。舉辦一批大數據創業創新賽事，透過辦好「雲上貴州」大數據商業模式大賽等形式，建立創業創新團隊的選拔機制和展現平台。

3.實施「十大工程」

實施「十大工程」是貴州實施大數據戰略的重要抓手，透過「十大工程」，把大數據作為基礎性戰略資源，全面實施促進大數據發展行動，加快推動數據資源共享開放和開發應用，助力產業轉型升級和治理創新。

實施數據資源匯聚工程。透過推動貴陽建設互聯網數據災備基地，面向國內外開展招商，集聚一批國際國內數據資源，爭取一批「一帶一路」國家數據資源項目在貴州儲存流通，推動數據儲存和雲端運算系統發展。

實施政府數據資源共享工程。建設完善「雲上貴州」數據共享交換平台，開展政府數據安全定級管理，制定政府數據資源共享計劃，發布共享清單，實現省市縣三級政府部門訊息系統在平台上互聯互通。

實施政府數據開放工程。梳理政府數據開放目錄，推動政府數據安全有序開放，實現「雲上貴州」數據開放平台覆蓋省市縣三級政府部門。引導企業、行業協會、科研機構、社會組織等依法蒐集並開放數據。

實施政府治理大數據應用示範工程。推進公共服務、「數據鐵籠」權力監督、綜合治稅、工業經濟運行監測分析、市場監測監管、信用建設、社會治理、生態環境、綜合決策等大數據應用示範，用大數據推動業務協同、流程再造，促進簡政放權。

實施民生服務大數據應用示範工程。實施醫療健康、教育、旅遊、交通、社會保障服務及新聞出版廣電等大數據應用示範，推進文化、養老、市政管理、社區服務、勞動就業、消費維權等領域大數據應用。

實施精準扶貧大數據應用示範工程。完善「精準扶貧雲」，豐富扶貧數據庫，推動扶貧相關部門數據資源廣泛交換共享，實現對象識別、措施到戶、項目安排、資金管理、退出機制、幹部選派、考核評價、督促檢查等方面的精準管理，打造運用大數據支撐精準扶貧的樣板。

實施產業融合大數據應用示範工程。深入實施推進「互聯網＋」協同製造專項行動計劃，加快大數據與傳統產業在觀念、技術、創意等方面的融合。透過建立三農大數據分析平台，推進各行業、各領域涉農數據資源共享開放，建成國家智慧製造示範基地和現代服務業大數據應用示範基地。

實施金融服務大數據應用示範工程。建立基於塊數據的中小型企業信用體系和大數據債務風險管理體系、大數據市場准入事前風險排查系統、非法集資大數據預警平台、大數據金融風險預警系統等，完善大數據金融發展和生態體系。

實施產業集聚示範工程。透過加大招商引資力度，實施「百企引進」計劃，做大做強大數據實體經濟，推動形成以貴陽・貴安國家大數據產業集聚區為核心，遵義等其他市州錯位發展、協同發展的布局。

實施數據資源流通交易工程。引進和培育一批數據資源流通服務機構，允許社會力量創建數據資源服務公司，收集加工大數據資源，開發數據產品，提供數據服務，推動產業鏈各環節市場主體進行數據交換交易，著力建設全國重要的數據資源流通交易中心。

創新是引領發展的第一動力，數據驅動創新是貴州的戰略選擇。透過緊抓創新發展與生態發展的完美融合，依託數據驅動創新的戰略路徑，堅定不移實施大數據戰略行動，貴州大數據必將雲程發軔、萬里可期，形成大數據全產業鏈、全治理鏈、全服務鏈，走出一條西部地區利用大數據實現彎道取直、後發趕超、同步小康的發展新路，在全國形成大數據發展示範引領和輻射帶動效應，建成國家大數據（貴州）綜合試驗區。

❸ 風起雲湧的數谷事記

有人說，大數據是一個稍縱即逝的時間窗口，抓住了，就有機會成為趕超者，甚至成為領跑者。問題是，這世界就是一個競爭者的跑道，生死時速之下，片刻停留，便意味著淘汰出局。從二〇一三年起，貴州努力與時代接軌，探索、踐行創新驅動戰略，搶抓大數據產業發展的歷史機遇，把大數據從「無」生了「有」。

二〇一三年

九月八日，「中關村貴陽科技園」揭牌成立。

十月二十一日，中國電信雲端運算貴州訊息園項目和富士康貴州第四代綠色產業園在貴安新區開工建設。

十二月十六日，中國聯通（貴安）雲端運算基地和中國移動（貴州）數據中心項目在貴安新區開工建設。

二〇一四年

二月二十五日，貴州省人民政府印發《關於加快大數據產業發展應用若干政策的意見》、《大數據產業發展應用規劃綱要（二〇一四～二〇二〇年）》。

三月一日，貴州．北京大數據產業發展推介會在京舉行。

五月一日，《貴州省訊息基礎設施條例》頒布實施。

五月二十八日，貴州省大數據產業發展領導小組成立。

七月十一日，時任中央政治局委員、國家副主席李源潮視察貴陽大數據應用展示中心。

十月十五日，雲上貴州系統平台開通上線，該平台是全國第一個省級政府數據統籌儲存、管理、交換、共享的雲端服務平台。

二〇一五年

一月六日，貴陽市委、市政府於下發《關於加快大數據產業人才隊伍建設的實施意見》，對高校培養儲備大數據人才、大數據企業培養引進人才、大數據人才創新創業和提升大數據人才待遇四方面給予政策支持。

一月八日，貴陽公布《關於加快推進大數據產業發展的若干意見》，建設寬頻貴陽和全域公共免費 Wi-Fi 城市。

一月十五日，時任中央政治局委員、中央書記處書記、中央宣傳部部長，現任全國政協副主席劉奇葆視察貴陽大數據應用展示中心。

一月二十日，貴陽市人民政府與戴爾開展大數據及雲端運算合作。

二月一日，貴陽正式實施「數據鐵籠」行動計劃，運用大數據編制制約權力的籠子。

二月十二日，工信部批准創建貴陽・貴安大數據產業發展集聚區。

二月十四日，中央政治局常委、國務院總理李克強視察貴陽大數據應用展示中心，強調要把執法權力關進「數據鐵籠」，讓失信市場行為無處遁形，權力運行處處留痕，為政府決策提供第一手科學依據，實現「人在幹、雲在算」。

二月二十五日，工信部批覆《貴陽・貴安大數據產業發展集聚區創建工作實施方案》，明確貴陽大數據產業發展集聚區的核心區在高新區。

三月三十日，《貴安新區推進大數據產業發展三年計劃（二〇一五～二〇一七）》發布，建設國內重要的大數據產業示範區。

四月十四日，貴陽大數據交易所正式掛牌營運，是中國乃至全球第一家大數據交易所。

五月一日，貴陽全域免費 Wi-Fi 項目一期投入運行。

五月二十四日，京築創新驅動區域合作年會在貴陽舉行，中國首家「大數據戰略重點實驗室」揭牌。

五月二十五日至二十六日，時任中共中央政治局委員、國務院副總理馬凱在貴州考察訊息產業發展情況，並出席二〇一五貴陽國際大數據產業博覽會暨全球大數據時代貴陽峰會。

五月二十六日至二十九日，二〇一五貴陽國際大數據產業博覽會暨全球大數據時代貴陽峰會舉行，李克強總理發來賀電。

五月二十六日，貴州省人民政府與騰訊公司在貴陽簽署戰略合作協議。雙方將以「大數據」為核心重點，共同推進實施騰訊・貴州「互聯網＋」行動計劃，打造「智慧城市」。

五月二十六日，貴陽市人民政府與北京市中關村科技園區管委會簽署《共同促進貴陽中關村大數據應用創新中心建設的合作框架協議》。

五月三十一日，時任中共中央政治局委員、中央統戰部部長，現任中央政治局委員、國務院副總理孫春蘭視察貴陽大數據應用展示中心。

六月十七日，中共中央總書記、國家主席習近平視察貴陽大數據應用展示中心，聽取貴州大數據產業發展、規劃和實際應用情況介紹，肯定「貴州發展大數據確實有道理」。

六月二十七日，時任中共中央書記處書記、全國政協副主席杜青林視察貴陽大數據應用展示中心。

七月九日，國家旅遊數據（災備）中心落戶貴州。

七月十四日，貴陽市人民政府辦公廳印發《貴陽市人民政府數據交換共享平台推進工作方案》。

七月十五日，科技部正式覆函同意貴州省開展「貴陽大數據產業技術創新試驗區」建設試點。

八月七日，中國電信「一南（貴州）・一北（內蒙古）」兩大核心數據中心正式聯網營運，標誌著亞洲最大的大數據中心網路正式形成。

八月二十日，貴州省人民政府與阿里巴巴集團簽署《農村電子商務建設戰略合作協議》。

八月三十一日，國務院印發《促進大數據發展行動綱要》，明確支持貴州建設大數據綜合試驗區。

九月十八日，貴州大數據綜合試驗區建設正式啟動。

十一月十一日至十三日，中共貴州省委十一屆六次全會在貴陽召開，會議提出抓好大數據、大扶貧兩大戰略行動，強調要把大數據作為產業創新、尋找「藍海」的戰略選擇，作為「十三五」時期全省發展的戰略引擎。

十一月十七日，貴陽市公安交通管理局與百度地圖簽署戰略合作框架協議，依託交通大數據資源開展深入合作。

十一月十九日，由戴爾、微軟、英特爾、貴州產業技術發展研究院、貴州高新翼雲公司等共同發起的大數據產業技術聯盟在貴陽高新區成立。

十一月三十日，上海貝格計算機數據服務有限公司與貴安新區簽訂共建貴安大數據小鎮合作協議。

十二月一日，貴州省人民政府與 IBM 簽署雲端運算大數據產業合作備忘錄，雙方圍繞大數據及雲端運算技術展開全面合作。

十二月十八日，中國新聞出版廣電領域的首個國家級大數據產業項目落地貴州雙龍航空港經濟區。

十二月二十五日，貴州「扶貧雲」平台上線營運，探索「互聯網＋」扶貧新模式。

十二月二十九日，貴陽市人民政府與科大訊飛簽署戰略合作協議。就建設科大訊飛語音雲西部數據與研發中心基地、貴陽智慧雲呼叫中心產業園等開展務實合作。

二〇一六年

一月，貴州省被國務院辦公廳確定為全國「互聯網＋政務服務」試點示範省。

一月八日，全國首家大數據評估實驗室在貴陽正式揭牌；全國首家大數據金融產業聯盟正式落戶貴陽。

一月十五日，貴州省第十二屆人民代表大會常務委員會第二十次會議表決透過了《貴州省大數據發展應用促進條例》，該條例是全國首部大數據地方法規。

一月十七日，貴州與美國高通公司在北京簽署戰略合作協議，雙方合資的貴州華芯通半導體技術有限公司落戶貴安新區，美國高通公司中國總部落戶貴安新區。

二月二十五日，國家發展改革委、工業和訊息化部、中央網信辦批覆同意貴州省建設國家大數據（貴州）綜合試驗區。

三月一日，全國首部大數據地方法規《貴州省大數據發展應用促進條例》開始施行。

三月二日，二〇一六雲上貴州‧大數據招商引智（北京）推介會在北京舉行，「國家大數據（貴州）綜合試驗區」在會上揭牌。

三月十日，貴州省氣象局與浪潮集團在山東濟南浪潮集團總部簽署戰略合作協議，共同建設「氣象大數據應用開放實驗室」。

五月二十四日，工信部授予貴州省「貴州‧中國南方數據中心示範基地」稱號，該基地是國內首個獲批的數據中心示範基地。

五月二十五日，中央政治局常委、國務院總理李克強出席二〇一六中國大數據產業峰會暨電子商務創新發展峰會並發表演講，指出：「貴州是中國過去最落後的省分之一，卻在大數據產業上和已開發地區不僅平等競爭，而且走在了前面。在中國西部開發中的地方，在不斷挖掘生成著『鑽石礦』、『智慧樹』。」

五月二十六日，雲上貴州大數據產業基金正式成立；貴陽大數據創新產業（技術）發展中心掛牌；大數據交易聯合實驗室成立。

五月二十七日，貴陽國家高新區發布實施《貴陽國家高新區促進大數據技術創新十條政策措施》。

六月三日，貴州大數據戰略行動推進大會印發《中共貴州省委貴州省人民政府關於實施大數據戰略行動建設國家大數據綜合試驗區的意見》等「1＋8」系列文件。

六月二十日，《貴陽市大數據產業人才專業技術職務評審辦法（試行）》公布。

六月二十六日，貴安新區與中科院上海生科院簽約共建國家生物醫學大數據基礎設施中心。

七月十一日，貴陽市委九屆六次全會舉行，提出「以大數據為引領加快打造創新型中心城市」。

八月九日，貴州人民政府辦公廳覆函同意成立貴州省大數據標準化技術委員會。

八月十一日，《中共貴州省委貴州省人民政府關於以大數據為引領實施區域科技創新戰略的決定》印發實施。

八月十四日，貴州貴安新區公布「1＋13」系列文件。推動大數據高端化、綠色化、集約化發展，加快實施大數據戰略行動。

八月十八日，《貴州省大數據產業發展引導目錄（試行）》發布。

九月二十日，時任中共中央政治局委員、中央政法委書記孟建柱視察貴州大數據綜合試驗區展示中心。

九月二十五日，時任中央政治局委員、國務院副總理劉延東視察貴州大數據綜合試驗區展示中心。

九月二十八日，《政府數據數據分類分級指南》、《政府數據資源目錄第一部分：元數據描述規範》、《政府數據資源目錄第二部分：編制工作指南》、《政府數據數據脫敏工作指南》四項地方標準正式發布。

九月三十日，貴州省人民政府數據開放平台正式上線運行，是全國首個以省級為單位的數據開放平台。

十月二十六日，貴陽政務數據共享交換平台建成。

十月二十七日，中國（貴陽）大數據旅遊創新發展聯盟成立。

十一月八日，「中英大數據港」在貴陽揭牌。

十一月十二日，貴州省人民政府與華為技術有限公司簽署戰略合作協議。

十一月十六日，工業和訊息化部同意設立貴陽・貴安國家級互聯網骨幹直聯點。

十一月二十八日，國家發展改革委批覆貴州建設提升政府治理能力大數據應用技術國家工程實驗室，該實驗室是全國首個國家大數據工程實驗室。

十二月一日，貴州電信大數據產業聯盟成立。

十二月三日，時任中央政治局委員、中央黨的建設工作領導小組副組長，現任全國人大常委會副委員長張春賢視察貴州大數據綜合試驗區展示中心。

十二月二十八日，貴州公共資源交易大數據應用服務平台正式上線運行，該平台是全國首個公共資源交易領域的大數據應用服務平台。

二〇一七年

一月八日，貴陽市人民政府數據開放平台正式上線，是全國首個市、區兩級政府一體化數據開放平台。

一月二十六日，《人民日報》第五版刊發題為《用大數據服務民生》的評論，稱貴陽為「中國大數據之都」。

二月四日，根據中央編辦相關批覆，貴州省大數據發展管理局正式成立。

二月六日，《貴州省數位經濟發展規劃（二〇一七～二〇二〇年）》正式發布，成為全國首個省級數位經濟發展專項規劃。

二月七日，《貴州省實施「萬企融合」大行動打好「數位經濟」攻堅戰方案》印發實施。

二月九日，貴陽公布《貴陽市大數據標準建設實施方案》，深入推進貴陽市大數據標準建設。

二月十四日，中國第一個大數據標準委員會——貴州省大數據標準化技術委員會正式成立。

二月二十七日，「築民生」平台正式上線，推動民生大數據共享應用。

三月十二日，《中共貴州省委貴州省人民政府關於推動數位經濟加快發展的意見》印發實施，成為全國首個從省級層面公布的關於推動數位經濟發展的意見。

四月四日，貴州省委書記、省人大常委會主任孫志剛在貴陽市調研大數據戰略行動推進情況時提出「一個堅定不移、四個強化、四個融合」戰略部署。

四月十二日，貴州省委書記、省人大常委會主任孫志剛主持召開全省大數據戰略行動推進工作專題會議，會議強調，要堅定不移把大數據戰略行動向縱深推進，加快國家大數據綜合試驗區建設，推動全省大數據發展健康大踏步地前進。

四月二十一日，貴州大數據發展領導小組印發了《貴州省「數據鐵籠」工作推進方案》，在全省全面建設「數據鐵籠」。

五月一日，《貴陽市政府數據共享開放條例》正式實施，這是全國首部關於政府數據共享開放的地方性法規。

五月，經黨中央、國務院批准，數博會正式升格為國家級博覽會——中國國際大數據產業博覽會，成為國際化和產業化的高端專業平台。

五月二十五日，中央政治局常委、國務院總理李克強為二〇一七中國國際大數據產業博覽會開幕發來賀信。

五月二十五日，時任中共中央政治局委員、國務院副總理馬凱在貴州省視察大數據發展情況，並出席二〇一七中國國際大數據產業博覽會。

五月二十五日，國家訊息中心與省人民政府簽署大數據發展戰略合作協議，共同推進國家電子政務雲數據中心體系（試點示範）建設項目南方節點建設。

五月二十六日，公安部正式批准貴州省貴陽市建設全國首個大數據及網路安全示範試點城市。

六月十六日，貴陽・貴安國家級互聯網骨幹直聯點建成投入運行並舉行開通儀式。

六月二十一日，時任中央政治局常委、中央紀律檢查委員會書記，現任國家副主席王岐山視察貴州大數據綜合試驗區展示中心。

七月十二日，貴州省人民政府與蘋果公司簽署 iCloud 戰略合作框架協議，聯合雲上貴州公司建設蘋果 iCloud 數據中心。

八月二日，華為七星湖數據儲存中心在貴安新區開工。

十月十九日，貴州成為九個國家政務訊息系統整合共享應用試點省分之一。

十月三十日，《智慧貴州發展規劃（二〇一七—二〇二〇年）》發布實施，構建貴州智慧發展新格局。

十一月二十二日，貴陽提出建設「中國數谷」的目標定位，並印發《中共貴陽市委貴陽市人民政府關於加快建成「中國數谷」的實施意見》。

十一月二十八日，貴州大數據安全工程研究中心成立，是全國第一家權威大數據安全專業測評認證和研究機構。

十二月十二日，國家衛生計生委啟動健康醫療大數據中心與產業園建設國家試點工程，確定貴州成為健康醫療大數據中心第二批國家試點。

十二月十四日，貴州獲批建設國家社會信用體系與大數據融合發展試點省。

十二月二十五日，國家電子政務雲數據中心南方節點落戶貴州。

二〇一八年

一月二日，貴州獲批建設全國首個大數據國家技術標準（貴州大數據）創新基地。

一月五日，貴州省成為國家公共訊息資源開放五個試點之一。

二月七日，貴州下發《貴州省實施「萬企融合」大行動打好「數位經濟」攻堅戰方案》，加快大數據與實體經濟深度融合。

二月二十八日，中國內地的 iCloud 服務正式轉由雲上貴州大數據產業發展有限公司負責營運。

三月一日，《貴陽市人民政府數據共享開放實施辦法》（貴陽市人民政府令第五十五號）開始施行，以政府條令的形式強力推動政府數據共享開放。

三月二十六日，《政府數據核心元數據第一部分：人口基礎數據》《政府數據核心元數據第二部分：法人單位基礎數據》兩項地方標準頒布實施。

四月二十四日，貴陽「獨角獸」企業滿幫集團，完成合併後第一輪融資，估值超六十億美元。

五月二十五日，全國首個「大數據安全綜合靶場」一期在貴陽建成。

五月二十六日，中共中央總書記、國家主席習近平致二〇一八中國國際大數據產業博覽會賀信，標誌著數博會和貴州大數據發展站在了新的起點上。

五月二十六日，中共中央政治局委員、全國人大常委會副委員長王晨出席二〇一八中國國際大數據產業博覽會開幕式，宣讀習近平主席的賀信並致辭。

五月二十六日，貴陽市與貴州聯通開始 5G 試驗網的建設工作，成立全國首個 5G 應用創新聯合實驗室，開展 5G 技術科技研究和應用試點。

六月十一日，貴州省人民政府發布《省人民政府關於促進大數據雲端運算人工智慧創新發展加快建設數位貴州的意見》。

六月二十五日，貴州大數據發展領導小組辦公室印發《全力推動數位貴州建設打好數位融合攻堅戰相關工作方案》。

六月二十八日，貴州省人民政府與科大訊飛股份有限公司簽署戰略合作框架協議。雙方計劃在貴州打造全國人工智慧融合應用深度融合示範區。

七月十三日，中國移動 5G 聯合創新中心貴州開放實驗室正式啟動。

八月九日，「數博大道」規劃建設工作啟動。

九月十一日，貴州在全國率先編製完成《大數據與實體經濟深度融合評估體系》，並順利透過專家評審。

九月十三日，國家技術標準創新基地（貴州大數據）掛牌成立。

九月二十日，《貴陽市健康醫療大數據應用發展條例》正式經省第十三屆人大常務委員會第五次會議批准。

十月一日，《貴陽市大數據安全管理條例》正式施行，標誌著中國第一部大數據安全管理地方法規誕生。

十月十九日，雲上貴州大數據集團註冊成立。

十一月十三日，貴州印發《推進「一雲一網一平台」建設工作方案》，正式啟動「一雲一網一平台」建設，打造「聚通用」升級版。

十一月二十一日至二十七日，二〇一八貴陽大數據及網路安全攻防演練在貴陽國家大數據安全靶場舉辦。

十二月十五日，貴陽獲評「影響中國」二〇一八年度城市。

十一月二十六日，國務院辦公廳對貴陽市大力推進「互聯網＋政務服務」的「一網通辦」新模式予以通報表揚。

十二月二十一日，全國首個 5G 實驗網綜合應用示範項目發布會在貴陽舉行，發布了無人駕駛、無人機、智慧交通管理等十二項 5G 應用示範項目成果。

二〇一九年

一月一日，《貴陽市健康醫療大數據應用發展條例》正式實施。

一月八日，《貴州省數位經濟發展規劃（二〇一七～二〇二〇）》中期評估報告完成。

二月三日，貴州省委辦公廳、省政府辦公廳聯合印發《貴州省實施大數據戰略行動問責暫行辦法》。

三月八日，貴州大數據發展領導小組印發《貴州省大數據戰略行動二〇一九年工作要點》。

五月二十六日，中共中央總書記、國家主席習近平致二〇一九中國國際大數據產業博覽會賀信。

五月二十六日，聯合國秘書長安東尼奧・古特雷斯向二〇一九數博會發來影像致辭。

五月二十六日，中共中央政治局委員、全國人大常委會副委員長王晨出席二〇一九中國國際大數據產業博覽會開幕式，宣讀習近平主席的賀信並致辭。

五月二十六日，貴州政務數據「一雲一網一平台」正式啟動運行。

五月二十八日，數位中國智庫聯盟成立。

五月三十日，數位王陽明資源庫全球共享平台上線。

七月十八日，《貴州省工程系列大數據專業技術職務任職資格申報評審條件（試行）》印發。

八月一日，《貴州省大數據安全保障條例》經貴州省第十三屆人民代表大會常務委員會第十一次會議表決透過。

八月十四日，貴州省人民政府辦公廳發布《貴州省互聯網新型數位設施建設專項行動方案》。

八月二十二日，工業和訊息化部批覆同意貴州省建設貴陽・貴安國際互聯網數據專用通道。

十月一日，《貴州省大數據安全保障條例》正式施行，是中國大數據安全保護省級層面的首部地方性法規。

十月三十一日，貴州移動（貴陽）5G 正式商用。

十一月四日，國務院對貴州省統籌「一雲一網一平台」建設，提升「一網通辦」效能典型經驗做法給予表彰。

十二月十日，貴州根服務器鏡像節點和國家頂級域名節點建成投運。

十二月十一日，「數博大道」主線建設完成。

第3節・大數據究竟給貴州、貴陽帶來了什麼

貴州，正在成為中國西南當下最有活力的省分，經濟增速連續八年位居全國前列，「跑」出了人們的想像。在我們看不見的另一個世界裡，網路的數據流、訊息流也在奔騰激盪，古老與現代、歷史與未來，正在這裡交匯成數位中國的一個縮影，那就是貴州的大數據！正是對大數據這一命題與眾不同的回答，貴州把「無」生了「有」，走出了一條有別於東部、不同於西部其他省分的發展新路。貴州這六年的發展，在大數據的藍海種下了智慧樹，在這裡，政府、企業、民眾對發展大數據充滿了信心和期待。資源、環境、要素等優勢在貴州聚集，像是矽谷發展的前夜，這裡將會如矽谷一樣，成為策源地、集聚區和築夢場，成為奇蹟誕生的地方。

❶ 大數據成為世界認識貴州的一張新名片

「談大數據必談貴州，談貴州必談大數據。」六年來，貴州堅定不移搶先機、突重圍，把發展大數據作為彎道取直、後發趕超的戰略引領。這是一個落後省分乘「雲」直上的六年，建設首個國家大數據綜合試驗區、貴陽・貴安大數據產業發展集聚區、貴陽大數據產業

技術創新試驗區、全國「互聯網＋政務服務」試點示範省、中國南方數據中心示範基地、「中國數谷」……一塊塊「金字招牌」，編織起貴州高品質發展的希望版圖，塑造出世界認識貴州最靚麗的名片。這是一個開發中地區砥礪奮進的六年，建成貴陽・貴安國家級互聯網骨幹直聯點；獲批全國第一個「智慧廣電綜合試驗區」；在全國率先實現廣電光纜行政村全覆蓋；在全國第一個實現遠程醫療省市縣鄉公立醫療機構全覆蓋；獲批建設貴陽・貴安國際互聯網數據專用通道……一項項「領先工程」，書寫著貴州踐行大數據戰略實現跨越趕超的美麗篇章。在這一波浪潮中，高舉大數據旗幟，擦亮大數據招牌，大數據成為世界認識貴州的新名片。

自二〇一三年以來，憑藉大數據產業，貴陽不僅實現了「換道超車」的戰略構想，經濟增速連續六年居全國省會城市之首，而且摘掉了「西部開發中城市」的帽子，勇奪「全球大數據之城」桂冠。二〇一五年七月，英國《經濟學人》雜誌智庫（The EIU）在北京發布了《二〇一五年中國新興城市報告》，貴陽位居榜首；二〇一六年九月，美國知名獨立智庫米爾肯研究所（Milken Institute）發布《中國最佳表現城市（二〇一六年）》報告，貴陽表現卓越，在中國二線及以上城市中居於首位；二〇一七年十一月，華頓經濟研究院發布「二〇一七年中國百強城市排行榜」，貴陽繼二〇一六年之後再次登上榜單，名列四十一位，排名上升了九位；二〇一八年九月，貴陽再次上榜美國米爾肯研究所《中國最佳表現城市（二〇一八年）》「表現最佳一二線城市」第五名；二〇一九年六月，中國社會科學院發布《中國城市競爭力第十七次報告》，貴陽躋身「中國城市綜合經濟競爭力排行榜」TOP50，位列第四十六位；二〇一九年八月，貴陽以五十七・四的指數入圍恆大研究院「中國城市發展潛力一百強」排行榜，排名第三十三位……

打開山門，撩去面紗。貴州發展大數據產業並沒有把眼光局限於本省，而是放眼全球，搭建起大數據產業連通全球的平台，把世界請進來，把自己送出去。如果說大數據讓貴州、貴陽站在了世界的面前，那麼數博會則讓貴州、貴陽吸引了世界的目光，成為全球矚目的焦點。自二〇一五年起，貴州舉辦全球首個以大數據為主題的展會，六年時間，數博會已經成長為充滿合作機遇、引領行業發展的國際性盛會，共商發展大計、共用最新成果的世界級平台。國內外政要、行業領軍人物、企業機構、科研院所相聚貴陽，共話大數據發展未來，共繪大數據發展藍圖，共同點燃促進大數據發展的思想花火。數博會見證了全球大數據產業發展的壯闊歷程，為全球大數據發展貢獻了中國智慧，提供了中國方案。

以數博會為窗口，貴州的理念、貴州的聲音向世界傳遞和傳播，品牌力和影響力得到了大幅提升，越來越多的企業認識到貴州的環境優勢、政策優勢和創新優勢，阿里巴巴、騰訊、華為、高通、蘋果等國內外知名企業紛紛落戶；越來越多的人被多彩貴州的自然風光和文化魅力深深吸引，促使貴州旅遊業持續發展。以數博會為平台，貴州的對外開放的層次和水準得到了顯著提升，貴州企業得到了來自世界的關注，越來越多的企業更加青睞貴州品牌、貴州製造、貴州智慧、貴州產品，越來越多的青年人才選擇「貴漂」，成為「貴定」。透過數博會的平台，更多的企業找到了轉型升級的解決方案，深入推進「千企改造」、「萬企融合」，推動新舊動能轉換，實現經濟高品質發展。以數博會為標誌，貴州、貴陽的城市文化更加豐富，文化自信日益堅定，市民的主人翁意識和責任意識明顯增強，更加積極主動的規範自身行為，投入城市形象建設與維護中，在全社會形成文明禮讓、誠信友愛的良好風氣，有效促進社會治理提升。

「遙看一色海天處，正是輕舟破浪時」。六年前，外界對於貴州發展大數據的關注點在於，作為不沿江、不沿海、不沿邊的「三不沿」內陸省分，貴州憑什麼可以發展大數據？如今，質疑漸漸變成了認可，尋因也變成了問果，外界關注點也轉向了發展大數據能給貴州帶來什麼？二〇一九年五月，貴州大數據企業達九千五百多家，貴州數位經濟增速連續四年排名全國第一、數位經濟吸納就業增速連續兩年排名全國第一。「一瓶酒、一棵樹、一間房」，說起貴州，過去人們對於貴州印象最深的是茅台酒、黃果樹大瀑布和遵義會議舊址。

如今，駛入大數據藍海的貴州，迎來廣闊天地，一個曾經科教事業開發中的西部少數民族聚居省分，駛上了訊息時代的快車道。

從一張白紙到一張藍圖、一片熱土，貴州敲開了大數據之門，大數據成為世界認識貴州的新名片，開放創新的貴州已成為一片充滿生機的熱土，正昂首闊步走向世界。

❷ 黨和國家事業大踏步前進的一個縮影

在黨的十八大以來的發展浪潮中，貴州成了「走紅」和「騰飛」的代表。二〇一七年十月十九日，習近平總書記在參加黨的十九大貴州省代表團討論時，給貴州取得的成績定了性：「貴州取得的成績，是黨的十八大以來黨和國家事業大踏步前進的一個縮影。這從一個角度說明了黨的十八大以來黨中央確定的大政方針和工作部署是完全正確的。」貴州這些年綜合實力的顯著提升、脫貧攻堅的顯著成效、生態環境的持續改善、改革開放取得的重大進展、人民群眾滿足感的不斷增強、政治生態持續向好，相對於單個省級層面的成績，更有著十八大以後中國華章的「縮影」意義。換言之，「貴州趕超」的樣本性作用也從未如當下時代這般凸顯。

綜合經濟實力大踏步前進。七十年來，貴州經濟總量連上新台階、品質效益同步提升。

新中國成立之初，全省經濟總量僅為六・二三億元，經過三十五年的時間，到一九八四年經濟總量突破一百億元；再用了十六年時間，到二〇〇〇年經濟總量突破一千億元；又用了十一年時間，到二〇一一年經濟總量達到五千億元。二〇一二年以來，僅用了八年時間，經濟總量就突破一・五萬億元、增加一萬億元以上，全省經濟增速連續八年位居全國前三；經濟結構不斷優化，轉型升級步伐加快，「千企引進」、「千企改造」、「萬企融合」深入推進，國有企業戰略性重組實現新突破，能源工業運行新機制展現出強大生命力，新舊動能轉換促進十大千億級產業加快發展。傳統產業煥發生機，新興產業發展壯大。國家大數據綜合試驗區、國家生態文明試驗區、內陸開放型經濟試驗區建設扎實推進，連續舉辦五屆的大數據產業博覽會成為國際性盛會、世界級平台。二〇一八年規模以上工業企業五〇八一個，是二〇一〇年的一・七倍，製造業占工業經濟比重由五十八・八%提升到七十・六%，十大千億級工業產業占工業經濟比重達到九十五%；服務業創新發展十大工程占服務業增加值比重達到七十五%，生產性服務業占比達到五十一%。數位經濟增速連續四年居全國第一位，數位經濟增加值占全省 GDP 的二十六・九%。貴州正在衝出「經濟窪地」，奮力打造高品質發展的「經濟新高地」。

決戰脫貧攻堅大踏步前進。貴州長期貧窮落後，直到一九七八年全省還有一千八百四十萬貧困人口，占常住人口的六十八%。改革開放以來特別是黨的十八大以來，全省脫貧攻堅取得歷史性突破，二〇一八年貧困人口減少至一五五萬，二〇一三年至二〇一八年，全省減少貧困人口七六八萬人，每年減少一百多萬，三十三個縣脫貧摘帽，貧困發生率從二十六・八%下降到四・三%；建成近八萬公里農村通組硬化路，有效解決了沿線一千二百萬農民群眾出行不便問題。二〇一九年完成一八八萬人口搬遷，是全國易地扶貧搬遷人數最多的省。深入推進振興農村經濟的產業革命，二〇一八年農業增加值增長六・八%，增速居全國第一位。在西部率先實現縣域義務教育基本均衡發展，在全國率先實現省市縣鄉四級遠程醫療，改造農村危房五十一萬戶，基本解決二七九萬農村人口飲水安全問題。實現農村「組組通」公路，實現了村村通電、通水、通廣播電視、通網路信號，一〇〇%建制村通客運，一〇〇%行政村實現光纖網路、4G網路覆蓋。貴州世代貧困的宿命正被徹底改變，千百年來的絕對貧困問題即將歷史性地畫上句號，不少發展中國家對此給予高度讚譽。

生態文明建設大踏步前進。貴州是典型喀斯特地貌，過去石漠化和水土流失嚴重，一九七五年森林覆蓋率僅為二十二・八%。全省堅持不懈強化生態環境建設，二〇一九年森林覆蓋率提高到五十八・五%，全省中心城市和縣級城市環境空氣品質優良天數比率達九十八%以上，全省出境斷面水質優良率保持一〇〇%。畢節試驗區生態建設取得重大成就，草海生態保護與綜合治理成效明顯。全省世界自然遺產數量居全國第一位，近三年全省旅遊人數、旅遊總收入連年增長三十%以上。堅持生態產業化、產業生態化，因地制宜發展具有技術含量、就業容量、環境品質的綠色經濟「四型」產業，綠色經濟占比超過四十%，綠水青山正源源不斷轉化為金山銀山。近年來實施了一百多項生態文明制度改革，在生態文明地方立法、生態司法機構組建、生態環境問責、生態環境損害賠償等方面率先開展制度創新，多項改革試點走在全國前列。生態文明公眾滿意度居全國第二位。連續十屆生態文明貴陽國際論壇響亮發出了可持續發展的「中國聲音」。生態優先、綠色發展正在成為多彩貴州的主旋律。昔日「天無三日晴」的貴州，成為世人嚮往的空氣清新、氣候涼爽、山水清秀、文化多彩的旅遊勝地。

改革開放創新大踏步前進。黨的十八屆三中全會以來，中央提出全面深化改革的戰略部署，各領域改革部署加快推進。貴州扎實推進供給側結構性改革：「三去一降一補」取得扎實成效。「去」產能效果明顯，二〇一九年已實際關閉退出煤礦八十一處、去產能一二六六萬噸／年。全省規模以上工業企業實現利潤總額八五〇・七五億元。「降」的力度加大，二〇一九年為實體經濟企業降低用能、稅費、融資、物流、制度性交易成本等共計六八五億元。「補」的步伐加快，二〇一九年，教育支出增長九・二%、社會保障和就業支出增長十・七％、衛生健康支出增長十四％、節能環保支出增長四十五・三％、農林水支出增長四十二・六％。貴州加快建設國家重點改革試驗區：獲批建設首個國家大數據綜合試驗區，率先舉辦大數據產業博覽會，率先成立貴陽大數據交易所，率先建成全國首個省級政府主導的數據集聚共享開放的「雲上貴州」平台，率先頒布全國首個大數據地方法規；獲批建設國家生態文明試驗區，率先在全國公布省級生態文明建設促進條例，開展「績效考核評價」、「編製自然資源資產負債表」、「自然資源資產領導幹部離任審計」、「生態損害責任終身追究」等試點，全面推行省市縣鄉村五級河長制。獲批建設內陸開放型經濟試驗區，積極融入「一帶一路」國家開放戰略，加快推進傳統經濟向開放型經濟轉型，逐步構建開放帶動、創新驅動的格局。著力推進重點領域改革：貴州推動公布貴州省人民政府投資條例，積極開展「多評合一、聯合評審」試點和「先建後驗」管理模式試點。開展市場准入負面清單制度改革試點，行政審批時限壓縮至法定時限的四十％，以政府權力的「減法」換取市場活力的「加法」。市場主體和註冊資本金快速增加。截至二〇一九年十一月底，全省各類市場主體累計達到二九九・一八萬戶、註冊資本七・四一萬億元。二〇一九年一月至十一月，貴州省新設立市場主體五十七・五一萬戶，平均每天新設立市場主體一七二一戶。

基礎設施建設大踏步前進。經過七十年的發展，全省公路、鐵路、水運、航空建設從少到多、從量變到質變，先後進入高速時代、高鐵時代和地鐵時代，二〇一八年獲批建設交通強國西部試點省，現代化立體綜合交通網基本形成。二〇一八年，全省公路里程達十九・六九萬公里，是一九四九年的一〇一倍；鐵路通車里程達三五六〇公里，是一九五七年的二十四倍。尤其是黨的十八大以來，率先在西部地區實現縣縣通高速公路，「市市通高鐵」項目全部獲批建設，貴陽正在加快建成全國十大高鐵樞紐，貴陽軌道交通一號線全線開通。二〇一九年，全省高速公路突破七千公里，高速公路綜合密度居全國第一位，通車總里程列全國第七位；高鐵總里程達一二六二公里。通航機場實現市州全覆蓋。在水利方面，黨的十八大以來，貴州先後建成了黔中水利樞紐一期等一批重大水利工程，夾岩、馬嶺、黃家灣、鳳山等大型水庫相繼開工建設，「縣縣有中型水庫」項目全部開工、建成投運縣達到七十四個。二〇一八年全省供水保障能力達一二〇・八億立方米，工程性缺水問題加快破解，「市州有大型水庫、縣縣有中型水庫、鄉鄉有穩定供水水源」正加快形成。在能源、訊息等基礎設施方面實現了從無到有、覆蓋面從城區到農村的巨變。從「縣縣通電」、「鄉鄉通電」、「村村通電」到「戶戶通電」。二〇一八年，全省電力裝機總容量突破六千萬千瓦，較二〇一二年末新增二千多萬千瓦，基本形成「三橫一中心」五百千伏主網架，覆蓋所有市州。實現四十三個縣通天然氣管道，天然氣供應量達八・九二億立方米。通訊光纜達九十六・九萬公里，互聯網出省帶寬達 9130Gbps，貴陽被列為全國首批 5G 試點城市。貴陽・貴安國家級互聯網骨幹直聯點建成開通，並躋身全國十三大通訊樞紐。過去「地無三尺平」的貴州，如今萬橋飛架、天塹變通途，徹底打破原有時空格局，明顯提升了貴州在區域發展中的戰略地位。

民生和社會事業大踏步前進。七十年來，貴州人民生活逐步由貧窮、溫飽向實現全面小康社會加快邁進，人民群眾幸福感、滿足感、安全感不斷增強。就業規模持續擴大，全省全社會就業人數由一九四九年末六〇〇・八九萬人增加到二〇一八年末二〇三八・五萬人。黨的十八大以來，全省城鎮累計新增就業四二六・九萬人，近四年城鎮新增就業連續保持在七十萬人以上。二〇一八年，全省城鎮居民人均可支配收入三一五九二元，是一九四九年的三三六倍；農村居民人均可支配收入九七一六元，是一九四九年的二〇一倍。在全國率先實現農村義務教育學生、學前教育兒童營養改善計劃全覆蓋，在西部率先實現縣域義務教育基本均衡發展。九年義務教育、農村貧困高中生、中職學生實現學費全免。基本普及十五年教育。花溪大學城、清鎮職教城和貴州大學新校區基本建成，貴州大學入選國家「雙一流」學科建設高校。「十三五」以來參加高考人數連續三年居全國前十位。二〇一八年，全省九年義務教育鞏固率九十一%，高中階段毛入學率八十八%，高等教育毛入學率三十六%，比二〇一二年分別提高十二・四％、二十五・八％和十・五％個百分點。實現了鄉鎮衛生院標準化建設、基層醫療衛生機構執業醫師、農村中小學校校醫配備、縣級以上公立醫院遠程醫療、城鄉居民大病保險「五個全覆蓋」。在全國率先建成省市縣鄉四級公立醫院遠程醫療服務體系，二〇一八年開展遠程醫療會診服務二十三・六萬例。初步建立起覆蓋城鄉的社會保障體系，保障水準不斷提高。二〇一八年，全省城鄉居民基本養老保險、城鎮職工基本醫療保險、失業保險、工傷保險參保人數分別達一八〇三萬人、六四〇萬人、二五七萬人、三五六萬人。同時，社會治理體系和治理能力現代化扎實推進，社會和諧穩定。二〇一八年人民群眾安全感、滿意度分別達到九十八・七％和九十七・五六％，創歷史新高。

基層黨組織建設大踏步前進。新中國成立以來，貴州省不斷推進基層黨組織建設，健全基層組織，優化組織設置，創新活動方式，擴大組織覆蓋，推動各領域基層黨組織全面進步、全面過硬。截至二〇一八年年底，全省共有基層黨組織九・四一萬個，其中基層黨委四八九二個，黨總支六三一三個，黨支部八・二九萬個；全省共產黨員一七三・八萬名。十八大以來，貴州省在抓基層打基礎、推動全面從嚴治黨向基層延伸方面，堅持深學篤用、凝心聚魂，持續強化黨的創新理論武裝，不斷深化黨員幹部理論教育和黨性教育；堅持盡銳出戰、務求精準，深入推進抓黨建促脫貧攻堅，確保按時打贏脫貧攻堅戰；堅持夯實基層、築牢基礎，深入實施基層黨建三年行動計劃，大力推進黨支部標準化規範化建設；堅持嚴管與厚愛並重，扎實做好發展黨員工作，不斷增強黨員教育管理的針對性和有效性；堅持抓具體抓深入，層層壓緊管黨治黨政治責任，推進全面從嚴治黨向縱深發展。貴州的黨員幹部在脫貧攻堅過程中，砥礪奮進，英雄輩出，湧現出了「一輩子修一條渠」的老支書黃大發、深度貧困地區帶領村民脫貧致富的優秀代表余留芬、鑿出一條脫貧出路的「當代女愚公」鄧迎香、「不脫貧不下山」八年堅守貧困村的第一書記楊波等一批在全國有影響力的脫貧攻堅「英雄群體」，在全省掀起對照標竿、學習標竿、追趕標竿的熱潮，凝聚起打贏脫貧攻堅戰的強大合力。近年來，近五千名在脫貧攻堅一線幹出實績的幹部得到提拔使用。貴州高度重視黨員發展工作，進一步優化黨員結構，充分發揮黨員的先鋒模範作用。從黨員數變化來看，二〇一八年比二〇一二年淨增加一二〇三三四人；從學歷上看，大學以上學歷黨員占比由二〇一二年的十七・二%提高到二〇一八年的二十七・一%，初中以下學歷黨員占比由二〇一二年的四十四・一%降低到二〇一八年的三十六・四%。

貴州七十年來，特別是黨的十八大以來經濟社會發展取得的巨大成績，是黨中央堅強領導的結果，是黨的科學理論正確指引的結果，是中國特色社會主義制度優越性的具體體現，是中國國家制度和國家治理體系在貴州的生動實踐，是人民當家作主、團結奮進、拚搏創新、苦幹實幹的結果。新時代的貴州站在了新起點，邁入了新階段，迎來了新的發展機遇。在習近平新時代中國特色社會主義思想的指引下，在新時代貴州精神的培育下，貴州人民必將不負囑託，發出新時代的貴州好聲音，續寫新時代貴州發展新篇章，開創百姓富生態美的多彩貴州新未來。

❸ 中國未來最富裕、最有意義的地方

貴州擁有綺麗的自然風光和得天獨厚的自然環境，是名副其實的生態福地，同時，也是一個「開發中、發展中」的「經濟窪地」。貴州搶占大數據發展的先機，一路快馬加鞭，一路砥礪奮進，在一些領域已逐步從世界科技的「跟跑者」躍升為「並跑者」「領跑者」。秉持「天人合一、知行合一」精神，貴州用心書寫既要綠水青山又要金山銀山的大文章，當科技與生態在這裡交匯、融合，迸發了創新的活力，先賢王陽明先生留給貴州的陽明文化精神財富，或許正如阿里巴巴集團創始人馬雲對貴州和貴陽的評價：「我相信貴州和貴陽將是未來中國最有意義，最富有的地方之一。」

習近平總書記致「二〇一八年、二〇一九年中國國際大數據產業博覽會」、「生態文明貴陽國際論壇二〇一八年年會」賀信中要求，把握機遇、助力中國經濟從高速增長轉向高品

質發展；堅持走綠色發展、可持續發展之路。二〇一八年七月習近平總書記對畢節試驗區工作作出的重要指示，按時打贏脫貧攻堅戰，做好同二〇二〇年後鄉村振興戰略的銜接。三大戰略行動背後，貴州發揮後發優勢，攻堅克難、「撬動」發展的精神楨桿，也是各地幹事創業過程中不可小覷的參照。如今，擺在貴州面前的考驗是如何「站在歷史的新起點」上，保持當下的發展勢頭，繼續快速發展與高品質發展的競爭力——這也是「貴州經驗」或能「反哺」未來中國內陸地區的關鍵。

天人合一的綠色信仰。「綠」是這座城的命脈，已然融入了血液，成了一種信仰。初到貴陽的人，都會驚訝貴陽的綠——四季都是青的山，碧的水，層層疊疊的綠由近及遠，林海起伏，滿目蔥蘢，花扮築城，綠染貴陽。正是這種綠讓貴陽在全國第一個獲得「國家森林城市」的殊榮。一方水土養育一方人，貴陽正是在天然形成的生態審美的核心價值觀的指導下，始終堅持心中的綠色夢，用實際行動打造了「爽爽的貴陽」城市品牌。尤其是近年來，貴陽市委、市政府高度重視生態環境保護，把生態文明建設作為市委、市政府的一項重要工作內容，並明確提出要構建和諧共生生態體系，讓綠水青山真正成為金山銀山，讓生物多樣性得到有效維護，形成「山水林田湖草」生命共同體你中有我、我中有你的共生局面。先天的綠色基因加後天的綠色堅守，使得「綠」已經成為這座城市的底色，是生活在這座城市中的人心中最神聖的圖騰。

知行合一的精神特質。五百多年前，著名的「龍場悟道」在貴陽發生，就注定了貴陽與「知行合一」的哲學思想要結下深厚的緣。「知行合一」的理念深入每一個貴陽人的內心，自然而然內化為貴陽的城市精神。在這種精神的指引下，貴陽堅韌地探索著一條發展新路，因為貴陽深「知」要堅守好生態和發展的「兩條底線」，深「知」自己「作表率、走前列」的使命，當「知」道新一輪科技革命的機遇到來了，「知」就落實到「行」上，在缺少眾多科技創新要素的情況下開始了推動大數據發展的「行」動。隨即這一精神特質支撐這座城市造就了一個又一個的奇蹟。面對發展過程中的艱與難，貴陽各級領導幹部堅持「知行合一」，敏銳地抓住大數據時代的歷史機遇並將其迅速上升為全市的戰略，結合自身實際積極進行實踐，使得各級、各部門達到在戰略上的高度認知，為發展大數據風生水起提供了重要前提。同時，貴陽深知自身的後發優勢與後發劣勢。其正視自身發展中、開發中和開放中地區的現實，認清良好的生態、良好的資源環境、相對有競爭力的勞動力成本和城市生活運行成本等優勢，面對創新資源和創新人才的困境，貴陽進行制度創新，快學快幹，變後發為先發，使之成了國內最早一批啟動大數據建設的城市。更為關鍵的是，貴陽堅持以「務實」為標，扎實幹事。發展大數據無論是其具有的先天、先發還是先行優勢，核心都是先做。先做就是想做、敢做加會做。發展大數據是在走前人沒有走過的路。只有學中做，做中學，邊學邊做，邊做邊學，才能贏得先機，才能搶占藍海。發展大數據，貴陽不追求一時一事的轟動效應，不追求短時間的精彩亮相，不做「形象工程」和「表面文章」，而是瞄準目標，一步一步地從具體工作做起。貴陽「知」與「行」的合一，得到了「貴州發展大數據確實有道理」的認可，推動了「中國數谷」的崛起。

協力爭先的創新基因。文化自信首先表現為文化自覺。所謂「文化自覺」，是文化的自我覺醒、自我反省和自我創建。看貴陽的創新發展之路，「是對『知行合一』的陽明文化的深入挖掘和傳承」，對「爽爽的貴陽」生態文明的再認識和再提升，對堅守「兩條底線」的綠色文化的生動實踐。這些都是經過長期的實踐後積澱於內心的價值認同，是經過自我反省、自我批判後自我超越的結果。文化自信其次表現為文化價值重構。縱觀貴陽的發展史，明初平亂時期、清雍正年間「改土歸流」時期、抗日戰爭時期、新中國成立後「三線建設」時期的四次大規模移民給貴陽帶來了江浙文化、中原文化、楚湘文化、巴蜀文化等，這些文化與貴陽本土文化融合為一體，既包含了各地區的文化元素，又發生了異變，相互滲透，形成了貴陽開放、包容、開拓，並具有創造性和親和力的移民文化。近年來，貴陽在以大數據為引領加快打造創新型中心城市的生動實踐中，創新創業文化漸成風尚。文化自信還表現為對民族文化當下狀況的充分肯定和對未來前景的滿懷信心。當前，貴陽透過選擇和堅持創新驅動的發展之路，實施大數據戰略行動，帶動了經濟社會的全面發展，形成了開放多元的發展環境，不斷吸納其他國家和民族的優秀文化，使多元文化兼容並蓄，豐富貴陽城市文化內涵，提升貴陽的文化自信。這種文化自信不斷增強，根植於貴陽城市文化中，內化成為一種自信文化，並優化貴陽的文化基因。水有源，故其流不窮；木有根，故其生不窮。要讓創新成為城市發展的「源」和「根」，就要將創新融入城市發展的血液，融入民族文化之中，形成創新文化，使創新成為全社會的一種價值導向、一種思維方式、一種生活習慣。

2

CHAPTER

國家試驗・國家大數據戰略的數谷實踐

二〇一六年二月二十五日，國家發改委、工信部、中央網信辦批覆貴州建設首個國家大數據綜合試驗區。四年多來，貴州省按照批覆要求，把綜合試驗區建設與大數據戰略行動統籌推進，扎實開展數據開放共享、數據中心整合利用、大數據創新應用、大數據產業集聚發展、大數據資源流通與交易、大數據國內外交流合作、大數據制度創新七項系統性試驗，先行先試、探索創新。如今，國家交給貴州的試驗任務正在扎實推進，融合日漸深入、產業快速成長、應用不斷拓展、保障持續有力、「試驗田」環境加快形成，貴州不僅成為中國大數據發展的戰略策源地，而且成為引領全球大數據發展的重要風向標，為國家大數據戰略實施探尋可借鑑、可複製、可推廣的經驗，形成了試驗區的輻射帶動和示範引領效應。

第1節・以塊數據為核心的理論創新

每一次重大社會變革和社會進步的發生，都離不開人民的偉大創造，更離不開思想啟蒙和先進理論的引領。貴州實施大數據戰略行動的六年，是大數據實踐創新的六年，也是大數據理論創新的六年，實踐創新與理論創新交互作用、交相輝映，在貴州大地上譜寫了壯麗的歷史篇章。可以說，理論創新是一座燈塔和一面鏡子，它一邊指引著貴州大數據發展前行的方向，一邊反映著貴州大數據發展的探索歷程。塊數據是研究數據運動規律的數據哲學，數權法是人類邁向數位文明的新秩序，主權區塊鏈是法律規制下的技術之治，《塊數據》、《數權法》、《主權區塊鏈》「治理科技三部曲」的誕生，既是研究未來生活的宏大構想，也是研究未來文明的重大發現，這給我們重新審視這個世界提供了一個全新視角，這是一把我們所有人都期待的鑰匙，它將打開數據文明的未來之門。

❶ 塊數據：大數據時代真正到來的標誌

二十世紀最偉大的數據哲學家有兩位主要代表人物，一位是凱文・凱利，一位是尤瓦爾・赫拉利。他們的核心論斷是互聯網砸碎了一個舊世界。但是，對如何重構一個新世界，他們並沒有答案。塊數據對社會結構、經濟機能、組織形態、價值世界進行了再構造，對以自然人、機器人、基因人為主體的未來人類社會構成進行了再定義，其核心哲學是倡導以人為本的利他主義精神。塊數據帶來了一場新的科學革命，這場革命是以人為原點的數據社會學典範，是用數據技術而不是人的思維去分析人的行為、把握人的規律、預測人的未來。這深刻改變著當下的倫理思維模式、資源配置模式、價值創造模式、權利分配模式和法律調整模式。這種改變帶給我們的不僅是新知識、新技術和新視野，它還將革新我們的世界觀、價值觀和方法論。

就像大數據是什麼並不重要，重要的是大數據正在改變人們對世界的看法一樣，塊數據亦是如此。大數據讓貴陽與已開發地區站在了同一起跑線上，前方是無人領航、無既定規則、無人跟隨的創新「無人區」，面臨著理念、技術、市場等多方面的挑戰。塊數據就是把各個分散的點數據和分割的條數據匯聚在一個特定平台上並使之發生持續的聚合效應。聚合效應是透過數據多維融合與關聯分析對事物做出更加快速、更加全面、更加精準和更加有效的研判和預測，從而揭示事物的本質和規律，推動秩序的進化和文明的增長。

二〇一五年，大數據戰略重點實驗室創造性提出「塊數據」的概念，研究出版《塊數據：大數據時代真正到來的標誌》，在業界引起了強烈迴響；二〇一六年，大數據戰略重點實驗室探索性地提出「塊數據理論」，研究出版《塊數據2.0：大數據時代的典範革命》，指出塊數據是大數據發展的高級形態；二〇一七年，大數據戰略重點實驗室進一步深化塊數據的核心價值，研究出版《塊數據3.0：秩序互聯網與主權區塊鏈》，重構了互聯網、大數據、區塊鏈的規則；二〇一八年，《塊數據4.0：人工智慧時代的活化數據學》提出活化數據學是超數據時代的解決方案；二〇一九年，《塊數據5.0：數據社會學的理論與方法》圍繞構建以人為原點的數據社會學典範，研究和探索人與技術、人與經濟、人與社會的內在關係。

塊數據是大數據時代真正到來的標誌，是大數據發展的高級形態，是大數據融合的核心價值，是大數據時代的解決方案。貴陽大數據發展的探索實踐正是塊數據這個新概念、新思想、新理論誕生的源泉，塊數據理論不斷豐富完善的過程，是貴陽探索大數據發展規律的過程，也是把握大數據未

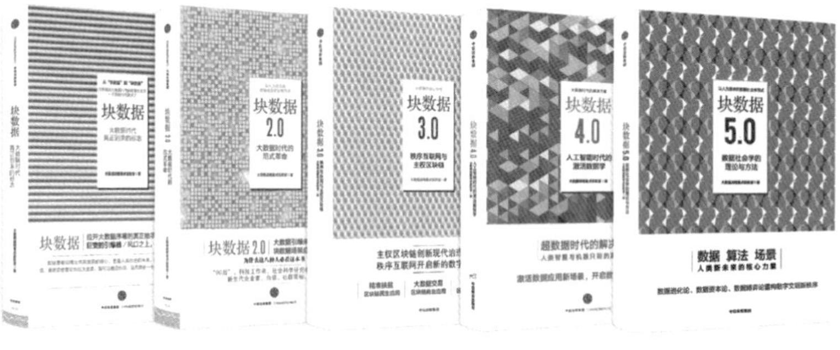

圖 2-1　塊數據 1.0 到 5.0

來發展趨勢的過程。如果僅僅把塊數據當成一個概念、一種技術，或者說至多是推動產業變革或政府治理的新動能，那就過於簡單了。塊數據對經濟社會發展的推動作用已經超出了所有偉大預言家的預測，貴陽近年來運用塊數據理念引領創新發展所取得的初步成就，已經足以讓我們心潮澎湃，而這一史詩般劇目的序幕才正在準備拉開或者說剛剛拉開。

放眼當前，大數據作為創新浪潮的最重要標誌，其發展已經超出了絕大多數人的預期，從最開始的僅僅涉及產業領域到逐步滲透進人們的日常工作、生活乃至行為方式中，從少數人關注、少數人研究到成為整個社會高度關注的現象級詞匯。立足實踐，塊數據作為大數據發展的高級階段，憑藉著對條數據的塊上融合，依託著不同種類、領域、方面數據的自由流動和公開共享，依靠著以社會學為原點，對現有海量數據交匯、融合、活化，以塊數據的政用、商用、民用為探索途徑，一大批的創新成果遍地開花，正在重構既有的經濟社會體系，成為創新大潮中最閃亮的前沿與高端。

在「數位中國」建設的背景下，「中國數谷」的綠色崛起，是貴陽市高度重視理論創新的作用，是增強理論自信與戰略定力的成果。這既是對貴陽大數據發展所取得的顯著而重大成就的充分肯定，也是對未來貴陽發展所展現的光明而美好前景的無限期待。貴陽圍繞產業發展、民生服務、社會治理和高品質發展四大領域，創新塊數據應用場景，形成了數據驅動型創新體系和應用模式，成為場景驅動創新應用的沃土。

對塊數據的認識和理解，是隨著對數據奧秘的探索和對數據價值的發現而不斷深入的。我們不得不更多地關注塊數據、研究塊數據、把握塊數據，因為我們每個人都身在其中。「塊數據系列」專著的出版，實際上建構起了塊數據理論體系，進一步揭示了塊數據的本質、規律和價值，受到了政界、學界、業界的持續關注並正被翻譯成英文、日文、韓文等多種語言，成為大數據領域一個現象級的話題。塊數據系列著作英文、日文、韓文及其他外文譯著已陸續出版並向全球公開發行，發出了貴陽聲音。塊數據生於貴陽、長於貴陽並成於貴陽，但它不僅屬於貴陽，更屬於中國，屬於世界。

塊數據外譯和版權輸出既是貴陽以成果發聲走出國門、走向世界的重要標誌，也是搶占大數據理論國際話語權、提升國際影響力的重要途徑。外譯並輸出塊數據，也將這種科學的且經過實踐檢驗的「貴陽模式」傳播出去，讓更多的國家和地區可以參考和借鑑。我們有理由相信，隨著這些著作的全球出版，「中國數谷」走向世界的步伐將更加堅定而有力，貴陽、貴州乃至中國大數據發展的國際話語權也將獲得極大提升。

❷ 數權法：破解大數據法律挑戰的法理重器

如果說塊數據是大數據時代真正到來的標誌，那麼，數權法則是讓貴州和貴陽真正站在世界面前。二〇一九年，由大數據戰略重點實驗室研究撰寫、社會科學文獻出版社重磅出版的《數權法 1.0：數權的理論基礎》一書在二〇一九數博會上首發，同時，英文版、中文繁體版也面向全球出版發行。該書是世界上首部《數權法》理論專著，它的出版為人類從工業文明邁向數位文明奠定了法理基礎，並將成為打開數位文明未來之門的新鑰匙。「數權法」一詞是大數據戰略重點實驗室主任連玉明教授於二〇一七年三月首次提出後，由全國科學技術名詞審定委員會正式認定。同年七月，中國政法大學數權法研究中心正式成立，這是中國首家數權法研究機構。

《數權法 1.0：數權的理論基礎》把基於「數據人」而衍生的權利稱之為數權；把基於數權而建構的秩序，稱為數權制度；把基於數據制度而形成的法律規範，稱為數權法，從而建構了「數權—數權制度—數權法」的理論架構。從農業文明到工業文明再到數位文明，法律將實現從「人法」到「物法」再到「數法」的巨大轉型。數權法的意蘊凝結在數位文明的秩序典範之中，並成為維繫和增進這一文明秩序的規範基礎。從這個意義來說，數權法是文明躍遷的產物，也將是人類從工業文明向數位文明變革的基石。數權法為數位文明的制度維繫和秩序增進提供了存在依據，將與物權法一起共同構成數位文明時代的兩大法律基礎。

數權法是調整數據權屬、數據權利、數據利用和數據保護的法律規範。數據確權是數權保護的邏輯起點，是建立數據規則的前提條件。數據權利是數權立法的重要組成部分，一部沒有權利內容的法律無法激起人們對它的渴望。在立法中，應當賦予數據主體相應的權利，如數據知情權、數據更正權、數據被遺忘權、數據蒐集權、數據可攜帶權、數據使用權、數據收益權、數據共享權、數據救濟權等。不僅要有數據的所有權人控制、使用、收益等權利的規定，也要有他人利用數據的權利的規定，如用益數權、公益數權、共享權等。數據的價值在於利用，在堅持數盡其用原則前提下，開發數據政用、商用、民用價值，催生全治理鏈、全產業鏈、全服務鏈「三鏈融合」的數據利用模式。保護責任是法律、法規、規章必不可少的重要組成部分，如果一部法律缺乏保護責任的規定，該法律所規定的權利和義務就是一些形同虛設的規則。數據蒐集、儲存、傳輸、使用等環節都需要強化安全治理，防止數據被攻擊、洩露、竊取、竄改和非法使用。此外，數據事關國家安全和公共利益，需要在國家層面對數據主權加以保護。

數位文明時代是一個基於大數據、物聯網、人工智慧、量子訊息、區塊鏈等新興技術的智慧化時代。這個時代，數權思潮空前活躍，數據的即時流動、共享構成一個數據化的生態圈，整個社會生產關係被打上了數據關係的烙印，政治、經濟、文化、科技等得以全面改造，這將引發整個社會發展模式和利益分配模式前所未有的變革和重構。表面看來，現有法律體系的外部框架的確已經非常輝煌，從《查士丁尼國法大全》、《拿破崙法典》到《德國民法典》等立法創制，法律制度在芸芸眾生眼裡已相當完備，似乎已完備到可以滿足人類對有秩序、有組織的生活需要，滿足人類重複令其滿意的經驗或安排的欲望以及對某些情形做出調適性反應的衝動。然而，面對基於十八世紀的法律和二十一世紀的現實的矛盾，在涉及民法、經濟法、行政法、刑法、訴訟法、國際法等諸多領域，數權法究竟如何跨界，這基本上還處於一個三岔口的狀態。但無論如何，數權法是數據有序流通之必需、數據再利用之前提、個人隱私與數據利用之平衡，是構造數位世界空間的法律帝國這個「方圓」世界的基本材料。數權法將是數位文明時代規則的新座標、治理的新典範和文明的新起點，必將重構數位文明新秩序。

數權、數權制度、數權法及更多相關問題已經成為一個緊扣時代且敘事宏大的法學命題。數權法研究是一項具有開創性、劃時代的工作，是無論如何都繞不開的社會或學術之重大問題。即使我們現在不去觸碰，後人也必須要去研究。因此，我們將保持這樣一種初心、一種戰略定力，不是基於現在，而是基於未來，更多是從假設出發，大膽假設小心求證、跨界融合。《數權法 1.0：數權的理論基礎》基於「數據人」假設建構了「數權—數權制度—

數權法」的理論架構，它開闢了全新的法學研究領域。大數據戰略重點實驗室還將陸續推出多語種版本的《數權法2.0：數權的制度建構》、《數權法3.0：數權的立法前瞻》、《數權法4.0：共享權與隱私權》、《數權法5.0：數權觀與新倫理》系列專著。「數權法系列」的翻譯出版是中國法律崛起並正在走近世界舞台中央的重要標誌，是數位文明時代參與全球治理的強大法理重器。

❸ 主權區塊鏈：互聯網全球治理的解決方案

二〇一六年十二月，貴陽市人民政府新聞辦公室發布了《貴陽區塊鏈發展和應用》白皮書，開創性地提出「主權區塊鏈」、「繩網結構」、「扁擔」模型（TAF 模型）等理論。白皮書基於區塊鏈相關理論創新和現有發展基礎，提出了貴陽發展區塊鏈的總體設計，特別是在總體思路、應用場景和支撐體系方面進行了闡述，集中展現了貴陽對於區塊鏈發展及其如何與大數據發展相結合的初步思考和探索。此白皮書的發布，被看作是貴陽發展區塊鏈的「宣言書」，也是向全社會發出的「英雄帖」。

主權區塊鏈是從技術之治到制度之治的治理科技，是基於互聯網秩序的共識、共享和共治所建構的智慧化制度體系。主權區塊鏈推動了互聯網從低級向高級形態的演進，改變了互聯網世界的遊戲規則，為互聯網全球治理提出了解決方案。從二〇一七年起，大數據戰略重點實驗室以《塊數據3.0：秩序互聯網與主權區塊鏈》為起點，開啟了主權區塊鏈的研究。未來，還將陸續推出「主權區塊鏈系列」理論專著，從秩序互聯網與人類命運共同體、改變未來世界的新力量、數位政府引領未來、協商民主改變世界到全球治理的中國智慧，為參與互聯網全球治理貢獻中國方案，為推動構建網路空間命運共同體貢獻中國智慧。

主權區塊鏈。主權區塊鏈是在堅持國家主權原則的前提下，加強法律監管，以分布式帳本為基礎，以規則和共識為核心，根據不同的數據權屬、功能定位、應用場景和開放權限構建不同層級的協議，實現公有價值的交付、流通、分享及增值。「主權區塊鏈」與其他區塊鏈一樣，具有點對點、不可竄改、可信任和價值轉移的特點。但不同的是，在治理層面，它強調網路空間命運共同體間尊重網路主權和國家主權，在主權經濟體框架下進行公有價值交付；在監管層面，它強調網路與帳戶的可監管，技術上提供監管節點的控制和干預能力；在網路結構上，它強調網路的分散多中心化，技術上提供網路主權下各節點的身分認證和帳戶管理能力，而不是絕對的去中心化或形成「超級中心」；在共識層面，它強調和諧包容的共識算法和規則體系，形成各節點意願與要求的最大公約數，技術上提供對多種共識算法的整合能力，而不是單純強調效率優先的共識算法和規則體系；在激勵層面，它提供基於網路主權的價值度量衡，實現物質財富激勵與社會價值激勵的均衡；在合約層面，它強調智慧合約是在主權經濟體法律框架下的自動化規則生成機制，而不是「代碼即法律」，技術上提供可監管、可審計的合約形式化規範；在數據層面，它強調基於塊數據的鏈上數據與鏈下數據的融合，而不是限於鏈上數據；在應用層面，它強調經濟社會各個領域的廣泛應用，基於共識機制的多領域應用的集成和融合，而不是限於金融應用領域。

「繩網結構」理論。區塊鏈是一個個區塊按照時間戳順序形成的鏈，像是一條「繩」，它把一串串數字和價值交付緊密耦合在一起，記錄了某個社群內數位資產的所有交易歷史。這些在不同應用場景、不同社群範圍和不同應用領域下產生的「繩」具有彼此連接的現實需要和內在動力，將不同區塊鏈相互連接，就像把「繩」編織成「網」，構建起立體的價值網路，實現鏈與鏈之間的數據流通、業務交互和價值交付，進而形成跨區域、跨場景、跨部門的區塊鏈應用立體空間。透過「結繩成網」，打破了數據與數據之間存在的「隔膜」，推進了鏈與鏈之間的彼此連接，形成了一個主權區塊鏈框架下跨企業、跨組織、跨個體的、從事經濟社會各種活動的信任體系，推動工業、農業、服務業等不同領域的區塊鏈應用，建立起價值互聯網、產生網路效益和更大的價值，成為區塊鏈技術發展的一個重要里程碑。

「扁擔」模型（TAF 模型）。區塊鏈「扁擔」模型是指關於區塊鏈技術（T）、區塊鏈應用（A）和數位金融（F）的結構關係的模型，也稱為TAF模型。區塊鏈技術演進和數位金融應用是當前區塊鏈發展的兩大熱點領域，就像是兩個「貨擔」，單純靠區塊鏈技術演進和數位金融而缺乏各種應用場景，無法構建起區塊鏈發展的生存空間和生態體系，是缺乏挑貨的「扁擔」。只有區塊鏈在經濟社會的全方位應用，才能促進其自身技術的更快發展和數位金融的更廣泛應用，推動建立價值互聯網和秩序互聯網。未來，區塊鏈的政用、商用、民用場景是搭建起區塊鏈技術和數位金融發展的關鍵支撐，是拉動區塊鏈技術發展和推進數位金融發展的核心力量，是發揮區塊鏈經濟社會價值的重點環節。

主權區塊鏈的提出為區塊鏈技術的應用插上了法律翅膀，把互聯網狀態下不可拷貝的數據流建立在可監管和可共享的框架內，從而加速了區塊鏈的制度安排和治理體系的構建，使區塊鏈從技術之治走向制度之治，為互聯網全球治理提供了解決方案。主權區塊鏈理論將推動互聯網從低級向高級形態演進，從價值互聯網時代邁向秩序互聯網時代。下一步，貴州將以區塊鏈技術為底層架構，探索主權區塊鏈在政用、商用、民用等領域應用，主權區塊鏈理論與區塊鏈技術的有機結合應用必將為貴州大數據帶來新一輪蓬勃發展的機遇。

第 *2* 節・以地方立法為引領的制度創新

法律是治國之重器，良法是善治之前提。隨著八大國家大數據綜合試驗區的批覆，中國大數據的發展呈現出京津冀、長三角、珠三角、中西部、東北部等全面開花的格局。目前，中國絕大部分地區已經公布了促進大數據發展的相關政策文件，並設立了專門的大數據管理部門。然而，除貴州、天津等個別省市外，其他省市還未公布大數據的相關法律，對大數據的發展普遍缺乏法律的支撐。回顧貴州大數據發展歷程，構建先試先行的政策法規體系、跨界融合的產業生態體系、防控一體的安全保障體系，是建設國家大數據（貴州）綜合試驗區的主要內容，同時圍繞大數據政用、商用、民用發展的法治路徑日漸清晰，法治化營商環境已經成為試驗區探索和發展的核心競爭力。

❶ 大數據地方立法的探索實踐

貴州作為首個國家大數據綜合試驗區，將立法規則創新、政策制度突破、體制機制探索作為大數據制度創新試驗的重點，建立大數據地方法規規章，推動政府數據共享開放、數據安全等相關立法先試先行，創造有利於推動大數據創新發展的制度體系，其先驗式的立法經驗成為其他大數據綜合試驗區法治建設的範本。

《貴州省大數據發展應用促進條例》。二〇一六年三月一日，《貴州省大數據發展應用促進條例》正式施行，作為貴州大數據發展的「基本法」，條例集中反映了國家大數據（貴州）綜合試驗區立法引領制度創新的全貌，推動貴州地方立法實現了「好彩頭」。《條例》在大數據企業享受稅收優惠，公共機構已建、在建訊息平台和訊息系統應當依法實現互聯互通，任何單位和個人蒐集數據不得損害被蒐集人的合法權益，數據交易應當依法訂立合同，大數據蒐集、儲存、清洗、開發、應用、交易、服務單位應當建立數據安全防護管理制度等方面，都作出了規定。為推動貴州大數據發展應用，促進經濟發展、完善社會治理、提升政府服務管理能力、服務改善民生，培育壯大戰略性新興產業，為國家大數據（貴州）綜合試驗區先行先試工作提供及時的法治保障。

《貴州省大數據安全保障條例》。二〇一九年十月一日，《貴州省大數據安全保障條例》正式施行。《條例》分別從安全責任、監督管理、支持與保障、法律責任等方面對大數據安全保障作出了原則性、概括性、指引性規定，成為中國大數據安全保護省級層面的首部地方性法規，是貴州大數據產業發展制度保障頂層設計的又一項新成果。《條例》的頒布實施，為形成全社會共同參與大數據安全的良好局面營造了貴州氛圍，為國家大數據產業發展經驗總結探索貴州模式，為國家大數據安全有關法律法規的制定貢獻貴州智慧。

《貴陽市政府數據共享開放條例》。二〇一七年五月一日，《貴陽市政府數據共享開放條例》正式施行，是全國首部政府數據共享開放地方性法規，也是中國首部設區的市關於大數據方面的地方性法規。《條例》共有七章三十三條，從總的原則要求到具體行為規範、責任規定，從規劃、實施、決策、監督到制度建設，從政府數據蒐集、匯聚、共享、開放到利用，都做了全面的規定。其誕生是貴陽市圍繞大數據在地方立法實踐上的一次重大突破，具有重要的示範效應和現實意義，將有力推動政府數據資源優化配置和增值利用，不斷提升政府治理能力和公共服務水準，填補貴陽大數據方面的法規空白，在貴陽大數據發展歷史和依法治市進程中留下濃墨重彩的一筆。

《貴陽市大數據安全管理條例》。二〇一七年五月，公安部批准貴陽成為國內第一家也是唯一一家「大數據及網路安全示範試點城市」，這標誌著貴陽將在大數據安全領域做出全新的探索，並開創屬於大數據安全的城市新模式。二〇一八年八月十六日《貴陽市大數據安全管理條例》公布，並於二〇一八年十月一日施行。《條例》共六章三十七條，主要從大數據安全管理的適用範圍、相關概念以及遵循原則、政府部門職責分工、數據安全保障、監測預警與應急處置、監督檢查和法律責任等方面做了明確規定。該條例的公布，標誌著中國第一部大數據安全管理地方法規誕生，是貴陽主動破題、精準切入、主動探索大數據安全領域的地方立法，引起了強烈的社會反響，為國家大數據安全保障探索提供可借鑑、可複製的寶貴經驗。值得注意的是，二〇一八年九月《數據安全法》被列入十三屆全國人大常委會立法規劃，深刻反映了貴陽大數據安全立法的前瞻性，也意味著貴陽的大數據安全地方立法實踐上升為國家立法，這是貴陽立法探索為國家制度創新做出的突出貢獻。

《貴陽市健康醫療大數據應用發展條例》。貴陽作為國家大數據（貴州）綜合試驗區核心區和健康醫療大數據中心第二批國家試點核心區，從二〇一七年八月，貴陽市人大常委會就在全國率先啟動了健康醫療大數據地方立法工作。二〇一八年九月二十日貴州省第十三屆人民代表大會常務委員會第五次會議批准，自二〇一九年一月一日起正式施行。《條例》共六章三十一條，規定了貴陽市健康醫療數據蒐集匯集、應用發展、保障措施等內容。該條例作為健康醫療大數據應用發展的全國首部地方性法規，將有力促進貴陽市醫療健康大數據的蒐集匯聚、有力推動貴陽市醫療健康訊息的互通共享、有力提升醫療衛生機構訊息化水準、有力保障貴陽醫療健康大數據的應用發展，也必將為打造健康中國提供有力支撐。

《貴陽市數據交易服務機構管理條例》。二〇一六年一月，國家發改委下發《關於組織實施促進大數據發展重大工程的通知》，指出要「建立覆蓋大數據交易主體、交易平台、交易模式等方面的規則制度，完善大數據交易法律制度、技術保障、真實性認證等保障措施，規範大數據交易行為，確保交易數據的品質和安全，防範交易數據的濫用和不當使用行為，形成大數據交易的流通機制和規範程序」。《貴陽市數據交易服務機構管理條例》實施勢在必行，二〇一七年被列為《貴陽市大數據地方性法規、政府規章五年工作推進計劃》重點法規之一，並納入貴陽市人大常委會二〇一九年立法計劃。二〇一八年五月起，貴陽市人大常委會組織召開了若干關於數據交易立法的徵求意見會，並赴上海數據交易中心、武漢東湖大數據交易中心、貴州數據寶網路科技有限公司等開展立法調研，為數據交易立法奠定了堅實基礎。開展數據交易立法，是完善貴陽大數據立法領域體系性構架，推動國家大數據（貴州）綜合試驗區制度創新的重要內容，也是抓住大數據產業發展致勝的關鍵，加快數據交易立法必將是貴陽引領大數據發展新的里程碑。

《貴陽市數據資源權益保護管理條例》。二〇一五年八月，國務院公布的《促進大數據發展行動綱要》明確指出，要「研究推動數據資源權益相關立法工作」。數據資源權益保護立法是未來法律界需要正視的重大問題和重要方向。二〇一八年十二月，大數據戰略重點實驗室出版了《數權法 1.0：數權的法理基礎》，這是全球第一部關於數權的論著，系統詳實地論述了「數權—數權制度—數權法」的相關概念，為數據資源權益保護立法奠定了理論基礎。同時，大數據戰略重點實驗室委託浙江大學開展了數據資源權益保護立法課題研究並取得了豐碩成果，為數據資源權益保護立法奠定了學術基礎。目前，大數據戰略重點實驗室已對數據資源權益保護地方立法的必要性、立法權限、立法依據、立法空間、立法基礎、立法建議等進行了充分論證，形成了《關於貴陽市數據資源權益保護地方立法的思考與建議》，為數據資源權益保護立法做了充分的立法準備。

二〇一六～二〇二〇年貴陽市人大常委會大數據立法規劃

序號	大數據立法名稱	理論研究	立法調研	徵求意見	人大審議	頒布施行
1	貴陽市政府數據共享開放條例	√	√	√	√	√
2	貴陽市大數據安全管理條例	√	√	√	√	√
3	貴陽市健康醫療大數據應用發展條例	√	√	√	√	√
4	貴陽市數據交易服務機構管理條例	√	√			
5	貴陽市數據資源權益保護管理條例	√				

❷ 大數據創新發展的政策保障

保障有力的政策措施是激發大數據創新發展重要手段，運行有效的政策體系是貴州實施大數據戰略的關鍵一招。貴州圍繞「三個圍繞四個結合」①創新驅動政策體系，堅持「四個強化、四個融合」總體思路，主動對接、服務國家大數據戰略，實現「創新」與大數據戰略行動的有機結合。從用地保障、稅收減免、財政支持、人才引培、融資保障等方面量身定製了一系列政策指引，全力支持大數據相關行業快速發展，打造大數據創業創新試驗田，繪製了以大數據為引領、創新驅動發展的政策藍圖，以政策驅動貴州大數據戰略從風生水起到落地生根。

二〇一四年二月，貴州省人民政府公布了《關於加快大數據產業發展應用若干政策的意見》和《貴州省大數據產業發展應用規劃綱要（二〇一四～二〇二〇年）》，《意見》明確指出將從多方面發力，推動大數據產業成為貴州經濟社會發展的新引擎。《綱要》提出貴州將以三個階段推動大數據產業穩步快速發展，到二〇二〇年成為全國有影響力的戰略性新興

① 三個圍繞四個結合」的思路，即圍繞大扶貧、大數據、大生態三大戰略行動，堅持「以人民為中心」的價值導向，實現創新與大扶貧戰略行動的有機結合；主動對接、服務國家大數據戰略，實現「創新」與大數據戰略行動的有機結合；加快發展「四型」數位經濟，實現創新與新舊動能轉換的有機結合；努力構建促進創新的體制架構，實現創新與全面深化改革的有機結合。

產業基地。為把大數據打造成為引領貴州經濟社會發展的新引擎，把貴州建設成為全國有影響力的戰略性新興產業基地定下了主基調。

二〇一六年六月，貴州省委、省政府公布了《關於實施大數據戰略行動建設國家大數據綜合試驗區的意見》等「1＋8」文件，在大數據制度創新、數據共享開放、數據中心整合、創新應用、產業集聚、數據要素流通及國際合作等七個方面開展系統性試驗，為建設國家大數據（貴州）綜合試驗區作出重要指引。

二〇一七年二月，《貴州省數位經濟發展規劃（二〇一七～二〇二〇年）》正式發布，成為全國首個省級數位經濟發展專項規劃。二〇一七年三月，《中共貴州省委貴州省人民政府關於推動數位經濟加快發展的意見》印發實施。《規劃》和《意見》提出，用大數據戰略行動統攬數位經濟發展，把發展數位經濟作為貴州實施大數據戰略行動、建設國家大數據（貴州）綜合試驗區的重要方向。這是全國首個從省級層面公布的關於推動數位經濟發展的規劃與意見，為貴州構建數位經濟通道，釋放數據資源價值，激發實體經濟動能提出了方向指導和具體要求。

二〇一七年九月，貴州發布了《智慧貴州發展規劃（二〇一七～二〇二〇年）》，對貴州智慧製造、智慧能源、智慧旅遊、智慧醫療健康、智慧交通服務、智慧精準扶貧、智慧生態環保等領域發展進行了規劃布局，積極構建貴州智慧發展新格局。這是新一代人工智慧發展上升為國家戰略後，率先發布的省級智慧發展規劃，是貴州省深入推進大數據戰略行動的一項重要舉措，為全省經濟社會實現彎道取直、後發趕超打造了新支點。

二〇一八年二月，貴州印發了《貴州省實施「萬企融合」大行動打好「數位經濟」攻堅戰方案》，並配套制定《貴州省實施「萬企融合」大行動推動大數據與工業深度融合方案》、《貴州省實施「萬企融合」大行動推動大數據與農業深度融合方案》、《貴州省實施「萬企融合」大行動推動大數據與服務業深度融合方案》三個方案，提出加速推動大數據與實體經濟融合，運用大數據手段推進全產業鏈、全生命週期以及企業研發、生產、銷售、服務各環節優化重組，持續改造提升傳統產業，不斷培育壯大新業態，促進實體經濟向數位化、網路化、智慧化轉型，完備的頂層設計，讓大數據與實體經濟融合先行一步。

二〇一八年六月，貴州印發了《貴州省人民政府關於促進大數據雲端運算人工智慧創新發展加快建設數位貴州的意見》，提出了建設「數位貴州」的具體舉措，全力推動互聯網、大數據、雲端運算、人工智慧和實體經濟、政府治理、民生服務深度融合。把「數位貴州」建設作為新時代實施大數據戰略行動的重要推力，進一步推進國家大數據（貴州）綜合試驗區建設。

二〇一八年八月，《貴州省推進電子商務與快遞物流協同發展實施方案》公布，提出建立覆蓋全省、布局合理、便捷高效、安全有序的電子商務與快遞物流服務體系。推動了貴州省電子商務與快遞物流企業轉型升級、提質增效，提升電子商務與快遞協同發展水準。

二〇一八年八月，《貴州省推動大數據與工業深度融合發展工業互聯網實施方案》提出，構建全省工業互聯網網路、平台、安全三大功能體系，打造人、機、物全面互聯的新型網路基礎設施，加快推進互聯網、大數據、人工智慧與實體經濟深度融合，不斷提升融合應用的廣度、深度、精度。為推動全省工業經濟發展品質變革、效率變革、動力變革提供堅實有力支撐。

二〇一九年二月，貴州省委、省政府聯合印發了《貴州省實施大數據戰略行動問責暫行辦法》，主要對貫徹黨中央、國務院和省委、省政府關於大數據戰略行動各項決策部署不積極、不作為、不到位的相關領導集體、相關負責人實施問責。實行失職追責、盡職免責，激發擔當責任、做事創業正能量，確保大數據戰略決策部署落地落實。

二〇一九年十一月，《貴州省互聯網新型數位設施建設專項行動方案》發布，明確實施數位設施提升工程、工業互聯網提升工程、「雲網平台」引領工程、「數聚貴州」工程，加快 5G、工業互聯網、物聯網、人工智慧、數據中心、「一雲一網一平台」等互聯網新型數位設施建設，為進一步推動國家大數據（貴州）綜合試驗區建設打下堅實基礎。

精準有力的政策支持成為貴州大數據產業發展最讓外界心動的信號。一系列政策公布為貴州大數據發展營造了良好環境，吸引了一大批大數據企業到貴州創新創業，「數聚貴州」的發展格局加快形成，貴州大數據企業從二〇一三年的不足一千家增長至二〇一八年的八千九百多家，大數據產業規模總量超過一千一百億元。數據規模迅速擴大、數據應用加快推進、大數據產業提速發展，為貴州開創百姓富生態美的多彩貴州新未來提供了有力支撐。

❸ 大數據統籌推進的機制創新

發揮政府的統籌是大數據產業有力推進的重要保障，貴州從設立專職大數據管理機構入手，開啟了大數據發展管理機制改革，在機構設置、部門分工、平台建設、人才培養等方面積極探索，奠定了貴州大數據發展的基石。同時，為國家實施大數據戰略在體制機制方面積累經驗、探索新路。

機構設置上創新。貴州設立專門的大數據管理機構，將大數據發展管理局調整為政府直屬機構，突出政府集中抓大數據的職能定位。成立了省長任組長、各市（州）政府、省直部門領導人為成員的貴州省大數據發展領導小組，同時加掛國家大數據（貴州）綜合試驗區建設領導小組牌子，領導小組下設辦公室，各市（州）也積極創建大數據發展相應管理機制，設立市（州）大數據管理委員會（辦），形成了「一領導小組一辦一局一中心一企業一智庫」的發展管理機制，全面推進全省大數據戰略行動實施。明確大數據發展管理局統籌數據資源管理和電子政務建設職能，推動數據資源融合。推動政務訊息系統整合、數據共享開放，促進大數據與政務服務融合應用；指導協調大數據與實體經濟、社會治理、民生服務、鄉村振興融合應用等職責；對消除「訊息孤島」、「數據煙囪」，提高政務服務效率，促進大數據服務經濟社會發展負有主要工作職責。

部門分工上創新。為加強與國家工業和訊息化部對應，貴州在原來省工業和訊息化廳與省大數據發展管理局有關職責分工的基礎上，進一步明確省工業和訊息化廳、省大數據發展管理局要建立協調配合工作機制，共同做好向工業和訊息化部請示匯報工作，並按職責分工加強有關工作部署的落實，確保省級大數據發展管理機構設置與國家層面上下貫通、執行有力。同時，為強化省直部門政務數據資源管理的職能，在省政府四十多個部門「三定」規定中統一作出明確指示：增設專門的管理職能負責行業應用及產品和服務供給匹配，負責協調解決對接過程中出現的重大問題；加快政府相關部門數據開放進度，引導推動大數據行業應用試點示範項目的開展；制定政府和公用事業單位大數據應用採購目錄，將「雲上貴州」系統平台數據安全，數據分析和雲服務等大數據服務納入政府採購目錄，各級政府要安排專項資金支持政府採購。各市（州）相關部門也積極參照省辦法執行，增加了政務數據資源管理和大數據應用等職能。

平台建設上創新。為全方位推動大數據產業發展，貴州以平台建設為支撐，不斷夯實重大創新平台載體，設立產業發展基金、成立產業聯盟，以及建設創新平台，提升創新能力，增強發展後勁。在創新平台方面，貴安新區、貴陽國家高新技術產業開發區、遵義市匯川區三個國家級「雙創」示範基地建設有力推進，帶動貴州全力打造「雙創」升級版。在科研平台方面，成立了提升政府治理能力大數據應用技術國家工程實驗室、大數據戰略重點實驗室、貴州省大數據產業發展應用研究院、貴州大數據安全工程研究中心、貴州大學公共大數據國家重點實驗室、中科院軟體所貴陽分部等大數據科研平台。在產業發展基金上，成立了貴州大數據領域首支由省級政府出資設立的產業基金，基金總規模為三十億元，透過基金的槓桿作用，引入社會資本，有效拓寬大數據企業融資渠道，提升企業市場競爭能力。在產業聯盟方面，貴州省大數據產業技術創新戰略聯盟由貴州省科學技術廳（貴州省知識產權局）發起，目前已發展成員單位一百多家，實現創新要素集聚，為成員單位提供優質的公共服務，為貴州大數據產業技術的整體提升搭建支撐平台。

人才培養機制創新。貴州公布了《關於加快大數據產業人才隊伍建設的實施意見》、《貴陽市大數據產業人才專業技術職務評審辦法》、《貴陽市大數據「十百千萬」人才培養計劃實施方案》等政策文件。加強與美國矽谷、印度班加羅爾及港澳台等地區的合作，積極引進和培養一批領軍人才和高端人才；推動省內外高校與行業企業、科研院所深度合作，與北京大學、清華大學、中科院等重點高校、科研院所簽訂協議，定向培養和輸送訊息技術類人才；鼓勵企業與高校建立訂單式人才培養機制，與花溪大學城、清鎮職教城合作，為大數據企業提供訂單式培訓，就地解決大數據企業發展所需的中初級人才。貴州成立國家大數據（貴州）綜合試驗區專家諮詢委員會，邀請來自各行各業的學者菁英為貴州大數據的發展提供決策諮詢，初步形成層次清晰、結構合理、保障有力的大數據人才隊伍。

第3節・以標準制定為主導的規則創新

深挖數據價值，需要持續不斷進行規則創新。習近平總書記強調，「要加快提升中國對網路空間的國際話語權和規則制定權」。

標準已成為世界「通用語言」，大數據標準則是大數據走向國際市場的「通行證」。誰制定標準，誰就擁有話語權；誰掌握標準，誰就占據制高點。貴州積極參與、主動作為，以建設國家大數據（貴州）綜合試驗區為依託，深入推進大數據標準化工作，取得了顯著成效，成為大數據領域國際標準的重要參與者與制定者。

❶ 國家技術標準創新基地（貴州大數據）

二〇一七年二月，中國第一個大數據標準委員會——貴州省大數據標準化技術委員會正式成立，這預示著貴州在大數據領域不斷擴大的影響力和話語權。標委會由貴州省品質技術監督局會同貴州省內外的四十五名大數據知名專家組建而成，旨在為貴州乃至全國建設安全可行、統一規範、便捷高效的大數據標準體系，推動大數據產業和應用發展。

二〇一八年一月二日，國家標準委批准同意貴州省建設國家技術標準創新基地（貴州大數據），這標誌著貴州成為全國首個獲批建設大數據國家技術標準創新基地的省分。國家技術標準創新基地（貴州大數據）緊緊圍繞國家大數據戰略和國家大數據（貴州）綜合試驗區建設發展需要，充分整合優勢資源，組建各行業專業委員會及創新服務平台，匯集、吸收和應用大數據產業技術創新成果資源，提高大數據標準供給能力，形成全國有影響力的大數據技術創新和標準研製協調發展的開放式平台。自成立以來，基地取得纍纍碩果，申報、發布了一批地方標準，承擔多項國家標準制定、試點，啟動區塊鏈等地方標準研製，編制了一批大數據相關管理規範、指南、體系，被全國信標委授予「大數據交易標準試點基地」。

國家技術標準創新基地（貴州大數據）建設遵循「政府引導、政策支撐、市場驅動、企業主體」的可持續發展市場化營運機制，每一個專業領域以一個或多個龍頭骨幹企業為核心，整合和調動市場各方資源參與基地建設。「基地建設發展委員會下設十四個專業委員會，同時形成了國家技術標準創新基地（貴州大數據）『兩地四基地』①建設格局」。全新的大數據組織推進體系，有力推動了國家技術標準創新基地（貴州大數據）的建設發展。

政府大數據領域。由中電科大數據研究院有限公司、勤智數碼科技股份有限公司、貴州優易合創大數據資產營運有限公司聯合組建政府大數據專業委員會。該專委會負責組織制定政府大數據領域的標準規範，解決政府治理數位化轉型過程中標準引領不足的問題，形成對政府社會管理和公共服務的應用支撐規範。

大數據開放共享領域。由貴州白山雲科技有限公司與貴陽創新驅動發展戰略研究院聯合組建大數據開放共享專業委員會。共同致力於開展大數據開放共享標準研製工作，在開放共享的各環節形成一系列標準（如接口協議、加密、安全、審計等標準），解決不同系統、部門、領域間數據流通不暢，獲取數據代價過高等問題。

數據庫領域。貴州易鯨捷訊息技術有限公司聯合組建數據庫專業委員會。作為大數據行業的標竿企業，易鯨捷將會促進相關接口和服務的標準化，規範大數據數據庫相關術語、基礎平台接口、數據格式和監控管理接口等，同時打破了海外數據庫巨頭對該領域的壟斷格局，參與國際大數據數據庫相關標準的制定，提升國內數據庫企業在國際上的話語權。

工業大數據領域。貴州航天雲網科技有限公司承擔著貴州工業雲的建設和商業化營運工作，作為工業大數據專業委員會的聯合單位，重點開展工業設備數據上雲、工業大數據算法及模型、工業機理模型、工業大數據安全、工業大數據共享等工業大數據關鍵共性標準研究，形成了一批行業頂級、全國領先、國際先進的可複製、可推廣、產品化的標準規範。

交通大數據領域。由貴州交通大數據應用行業研發中心與貴州智誠科技有限公司聯合組建交通大數據專業委員會。對交通大數據領域的相關蒐集標準、安全標準、傳輸標準等各項標準進行研究，充分挖掘技術標準資源潛在價值，促進交通大數據技術標準資源最大限度開放共享和高效利用。

大數據安全領域。大數據安全專業委員會由貴州數安匯大數據產業發展有限公司與貴州

---

①「兩地四基地」：貴陽基地、貴陽高新區基地、貴陽經開區基地，與貴安新區基地共同形成國家技術標準創新基地（貴州大數據）。

大數據安全工程研究中心聯合組建。該委員會依託引進的政產學研用等各方力量，制定大數據安全領域相關標準，以標準工作為紐帶，實現區域乃至國家的大數據安全權威標準環境和產業聚集，為國家及區域大數據安全的戰略規劃和可持續發展提供支撐和保障。

民生大數據領域。貴州人和致遠數據服務有限責任公司、貴州省大數據產業發展應用研究院與貴州築民生營運服務有限公司聯合組建民生大數據專業委員會。主要負責組織建立部門民生數據指標與確權標準、建立基層民生數據服務體系制度、民生數據安全與數據使用標準、場景化的數據分析與應用示範，為民生數據服務提供標準和解決方案。

城市綜合影像圖像大數據領域。城市綜合影像圖像大數據專業委員會由貴州安防工程技術研究中心有限公司與貴陽動視雲端運算科技有限公司兩家在影像圖像分析處理領域的貴州領軍企業聯合組建，負責制定城市綜合影像圖像大數據相關標準，解決城市綜合影像圖像過程中的標準化問題。

數位經濟領域。數聯銘品科技有限公司（BBD）聯合組建數位經濟專業委員會。該委員會以大數據應用業務為導向，負責制定一批數據經濟領域（金融、徵信、指數與政務業務）的行業標準、地方標準和國家標準，為大數據產業的發展提供基於大數據技術的全生命週期服務，推進技術標準為數位經濟與大數據應用保駕護航。

人工智慧領域。人工智慧專業委員會由全球領先的人工智慧技術和產業化平台供應商小i機器人聯合組建。人工智慧專業委員會負責組織建設人工智慧技術、產品與服務的評估認證體系和標準體系，研究和制定相關評估認證方法和規範，追蹤本領域最新技術動態、研究成果，推動人工智慧技術創新。

醫療健康大數據領域。貴陽朗瑪訊息技術股份有限公司與貴州醫渡雲技術有限公司聯合組建醫療健康大數據專業委員會。作為互聯網醫療領域深耕者，在建立醫療健康大數據省級和國家級標準和規範，探索全省醫保數據標準與模型，促進數據庫、標準規範的應用與實踐方面做出了巨大努力。

物流大數據領域。物流大數據專業委員會由貴州滿幫科技有限公司聯合組建。滿幫是中國公路物流產業互聯網獨角獸企業，在物流大數據領域有眾多實踐經驗，能夠依託物流大數據的技術創新促進物流大數據標準水準提升。透過制定一批物流大數據蒐集、識別、共享、交換、平台的基礎架構及應用的全產業鏈相關標準，完善物流大數據標準體系。

大數據交易領域。貴陽大數據交易所聯合組建大數據交易專業委員會。該交易所是中國首家大數據交易所，推動以數據資產為基礎的數據資產相關衍生品的開發，負責組織制定數據交易等相關標準，來推進數據交易流通，達到數據資產化的最終目的。

區塊鏈領域。區塊鏈專業委員會由貴陽訊息技術研究院（中科院軟體所貴陽分部）和區塊鏈技術與應用聯合實驗室聯合組建。區塊鏈專業委員會負責組織建設區塊鏈技術、產品與服務平台的評估認證體系和標準體系，開展區塊鏈技術、產品和服務平台的評估評測及認證工作，促進區塊鏈技術和應用深入發展，加速相關產業落地。

創建國家技術標準創新基地（貴州大數據），是貴州省繼成立貴州省大數據標準化技術委員會後，在大數據標準領域開展的又一項重大工作。基地在大數據國際標準、國家標準、地方標準、團體標準及企業標準方面取得的成效，對於完善大數據資源流通的法規制度和標準規範，探索建立大數據關鍵共性標準，引導國內外企業加強大數據關鍵技術、產品的研發合作，推動貴州省大數據產品、技術、標準「走出去」有著十分重要的意義。

❷ 大數據標準制定的貴州樣本

自二〇一六年二月國家三部委批覆貴州建設第一個國家大數據綜合試驗區以來，貴州積極開展大數據標準體系建設，組織開展大數據地方標準的制定與實施，積極參與國家大數據標準的研製和示範驗證，促進科技創新與標準的轉化融合，發揮標準在服務大數據產業發展方面的基礎支撐作用，努力在大數據標準建設方面積極探索經驗。截至目前，貴州省已經組織實施了多項大數據地方標準探索，先後編制了一系列大數據關鍵共性標準，為大數據的蒐集、管理、共享、開放、安全等方面提供了標準支撐，為中國和世界貢獻了大數據標準制定的貴州樣本。

1.開展大數據關鍵共性標準研究

貴州省開展了一批大數據關鍵共性標準研究，為國家及區域大數據的戰略規劃和可持續發展提供支撐和保障。審定了《貴州省應急平台體系數據蒐集規範》、《貴州省應急平台體系數據庫規範》、《貴州省大數據公共數據標準體系框架》、《貴州省大數據市場交易標準體系框架》；參與了《訊息技術數據交易服務平台通用功能要求》、《訊息技術數據交易服務平台交易數據描述》、《訊息技術數據品質評價指標》等國家標準的制定；組織申報了《大數據技術標準路線圖》、《公共大數據・數據安全隱私檢測評估方法的研究》、《公共大數據・大數據平台安全技術和模式研究》等地方標準，為貴州大數據標準制定工作探路引航。

2.開展政府數據開放共享地方標準研製

貴州省制定了一批政府大數據領域的標準規範，解決政府數據開放共享過程中的一系列技術和規範難題。開展了《政府數據的基礎元數據・數據品質・數據分類技術標準》、《政府數據共享交換標準》、《政府數據共享安全標準》三項國家標準試點。省級制定發布了《政府數據　數據分類分級指南》、《政府數據資源目錄　第一部分：元數據描述規範》、《政府數據資源目錄　第二部分：編製工作指南》、《政府數據　數據脫敏工作指南》四項地方標準，市級制定的《政府數據　核心元數據第一部分：人口基礎數據》、《政府數據　核心元數據第二部分：法人單位基礎數據》、《大數據村級管理工作規範》、《政務雲政府網站數據交換規範》、《政府數據　數據分類分級指南》等多項大數據地方標準已發布實施。《政府數據　核心元數據第三部分：空間地理基礎數據》、《政府數據　核心元數據第四部分：非物質文化資源數據》、《政府數據數據開放工作指南》已於二〇一九年十一月正式實施；《政府數據　核心元數據第五部分：宏觀經濟數據》、《政府數據開放數據元數據描述》及《政府數據開放數據品質控制過程和要求》已編製完成。一系列政府數據開放共享地方標準的制定，可以看出貴州、貴陽對於要打破「訊息孤島」和「數據煙囪」，推動政府訊息共享的決心和毅力，透過標準制定，明晰政府數據各級、各類標準規範，打破各部門間的數據壁壘，極大地促進了貴州政府數據共享開放，助推政府治理能力進一步提升。

3. 開展區塊鏈相關標準研製

貴州省與中國電子技術標準化研究院合作，開展的《區塊鏈應用指南》、《區塊鏈系統測評和選型規範》、《基於區塊鏈的數據共享開放要求》、《基於區塊鏈的精準扶貧實施指南》、《基於區塊鏈的數位資產交易實施指南》等五項區塊鏈標準研製工作，將為規範和促進區塊鏈技術、產業、服務提供有力保障，加強了區塊鏈技術基礎平台建設及在政用、商用、民用方面的融合應用。

4.建立大數據市場交易標準體系

依託貴陽大數據交易所交易系統、定價機制、交易標準等機制的實踐探索，參與制定了《訊息技術數據交易服務平台交易數據描述》、《訊息技術數據交易服務平台通用功能要求》兩項國家標準，參與了全國信標委《大數據交易標準》、《大數據技術標準》、《大數據安全標準》、《大數據應用標準》等標準的制定。推出了全球第一個數據商品交易指數——「黃果樹指數」，有效推動以數據資產為基礎的數據資產相關衍生品的開發，對規範大數據交易市場進行了積極有益的探索。

5.探索建立大數據統計監測指標體系

二〇一六年八月，《貴州省大數據產業統計報表制度（試行）》獲批試點，成為全國首個省級大數據產業統計報表制度，為全國開展新經濟和大數據產業統計、客觀反映新常態下經濟轉型升級提供借鑑和參考。編製了《雲上貴州系統平台使用管理規範》、《雲上貴州市州分平台建設規範》、《雲上貴州應用系統安全管理規範》、《應用系統遷雲實施方案編制指南》、《貴州省大數據清洗加工規範》、《雲上貴州數據共享交換平台上管用指南》等系列使用指南規範，進一步規範和指導各地大數據應用、有關平台使用等工作。參與編製的《數據安全能力成熟度模型（DSMM）》正式成為國家標準對外發布，助力提升全社會、全行業的數據安全水位。

6.立項研製大數據國際標準

在國際電聯組織（ITU）立項《分布式帳本技術標準——F.DLS》，由本地企業貴州榛杏科技有限公司牽頭，聯合中國信通院、中國科學院、電子科技大學、中國電信等單位研製。作為首個國際區塊鏈核心技術標準，《分布式帳本服務總體技術需求》（F.DLS）主要針對區塊鏈核心數據處理技術「分布式帳本」技術的需求進行標準化工作。目前該標準已透過國際電信聯盟（ITU-T）第十六研究組（SG16）第二十一課題組報告人會議專家審查，成為貴州省參與國際標準制定、搶占國家話語權的重要一步。

❸ 貴州規則上升為國家標準

標準是人類文明進步的成果，是人類經濟社會生活中重要的技術依據和管理規範，是國際公認的國家品質基礎設施，研製和實施標準能夠在一定範圍內獲得最佳秩序，追求最大效益。當前，中國標準化正在經歷一場深刻的變革，功能定位更高，作用範圍更大，形態模式更新，供給體系更加多元。國家需要標準化工作在變革中發展，在變革中加強，在變革中實現高品質發展的引領作用。貴州作為第一個獲批建設的國家級大數據綜合試驗區，深刻領悟大數據標準研製對於提高大數據相關技術的規範性和科學性，對實現數據綜合利用具有重要的意義。在國家標準委協同有關部門指導下，貴州共公布了三十餘項大數據地方標準，參與研製了十餘項國家標準，大數據標準化工作成效顯著。

標準是促進創新成果轉化的橋樑和紐帶，創新是提升標準水準的手段和動力。透過開展大數據標準研製工作，有效促進貴州各項大數據創新成果轉化，公布的各項標準成為支撐大數據產業和應用發展的重要基礎和手段，為貴州經濟社會發展培育了新動能、取得了新成效。與此同時，貴州將建設國家大數據（貴州）綜合試驗區中的重大發現、重大成果總結提煉，成為可借鑑、可複製、可推廣的成功經驗凝結在標準研製中，透過發揮標準的基礎性、戰略性、引領性作用，將「貴州經驗」運用到國家的大數據創新實踐中，促進全國數位經濟產業不斷發展壯大，推動政府數位治理水準邁上新台階。可以說，貴州大數據標準創新實踐，充分體現了時代發展的客觀需求，充分體現了標準化工作創新發展的內在規律與實踐成效，向全國、全球貢獻貴州智慧。

當今世界，誰掌握了標準，誰就掌握了國際市場競爭和價值分配的話語權，只有搶占標準制高點才能擁有產業競爭主導權。當標準的力量上升到戰略層面後，就成了影響全局的重大問題，也將成為大數據產業走向世界的重要武器。在國家推動標準化改革的當下，貴州以標準引領創新、以搶占標準制高點實現產業升級，為大數據標準制定增添貴州亮點，助力中國在這場國際競爭中搶占標準制高點，贏得產業競爭主導權，為提升中國對網路空間的國際話語權和規則制定權做出了貴州應有的貢獻。

隨著大數據產業不斷向縱深發展，建立數據標準的範圍越來越廣，數據標準化的對象越來越複雜，大數據標準化工作的廣泛性和複雜性也不斷凸顯出來。在大數據標準化尚未形成體系的今天，貴州勇於創新、敢於擔當，搶占標準制高點，掌握行業話語權，積極推進大數據標準化的研製與實踐，全面促進大數據標準在各個行業中的支撐引領作用，大數據標準化成為貴州走向「雲端」的「指揮棒」，「貴州經驗」逐步上升為國家標準，乃至世界的標準，以「貴州經驗」引領大數據領域的新浪潮。

第4節・以應用場景為驅動的實踐創新

大數據始於科技之美，歸於創造價值，近年來數位中國、網路強國、智慧社會建設一路高歌猛進，正帶動著數位浪潮席捲各行各業。貴州圍繞數位政府、數位經濟和數位民生，在社會治理、產業發展、民生服務等領域創新大數據應用場景，形成了數據驅動型創新體系和應用模式，成為場景驅動創新應用的沃土。以大數據為引領，構建以數據為關鍵要素的數位經濟，推動大數據和實體經濟融合發展，形成大數據全產業鏈、全服務鏈、全治理鏈，實現大數據發展的「全新價值鏈」，這是貴州發展大數據產業的實踐邏輯，也是大數據戰略從風生水起到落地生根的必然。

❶ 數位政府全治理鏈

黨的十九屆四中全會上明確提出，推進數位政府建設，建立健全運用互聯網、大數據、人工智慧等技術手段進行行政管理的制度規則，提升國家治理現代化水準。建設數位政府是基於訊息時代背景下的政府變革回應，加強數位政府建設、完善數位政府治理體系已成為政府改革的主旋律之一。貴州依託「一雲一網一平台」建設，創新政務訊息化建設新機制，建立以大數據驅動政務創新的政務大數據新模式，打造貴州政務數據「聚通用」升級版，從深度和廣度上擘畫「全省一盤棋」整體化數位政府的新藍圖，以「貴州速度」回應了黨中央新時代的戰略部署和選擇，讓數位政府的「貴州經驗」成為獲國務院點讚的地方樣板。

二〇一四年以來，按照省委、省政府關於發展大數據的戰略部署，貴州省人民政府辦公廳以提升行政效能、創新社會管理、完善公共服務為目標，全力打造「電子政務雲」。自二〇一五年七月六日上線運行以來，中國・貴州政府門戶網站雲端平台翻開了貴州網上政務的新篇章，作為全國唯一一個省級層面統籌、面向全省政府網站的統一技術平台，成為貴州智慧政府正在打造的「最強大腦」。二〇一六年以來，貴州緊緊圍繞深化政府「放管服」改革，強化大平台共享、大數據慧治、大系統共治的「雲上貴州」頂層架構，最大限度實現「為民服務解難題」，締造「雲」上生活，提升政府治理能力和公共服務水準。二〇一九年五月，貴州省政務數據「一雲一網一平台」正式運行，打造以數位政府流程調度為引擎，政府治理和社會治理為雙翼的新篇章，標誌著貴州在運用大數據改變業務流程、提升治理能力等方面已取得積極效果。

大數據政務服務是運用大數據手段實現政府服務轉型升級的重大創新。貴州省圍繞李克強總理提出的「讓群眾企業辦事像『網購』一樣方便」的要求，運用大數據、雲端運算技術，打造了全國領先的貴州政務服務網「淘寶式」門戶。在建設理念上，貴州「淘寶式」政務實現了「你尋找」到「我推送」、從「政務訊息化」到「服務定製化」、「政府供給導向」向「群眾需求導向」三個轉變。同時，「淘寶式」門戶還使用了一些前沿創新的做法。比如在全國首創多種「泛圈推送」算法，率先引用AI智慧數據挖掘、智慧數據匹配、智慧數據修復，形成個性化的「個人畫像庫」和「企業畫像庫」；結合人口庫、法人庫、電子證照庫等基礎訊息庫，對數據進行不斷豐富和擴展，為多維度的精準服務分析提供支撐。截至目前（二〇二〇年），全省五十八・八萬個政務服務事項在貴州政務服務網集中辦理，總辦件量達四千一百萬件，省級網上辦理率達一〇〇%。

集約化，是解決政府網站「訊息孤島」、「數據煙囪」等問題的有效途徑。二〇一四年，《國務院辦公廳關於加強政府網站訊息內容建設的意見》首次提出「推進集約化建設」，並要求「在確保安全的前提下，各省（區、市）要建設本地區統一的政府網站技術平台。」對此，貴州省搶抓機遇，近年來堅定不移地推進全省政府網站集約化建設，二〇一四年，率先在全國建設省級統籌面向全省的中國・貴州政府門戶網站雲端平台。在平台建設上，以推進整體遷移、逐步開展分級集約、積極引導整合上移的方式，加大整合力度，徹底消除政府網站數據開放共享的障礙。採取自上而下的方式，貴州省人民政府辦公廳組織省直部門網站和市、縣政府門戶網站整體遷移至中國•貴州政府門戶網站雲端平台，透過減存量、控增量，集約化建設取得明顯成效。二〇一九年，貴州政府門戶網站雲端平台在升級電子證照批文庫、政務服務事項庫等七個系統基礎上，新建中介服務、「互聯網＋監管」等四十四個系統。打通十個地區、二十二個省直部門共六十一個自建系統二一八個數據接口，被國務院辦公廳列為政府網站集約化試點省分。

貴州數位政府建設堅持以人為本，抓住對數位政府的基點理解，著眼於「數」的同時，更強調「治」，回歸政府治理本位，將政府融入數位化的環境中運行。推出了社會和雲端平台、人口健康訊息雲端平台、義務教育入學服務平台，提升民生服務水準。構建了民營經濟服務平台，工程建設項目審批管理平台、貴陽市企業開辦全程電子化等系統，持續優化營商環境。從貴州「工業雲」公共服務平台，到「車聯中國」、「數谷指數」平台，從「築民生」綜合服務平台，到智慧交通雲服務平台、精準扶貧大數據平台，圍繞政府治理、民生服務等十大領域，貴州打造了一百個以上大數據優秀應用場景，湧現了一大批提升政府治理能力的好應用，真正做到了讓企業群眾辦事更方便、更快捷、更省心。

貴州在數位政府上的創新探索為實施國家大數據戰略提供了可複製、可借鑑的經驗，得到了國家有關部委的充分肯定。貴州先後獲批建設國家政務訊息系統整合共享試點省、國家公共訊息資源開放試點省。貴州應邀參與了國務院辦公廳《政府網站發展指引》編製工作，有關做法經驗寫入了正式印發的文件。「貴州省政務訊息系統整合共享應用實踐」被中央網信辦、國家發改委評為首屆「數位中國」建設年度最佳實踐。同時，貴州被國家授予「全國健康醫療大數據區域中心建設及互聯互通試點省」「國家『互聯網＋政務服務』試點示範省」、「國家社會信用體系與大數據融合發展試點省」。

二〇二〇年，貴州將全力推進「全省通辦、一次辦成」改革、「一站式」改革、「一窗」改革、「『一號』改革四項改革」，完善一體化線上政務平台建設，不斷推進政務服務移動化、政務審批電子化。未來，貴州數位政府將繼續推動數據資源升級、體制機制變革、運行模式創新與多維主體協同，促進政府組織架構優化與社會治理資源的科學配置，全面提升經濟調節、市場監管、社會管理與公共服務能力，共同塑造形成共享、融合、智慧、善治的數位政府新型價值觀，把數位政府建設作為推動經濟高品質發展、高水準開放的著力點和突破口，為貴州經濟社會發展提供有力支撐。

❷ 數位經濟全產業鏈

縱觀世界文明史，每一次技術產業革命，都會對人類生產、生活方式變革帶來廣泛而深遠的影響。英國演化經濟學家卡蘿塔・佩蕾絲認為，隨著新一輪訊息技術的出現和深化應用，數據已成為最具時代特徵的新生產要素。數位經濟是新興技術和先進生產力的代表，把握數位經濟發展大勢，以數位化培育新動能，用新動能推動新發展，已經成為全球的普遍共識。對於中國而言，數位經濟是未來一段時間內經濟增長的核心動力，是中國由經濟大國向經濟強國邁進的必然戰略選擇，對於貴州而言，數位經濟早已在這片神奇的土地上扎下根基，成為貴州經濟優化轉型和健康發展的有效策略。

在重大發展機遇面前，誰能順應發展趨勢，下好先手棋，釋放數位經濟疊加、倍增效應，誰就能贏得發展主動，取得發展先機，構築競爭新優勢。面對新一輪產業變革，貴州早已擦亮慧眼，搶得先機，加快做大做強數位經濟。二〇一六年，貴州借助大數據發展先行優勢，實施「千企改造」工程，對企業進行了以訊息化、數位化為重點的技術改造，實現了一批傳統產業的轉型升級和突圍發展。二〇一七年二月，貴州公布了全國首個省級數位經濟發展規劃《貴州省數位經濟發展規劃（二〇一七～二〇二〇年）》，提出用三年時間探索形成具有數位經濟時代鮮明特徵的創新發展道路，是貴州數位經濟發展的重要指導性規劃。二〇一八年二月，貴州省實施「萬企融合」大行動，加快大數據與實體經濟深度融合，助力數位經濟發展。圍繞數位經濟發展戰略，貴州數位經濟增速連續四年居全國第一，數位經濟吸納就業增速連續二年居全國第一，數位經濟增加值占 GDP 比重為二十%以上，數據蒐集、交易、安全等新業態新模式層出不窮。高速發展的大數據產業已成為貴州經濟增長的重要來源，數位經濟已融入貴州經濟血脈，構建起貴州發展的基本格局。

數位產業化，培育數位經濟發展新動能。以建設「貴陽・貴安大數據產業發展集聚區」為核心，以企業培育和引進為重點，積極構建大數據產業生態體系。在全市統籌布局了大數據產業生態示範基地、數位物流產業示範基地等十個大數據產業集聚區，涉及數據儲存、數據清洗加工、數據分析應用、數據安全、數位物流、創新創業孵化、大數據人才培訓等多業態，初步構建起較為完整的大數據產業鏈條。中電科、阿里巴巴、華為、京東等一批國內大數據領軍企業已落地貴陽，還湧現出滿幫集團、朗瑪訊息、東方世紀、易鯨捷等一大批本地優強企業。如今，全市大數據企業超過五千家，占全省比重近七十%。產生了一批數位經濟新業態、新技術、新模式。人工智慧、智慧產品製造等從無到有，大數據分析應用、數據金融、呼叫服務等從小到大，數據交易、數位物流、智慧醫療等做大做強。朗瑪訊息在「二〇一八年中國互聯網企業一百強榜單」中位列第三十九名，旗下「三十九健康網」擁有全國規模最大的醫院、醫生、藥品及個人醫療資料數據庫，覆蓋用戶突破四億，成為國內領先的醫療健康類門戶網站。大數據分析應用典型企業數聯銘品，在企業畫像、宏觀經濟分析、新經濟指數等方面積極開展大數據深度應用，成為國家發改委社會信用體系建設的合作單位。易鯨捷的數據庫在中國天眼 FAST 等標竿項目中推廣使用，並於二〇一九年進入貴陽銀行、貴陽農商行等金融行業核心業務系統，其業務收入迅速增長。

產業數位化，構築數位經濟發展新體系。以「萬企融合」行動為抓手，強化大數據與工業、服務業、農業的深度融合，推動智慧化生產、網路化協同、個性化定製、服務化延伸融合升級。大數據與工業深度融合，搭建了「一企一策」線上服務系統，並依託貴州工業雲端平台，利用「大數據＋智慧製造」應用技術，為工業企業轉型升級提供指導和解決方案，讓傳統產業脫胎換骨、鳳凰涅槃。比如貴州興達建材股份有限公司，透過建立國內首個商砼大數據管理平台，實現了工廠的智慧化生產，此項目被作為二〇一八年國家智慧製造示範項目向全國推廣。大數據與服務業深度融合，利用互聯網和大數據支持旅遊、商貿、流通、金融、出行等服務行業向平台型、智慧型、共享型融合升級。「互聯網＋現代物流業」獨角獸企業貴陽貨車幫，在與運滿滿合併後形成的滿幫集團，其市值已達到六十五億美元，榮登《富比士》「中國五十家最具創新力企業」榜單。大數據與農業深度融合，力推大數據、物聯網在農村種植養殖、農產品市場和銷售中的應用，推進全市農業插上智慧的翅膀。已建成貴陽市果蔬生產管理訊息服務平台、農產品物聯網大數據雲端平台、農村電商公共服務系統等平台。加快發展綠色無公害優質農產品線上定製、線下送菜到家等銷售服務新模式，有力地推進了黔貨出山、網貨下鄉、電商扶貧。透過開展農村電商星火培訓工程、燎原行動工程、村淘創富工程等，推進農貨進城、網貨下鄉、電商扶貧。

當前，中國經濟已由高速增長階段轉向高品質發展階段，正處在轉變發展方式、優化經濟結構、轉換增長動力的攻關期，發展數位經濟與中國加快轉變經濟發展方式形成歷史性交會。未來，貴州將在國家發展戰略總體框架下，把發展數位經濟作為實施大數據戰略行動、建設國家大數據（貴州）綜合試驗區的重要方向，加快發展資源型、技術型、融合型數位經濟，構建數位流動新通道，創造數據資源新價值，激發實體經濟新動能，培育數位應用新業態，拓展經濟發展新空間，推動全省經濟社會實現彎道取直、後發趕超、同步小康。

❸ 數位民生全服務鏈

浩瀚的大數據藍海，要取之於民、用之於民。習近平總書記在中央政治局二〇一七年十二月八日第二次集體學習上指出，要運用大數據促進保障和改善民生，「讓數據多跑路、百姓少跑腿」，不斷提升公共服務均等化、普惠化、便捷化水準。二〇一八年四月，貴州省委書記、省人大常委會主任孫志剛曾表示，要利用大數據洞察民生需求、優化民生服務，深度開發各類便民應用，加快大數據與服務民生的融合，提高人民群眾生活品質。數位民生一直是貴州在推進大數據戰略過程中一以貫之的追求目標，把推進訊息化與提高公共服務水準相結合，讓群眾切身感受到大數據帶來的便利。

六年來，貴州在推動數位產業發展的同時，也致力於將大數據延伸到民生各個領域，讓老百姓共享數位紅利。集中更好地解決民生痛點、堵點和難點，推動大數據與老百姓衣食住行、生老病死、安居樂業等服務相融合，打造大數據全服務鏈，著力解決普惠性民生問題。如今，在教育、健康、扶貧、旅遊以及公共安全等民生領域，取得了很多成果，「政務平台」、「智慧社區」、「智慧旅遊」、「天網工程」、「健康醫療」等大數據應用成果已經為人們的日常生活提供了許多便捷服務與基本保障。

締造「雲」上生活，破解民生痛點。貴州數位民生行動緊抓民生領域的重大矛盾和問題，圍繞幼有所育、學有所教、勞有所得、病有所醫、老有所養、住有所居、弱有所扶等領域，強化民生服務，彌補民生短板，推進教育、就業、社保、醫療、住房、交通等領域大數據普及應用，深度開發了各類便民應用。「精準扶貧雲」運用大數據手段實現精準扶貧的精準識別、精準管理、精準監管、精準督查，實現二十三個部門數據即時共享交換，為貧困戶精準畫像，扶貧政策自動精準兌現；「醫療健康雲」聯通貴州縣級以上公立醫院，在中國第一個實現遠程醫療省市縣鄉公立醫療機構全覆蓋；「通村村」智慧交通雲端平台成為鄉村版「滴滴打車」，被交通部列為中國農村客運示範項目向全國推廣；貴陽滿幫應用大數據精準匹配車源和貨源，每天發布貨源訊息達五百萬條，日促成貨運交易超過十四萬單，成為全國最大的貨車綜合服務平台；貴州通移動金融應用，註冊用戶突破一百萬，打造便捷支付城市；智慧交通成為治理城市壅堵的有效藥方；「一一〇」微信報警，警情網格化「派單」、微型消防站，讓「車過留痕、人過留影」，讓險情消滅在萌芽階段。貴州在沒有大數據概念之前，是互聯網「窪地」，如今成為大數據「高地」，讓大數據能夠為民謀利、解民所憂，讓老百姓工作更方便、生活更美好，讓人民群眾從大數據發展中有更多「滿足感」，站在「高處」看風景的感覺自然無比暢快。

打通「最後一公里」，政務服務送到家。貴州數位民生行動還致力於促進民生服務的均等化、精細化和普惠化，開展了「便民服務到家」示範應用，打造全國領先的政務民生服務品牌。推進政務服務「一網通辦」，打通服務群眾「最後一公里」，透過政府各部門橫向、縱向之間數據的融通，全面構建線上線下融合的民生服務體系，為公眾提供最豐富、最全程、最便捷的公共服務，「讓數據多跑路、百姓少跑腿」率先建成「一號一網一窗口」的民生服務新模式，打造「一站式」和「馬上辦」政務服務體系，實現全省「一網受理、聯動審批、統一監管、智慧高效」的政務服務全覆蓋，利用「雲上貴州」移動服務平台、協助民生等便民應用，實現「一機在手，服務到家」。貴州省網上辦事大廳將五十餘萬政務服務事項進行集中公開和辦理，審批時限由法定二十二・六個工作日壓縮為十・九個工作日，其中，三一八三個項目不用跑腿就能在網上辦理。二〇一九年，全省「零跑腿」事項達四・五萬項，手機可提交申請事項二三四項、查詢事項二〇八項。貴州省級網上辦理率達一〇〇%，市縣網上可辦率平均達九十一・六四%，群眾用網滿意率達九十一・三%。

未來，貴州將持續聚焦數位民生工程，在加快大數據與服務民生的融合方面邁出堅實的步伐，打造一批數位民生數據治理試點示範工程。推動大數據在教育、就業、社保、醫療、交通等領域廣泛應用，讓便民服務創新應用不斷豐富，建設線上線下融合的民生服務模式，全面構建「政府＋市場＋互聯網」的便民服務體系，形成「服務到家」貴州模式。不斷提升公共服務均等化、普惠化水準，讓廣大市民切實感受到大數據帶來的實惠和便利，每個人都能享受數位紅利。

數位經濟風生水起　貴陽榮獲「影響中國」城市美譽

二〇一八年十二月十五日，由《中國新聞週刊》在北京釣魚臺國賓館舉辦的「影響中國」二〇一八年度榮譽盛典上，貴陽市憑藉二〇一三年至二〇一八年，堅守與創新的多方面成果，獲評「影響中國」二〇一八年度城市。近年來，貴陽市全力建設國家大資料（貴州）綜合試驗區核心區，加快打造「中國數谷」，推動品質變革、效益變革、動力變革，為貴陽經濟社會高品質發展提供了強有力支撐。正如頒獎嘉賓中央黨校原副校長李君如在頒獎詞中講道：「這是一座偏居西南一隅的城市，曾被戲稱為『沒有存在感的省會』，從二〇一三年到二〇一八年，大數據產業在這裡從『無中生有』，到落地生根，再到風生水起，這座城市成功地實施了一場華麗的趕超。如今，它以創新驅動傳統產業轉型升級的路徑，成為後發優勢地區仰望的標竿。」二〇一八年，貴陽市大數據企業主營業務收入突破一〇〇〇億元，增長二十二%，大數據與實體經濟融合指數達到四十五．三，大數據已成為引領貴陽數位經濟，促進社會經濟高品質發展的強大引擎。

第5節・以數據為生產要素的資源創新

黨的十九屆四中全會提出，「健全勞動、資本、土地、知識、技術、管理、數據等生產要素由市場評價貢獻、按貢獻決定報酬的機制」。將數據作為生產要素之一、參與分配的提法更是歷史首次，標誌著中國正式進入數位經濟紅利大規模釋放的時代，數據作為生產要素，已經從投入階段發展到產出和分配階段。隨著數據成為新的生產要素，與勞動、資本、技術、土地一起形成新的經濟典範，全球將從工業經濟時代邁入數位經濟時代。貴州自實施大數據戰略行動以來，堅持實施數據「聚通用」攻堅會戰，不斷提升「聚」的能力，優化「通」的環境，豐富「用」的場景，逐步成為中國的數據之都。

❶ 雲網平台：一雲一網一平台

二〇一八年年底，貴州省委、省政府公布文件，加快推進「一雲一網一平台」建設。二〇一九年五月二十六日，貴州省政務數據「一雲一網一平台」正式啟動運行，標誌著貴州省政務數據「一雲統攬」、「一網通辦」、「一平台服務」從藍圖走向現實。「一雲一網一平台」按照「四建四統、加強監管」原則，破解數據「互聯互通難、訊息共享難、業務協同難」，從根本上解決數據「壁壘」問題，避免新的數據「壁壘」產生，打造「聚通用」升級版和政用、商用、民用新支撐。二〇一九年數博會上「一雲一網一平台」成功發布，中國科學院院士梅宏等專家認為貴州的「一雲一網一平台」建設具有戰略性、前瞻性和創新性，著眼於針對服務民生、產業培育、政府治理的大數據發展體系，在多雲融合、專網整合、數據治理、全網搜索等方面已經取得了新進展，在思想上、觀念上，貴州又一次走在了全國前列。

1. 雲上貴州「一朵雲」

過去幾年，貴州省以共享開放的理念打造出一座政務數據的「鑽石礦」。放眼當下，大數據自由流通的需求呼喚著一次消除壁壘的大突破。如何才能喚醒政務數據這座沉睡的富礦？雲上貴州「一朵雲」，讓數據聚起來，在數據重構中產生價值。雲上貴州「一朵雲」是指依託雲上貴州系統平台聚合全省各級、各類政務數據和應用，針對全省提供統一的雲端運算、雲端儲存、雲端管控、雲端安全等雲端服務，實現全省政府數據「大集中」，破解數據共享難題，構建全省政務訊息系統互聯互通的政務服務。雲上貴州「一朵雲」在全國率先實現統攬全省所有政務訊息系統和數據，實現所有系統網路通、應用通、數據通。

從二〇一四年開始，貴州省開始建設「雲上貴州」系統平台，實行省市縣三級「雲長制」，把省市縣各級政府所有的訊息系統和數據全部匯聚到這一個平台。到二〇一九年年底，除審計外，省市縣三級政府所有部門、所有政務訊息系統全部在「雲上貴州」打得開、能使用，所有數據依據權限都能查看調用，上雲結構化數據量也從二〇一五年的 10TB 增長到現在的 1626TB。《二〇一九年中國地方政府數據開放報告》顯示，貴州省級開放數林指數排名全國第三。五年間，「雲上貴州」一朵雲從一個物理分散、邏輯集中的「大倉庫」，變為一個統一的「大應用程序」，實現了應用和數據「大集中」。

當前，雲上貴州「一朵雲」統攬全省政府數據，承載著省、市、縣政府部門九千二百七十四個應用系統，透過「雲上貴州」總雲，可以對省市縣所有應用系統和相關數據實現統一調度和管理，消除「訊息孤島」、「數據煙囪」，提升了政府管理水準和效率。為民服務的各個應用系統也實現了互聯、互通、共享，「讓數據多跑路、百姓少跑腿」，解決了企業和群眾『辦事難、辦事慢、辦事繁』等問題。未來，雲上貴州「一朵雲」還將致力於統攬政務、經濟、社會、文化各領域，加快提升和豐富精準扶貧、智慧交通、生態環保、衛生健康、食品安全等主題庫，形成一數一源、多源校核、動態更新、縱向貫通、橫向連通的政務數據資源體系。推動數據從「雲端」向政用、商用、民用落地，服務能力進一步提升。

2. 政務服務「一張網」

政務服務「一張網」是指全省政務服務一網匯聚、一網受理、一網反饋，為政府、企業、群眾提供「一網通辦」大窗口，對各地、各部門分散建設的電子政務網路進行全面整合和互聯互通，確保向上連接國家，向下覆蓋省、市、縣、鄉、村五級，利用貴州政務服務網和雲上貴州多彩寶兩個端口向全省提供服務，實現各級政務服務事項全部網上辦理。

二〇一五年五月，貴州政務服務網正式運行。二〇一六年年底，貴州政務服務網覆蓋省、市、縣、鄉、村五級。二〇一八年貴州政務服務網按照國家政務服務平台標準規範升級完善，完成與國家政務服務平台對接，與省市五十六個自建審批系統進行融通，成為全國一體化線上政務服務平台的重要組成部分。二〇一九年，貴州基本建成了涵蓋省、市、縣、鄉一體化的四級電子政務網路，涵蓋一百三十六家省級單位，三五五〇家市縣級單位。

貴州政務服務「一張網」按照「一網兩端」模式，堅持從PC端、移動端兩端發力，讓企業和群眾只進「一張網」、用一個APP，就可以辦全省事。在PC端，建設了貴州政務服務網，推進各級各部門電子政務外網、業務專網、互聯網互聯互通，省、市、縣、鄉、村五級所有政務服務中心（站、點）提供的五十八・八萬項服務事項，都可以查詢或者辦理。在手機移動端，建設了雲上貴州多彩寶APP，整合各級各類移動政務服務應用，提供高頻政務和民生服務五百四十六項，推動更多政務服務「掌上辦」、「指尖辦」，活躍用戶已經超過二四〇萬。同時，利用廣電網推進電子政務網路村級全覆蓋，透過網路覆蓋到村，推動社保、醫保等便民服務延伸到村，讓老百姓不出村，就能辦相關常辦事項。

二〇一九年，「一張網」實現省級政務服務事項網上可辦率達一〇〇%，市縣達九十一・六十四%，辦件量達三一三〇一萬，同比增長六十三・六%，新增進駐事項一千五百多項，全省「零跑腿」事項達四・五萬項，手機可提交申請事項二三四項、查詢事項二〇八項，貴州省級政府網上辦事指南準確度排名居全國第一，服務事項覆蓋度排名居全國第二。下一步，政務服務「一張網」將針對群眾辦事的難點、痛點、堵點，提升辦理便捷度，到二〇二一年，「一張網」將實現全省各級政務服務事項全部實現網上能辦，除國家另有規定外，所有政府部門業務專網向電子政務外網整合。

3.智慧工作「一平台」

智慧工作「一平台」是指建設貴州全省數據治理智慧工作平台以及覆蓋省、市、縣三級政府所有審批業務系統的政務服務平台，打通貴州全省各級政府部門自建審批業務系統，實現與國家政務服務平台互聯互通，面向公眾和公務用戶，實現「服務到家」，並透過人機交互、全網查詢、智慧分析、可視化應用等，在全國率先實現試點領域政務數據全網搜索，為政府管理、社會治理和民生服務提供高效支撐。

政務服務平台優化網上辦事全流程。作為全國五個「互聯網＋政務服務」一體化平台建設試點之一，貴州依託全省統一事項管理、統一身分認證、統一業務受理、統一電子印章、統一電子證照，規範政務服務事項管理，優化政務服務流程，實現企業和群眾網上辦事「一次認證、全省漫遊」。推行審批服務便民化，讓企業和群眾網上辦事像「網購」一樣方便，實現全省通辦、就近能辦、異地可辦。二〇一九年，貴州完成了國家一體化線上政務服務平台對接試點工作，新增進駐事項一千五百多項，推動政務服務網路通、數據通、業務通。

政務數據平台實現數據資源大調度。貴州在全國率先建立數據調度機制，以政府數據共享交換平台、政府數據開放平台、數據增值服務平台、數據安全監控平台等數據服務平台為核心，建設數位政府流程調度統一平台。推進自流程化調度管理，實現線上線下「數據使用部門提需求、數據提供部門做響應、數據管理部門保流轉」，著力解決數據「互聯互通難、訊息共享難、業務協同難」等問題，實現跨層級、跨地域、跨部門的數據高效調度管理。目前，貴州建成了全國第一個省級數據共享交換平台，共梳理完成相關數據資源目錄一〇四九七項、訊息項七八〇一二項，匯聚數據近二・三億條。

❷ 數據流通：數據資源資產化

習近平總書記在中共中央政治局就實施國家大數據戰略進行第二次集體學習時強調，要制定數據資源確權、開放、流通、交易相關制度，完善數據產權保護制度。國務院《促進大數據發展行動綱要》明確提出，「要引導培育大數據交易市場，開展面向應用的數據交易市場試點，探索開展大數據衍生產品交易，鼓勵產業鏈各環節的市場主體進行數據交換和交易，促進數據資源流通，建立健全數據資源交易機制和定價機制，規範交易行為等一系列健全市場發展機制的思路與舉措」。國家大數據（貴州）綜合試驗區的批覆中明確將「開展大數據資源流通試驗」列為七項主要任務之一，要求以貴陽大數據交易所等為載體，構建大數據資源流通平台，建立健全數據資源流通機制，完善大數據資源流通的法規制度和標準規範，形成大數據流通、開發、使用的完整產業鏈和生態鏈，促進大數據跨行業、跨區域流通。

在國家政策積極引導、地方政府高度重視和產業界的持續推動下，自二〇一四年以來，全國湧現出貴陽大數據交易所、上海數據交易中心、武漢東湖大數據交易中心、武漢長江大數據交易所、華中大數據交易所、西咸新區大數據交易所、浙江大數據交易中心、河南中原大數據交易中心、錢塘大數據交易中心等一批具有代表性的大數據交易平台。二〇一四年十二月三十一日，在貴州省人民政府、貴陽市人民政府的支持下，貴陽大數據交易所在貴陽成立，是中國乃至全球第一家大數據交易所，積極推動數據融合共享、開放應用，活化行業數據價值。貴陽大數據交易所透過自主開發的電子交易系統，面向全球提供「7×24小時」永不休市的專業服務，同時提供完善的數據確權、數據定價、數據指數、數據交易、結算、交付、安全保障、數據資產管理等綜合配套服務。

貴陽大數據交易所自主研發的大數據交易系統，可交易的數據產品數量已突破四千個，涵蓋數據源、模型算法、可視化組件、應用平台、數據安全、工具組件、數據治理、雲端資源等八大類，數據產品涉及金融、醫療、消費等三十多個領域。透過讓消費數據、電信數據、旅遊數據、企業數據、教育數據、徵信數據、電商數據、氣象數據、醫藥數據、衛星數據、物流數據等多門類數據跳脫出原有的藩籬，相互融合，打造綜合類、全品類大數據交易平台，從而最大限度地活化數據價值，實現數據價值變現。

數據交易作為大數據產業中的一環，是衡量大數據產業發展狀況的主要標準，也是實現數據價值的關鍵環節。貴陽大數據交易所自主研發的交易系統4.0，採用了國內領先的區塊鏈技術、數據浮水印技術、數據安全技術、評估定價技術、交易結算技術、EID身分確權認證技術，解決了數據產品在大數據交易所平台上確權、安全流通、定價及結算等問題。透過使用區塊鏈技術，根據數據存放區塊位置、存放時間、系統秘鑰等訊息自動生成商品確權編碼，透過商品確權編碼追溯數據交易訊息，實現帳戶上鏈、數據上鏈、交易上鏈。透過數據浮水印技術，可實現把浮水印訊息嵌入數據包文件中、數據流通中，可以透過抽取浮水印訊息的方式，進行數據所有權判定。透過評估定價技術，可根據數據品種、時間跨度、數據深度、數據的即時性、完整性以及數據樣本的覆蓋度等，對數據進行協議定價、固定定價、集合定價。透過 EID 身分確權認證技術實現數據交易的個人身分確權、數據授權、隱私訊息保護等。目前，貴陽大數據交易所藉由破解一個個技術難題，為數據資源資產化過程中的數據確權和數據侵權追蹤等做出了巨大貢獻（見圖 2-2）。

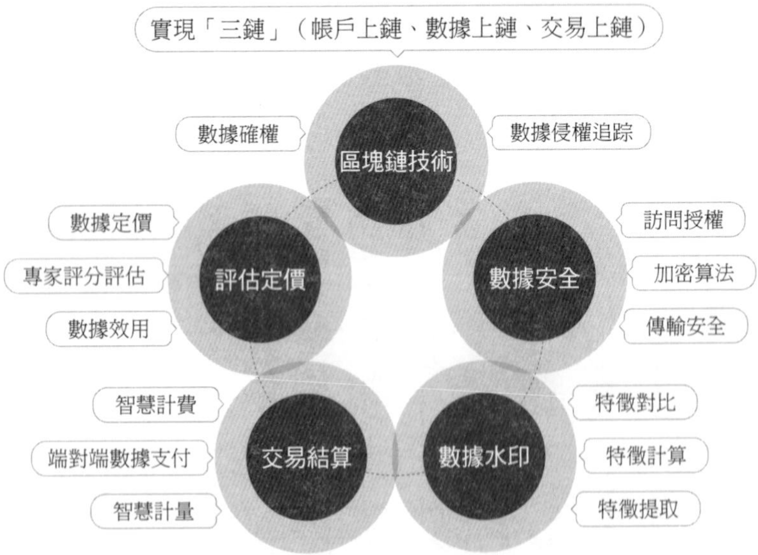

圖 2-2　大數據交易技術應用

數據交易重在加速多領域、多地域之間的數據流通、數據融合，降低訊息不對稱造成的資源損失和壁壘。貴陽大數據交易所提出了「一平台、三中心」營運模式。「一平台」即大數據交易平台，保證交易安全，實現統一交易、統一結算；「三中心」為區域中心、行業中心、創新中心①，透過「一平台、三中心」優化數據交易服務水準，增強數據流通驅動力，建立全國範圍的數據交易體系。同時，貴陽大數據交易所還推出了數據星河戰略，聯合垂直行業龍頭企業建設二百個單品種數據交易中心，採用增值式交易服務模式，著力打造數據確權、數據融資等十二個大數據平台，透過構建大數據交易體系，最大限度地活化會員參與數據交易的積極性，完善數據交易自身生態，驅動行業數據流通，釋放中國億萬數據資產價值。在數據資產化環節中，貴陽大數據交易所倡導「數據助力現金流，數據為業務賦能」的數據資產化模式，透過數據交易，幫助企業改進決策、縮減成本、降低風險、提高安全合規，將數據價值回饋於業務，最終體現為增收和利潤。透過支撐數據創新應用，數據交易深入參與實體經濟數位化轉型的全面升級。

① 區域中心：在全國範圍內推動設立三十個區域服務分中心，複製推廣大數據交易模式、活化城市數據資源、釋放政府數據價值；行業中心：交易所將聯合垂直行業龍頭企業，推動設立二百個垂直領域單品種數據交易服務分中心，釋放產業數據價值；創新中心：應用創新中心，聚焦數據創新應用，構建數據星河生態。

貴陽大數據交易所既要勇當數據流通的倡導者、數據交易的探索者，又要做國際數據交易規則的制定者，為中國加強國際數據治理政策儲備和治理規則研究提供實踐探索和貴州方案。貴陽大數據交易所參與了國家大數據產業「一規劃四標準」①的制定，並於二〇一六年五月二十六日成為全國信標委「大數據交易標準試點基地」。

同時，貴陽大數據交易所提出了「數+12」戰略②，即著力打造數據確權、數據安全等十二個戰略，開啟了大數據交易制度建設新篇章，帶動業內數據交易制度探索，為全國大數據交易制度的確立獻智獻策。與此同時，貴陽大數據交易所秉承「貢獻中國數據智慧，釋放全球數據價值」發展理念，在馬來西亞成立了交易服務分中心，並與新加坡資訊通訊媒體發展管理局合作推動中新大數據實驗室建設，探索形成海外大數據產業閉環，構建全球數據流通生態，共建「一帶一路」數據繁榮圈。

❸ 數聚貴州：數位基礎設施建設

當前中國正在培育和發展經濟新動能，人工智慧、工業互聯網、物聯網等產業不僅是新業態、新技術的重要組成部分，同時也是傳統產業轉型升級的重要引擎，加快新型基礎設施建設，有利於發展數位經濟為代表的經濟新動能，並推動傳統產業的數位化轉型。為加快

5G、工業互聯網、物聯網、人工智慧、數據中心、「一雲一網一平台」建設，貴州制定並公布了互聯網新型數位設施建設專項行動方案。

1. 數位設施提升工程

二〇一六年，貴州首次提出要著力打造「雲上貴州」及「寬頻貴州」，在全國率先完成前三批電信普遍服務，實現行政村光纖寬頻和 4G 網路全覆蓋。二〇一七年，貴州省光纜線路長度達到九十萬公里，貴陽・貴安國家級互聯網骨幹直聯點建成開通，貴州躋身中國十三大互聯網頂層節點。二〇一八年，全省訊息基礎設施投資將達到一百二十億元，行政村光纖網路、4G 網路全覆蓋，建成全光網省，電信綜合資費下降六%。二〇一九年，貴州獲批建設貴陽・貴安國際互聯網數據專用通道。經過堅持不懈的努力，貴州訊息基礎設施邁入全國第二方陣，全省訊息基礎設施發展水準從全國第二十九位上升到第一十五位。下一步，貴州將加快推進 5G 網路建設和商用，積極開展 5G 應用創新，加快全省骨幹網、城域網和接入網的 IPv6 升級改造，建成貴陽・貴安國際互聯網數據專用通道，加快物聯網基礎設施建

---

① 國家大數據產業「一規劃四標準」，分別是工信部《大數據產業發展規劃（二〇一六～二〇二〇年）》和全國信標委《大數據交易標準》、《大數據技術標準》、《大數據安全標準》、《大數據應用標準》。

② 「數＋12」戰略：數據確權、數區塊鏈、數據創業、數據定價、數據資產、數據安全、數據指數、數據標準、數據工廠、數據監管、數據認證、數據開源。

設，推進中國（貴州）智慧廣電綜合試驗區建設。

貴州省根服務器鏡像節點和國家頂級域名節點。二〇一九年十二月十日，貴州省根服務器鏡像節點和國家頂級域名節點在貴州正式部署運行。域名系統（DNS）是互聯網的重要基礎服務和「中樞神經」，「兩個節點」作為互聯網重要的基礎設施，是域名系統的關鍵環節。「兩個節點」的運行不僅能快速分流網路攻擊流量、增強網路抗攻擊能力，整體提升貴州互聯網運行的安全性和穩定性，還將大幅提升貴州互聯網響應速度，積極向全球進行地址廣播服務，有效促進互聯網訪問數據互聯互通，實現互聯網訪問數據「聚通用」，有力促進貴州大數據與實體經濟、鄉村振興、服務民生、社會治理的融合發展。此次「兩個節點」上線運行，標誌著貴州在西部地區的訊息樞紐地位已經逐漸形成，對於彌合數位鴻溝、普及互聯網有著重要意義，也給其他非英語國家解決此類問題樹立了典範，必將促進國家大數據（貴州）綜合試驗區新一輪的發展。

貴陽・貴安國際互聯網數據專用通道。二〇一九年八月二十六日，工信部批覆同意貴州省建設貴陽・貴安國際互聯網數據專用通道。國際互聯網數據專用通道是從產業園區直達國際通訊出入口局的專用鏈路，鏈路以園區為接入單位、以企業為服務對象、以優化提升國際通訊服務能力為目的，可以有效減少路由跳數。此次國際互聯網數據專用通道獲批建設，是貴州數位設施建設的又一重大成果，不僅將在貴陽、貴安相關產業園區與國際通訊出入口局之間建立起一條直達專用數據鏈路、減少數據流量繞轉和壅堵、提升國際通訊網路性能和服務品質，更為產業轉型升級和外向型經濟發展提供強有力支撐，促進貴陽、貴安雲端運算、大數據、電子商務、高端製造、服務貿易、醫藥健康等產業發展，對滿足企業發展實際需要、促進產業轉型升級、提升當地訊息化和對外開放合作水準、支持建設「一帶一路」節點城市具有重要意義。

2.工業互聯網提升工程

工業互聯網的本質和核心是透過工業互聯網平台，把設備、生產線、工廠、供應商、產品和客戶緊密地連接、融合起來，可以幫助製造業拉長產業鏈，形成跨設備、跨系統、跨廠區、跨地區的互聯互通，從而提高效率，推動整個製造服務體系智慧化進程。以工業互聯網方式推動製造業高品質發展，已經成為貴州推動大數據深度融入實體經濟，促進貴州傳統工業轉型升級的重要途徑。貴州以系統構建全省工業互聯網體系為契合點，以貴陽工業互聯網標識解析二級節點為依託，加快推進大數據與工業深度融合，推進工業互聯網網路建設，夯實應用發展基礎，實施了企業內外網路改造提升、工業互聯網平台建設、生產設備數位化改造、企業「登雲用雲」等工程。

貴州工業雲端平台。二〇一七年六月，貴州工業雲端平台正式上線，是航天科工集團運用工業互聯網雲端平台（INDICS），與貴州省經濟和訊息化委合作聯合打造的首個工業雲試驗田。貴州工業雲端平台基於國家級工業互聯網 INDICS 平台，充分利用雲端製造、大數據與態勢感知等十餘種技術，針對工業全行業、全領域，提供企業全生產流程改造、設備改造、數據蒐集、大數據分析與應用等大數據一體化解決方案。作為全省工業企業數位化、網路化、智慧化改造提升的主平台、主途徑，工業雲的雲端產業智慧配套模式及工業產業生態體系，可利用大數據技術攻克關鍵技術瓶頸，著力解決企業生產管理粗放低效、產業融合創新能力偏弱、產業鏈協同發展水準不足等突出問題，還可幫助企業降低採購成本、拓寬市場空間。目前，貴州工業雲端平台是中國唯一提供智慧製造、協同製造、雲端製造公共服務的雲端平台，得到國家有關部門的大力支持，入選工信部製造業與互聯網融合發展試點示範項目，這表明貴州工業雲端平台現已邁入世界領先行列。

貴陽工業互聯網標識解析二級節點標識解析應用創新。二〇一九年四月十一日，工業互聯網標識解析貴陽二級節點正式上線，標誌著貴州工業互聯網的「大門」已初步搭建起來，將針對行業和企業提供服務。工業互聯網標識解析體系是工業互聯網網路的重要組成部分，為工業互聯網連接的對象提供統一的身分標識和解析服務，有助於推動重要工業設備系統聯網數據蒐集和應用，加快工業互聯網平台培育，幫助工業企業降本增效。目前，貴陽是全國首批十個建設的二級節點之一，透過工業企業、工業互聯網服務提供商、標識研究機構和高等院校等聯合推進工業互聯網標識解析應用創新，開展關鍵產品追溯、供應鏈管理、智慧產品全生命週期管理等在電子訊息、醫藥、汽車等行業的應用普及。

3. 數據中心提升工程

隨著貴州高新翼雲數據中心、中電西南雲端運算中心、貴州翔明數據中心的建設，蘋果、騰訊、華為等數據中心的落戶，以及貴陽・貴安國際互聯網數據專用通道的建立，貴州集聚一批綠色環保、低成本、高效率的雲端運算數據中心，已成為中國最重要的數據中心聚集地，推動海量數據正源源不斷地向貴州匯集。在數位經濟時代裡，數據作為一種基礎性資源，其價值將會得到進一步提升，大數據將會成為貴州未來最寶貴的財富。

貴州・中國南方數據中心示範基地建設。自二〇一六年獲批建設貴州・中國南方數據中心示範基地以來，貴州堅持「創新、協調、綠色、開放、共享」的發展理念，面向國際、國內用戶提供應用承載、數據儲存、容災備份等數據中心服務，實現數據中心應用服務水準提升、綠色節能降耗、保障安全可靠。如今，貴州已初步形成以貴安為核心，貴陽、黔西南為補充的數據中心布局。三大營運商、騰訊、蘋果、華為數據中心齊聚貴安，四十八個國家部委、行業和標誌性企業數據資源落戶貴州，全省數據中心服務器超過七萬台，數據中心PUE均值降幅優於國家要求，綠色數據中心數量居全國第二，富士康綠色隧道中心成為全國唯一獲得美國LEED最高等級認證的綠色數據中心建築。這些成績的背後，是貴州突出招大引強與補齊鏈條並重，努力推進大數據產業鏈垂直整合，推動價值鏈向高攀升。

國家北斗導航位置服務數據中心貴州分中心建設。二〇一三年十月二十二日，貴州省北斗綜合應用示範項目獲得原總裝備部和貴州省人民政府共同批覆。為搶抓國家加快推動北斗系統建設發展的機遇，貴州充分發揮國內首個國家大數據綜合試驗區的優勢，實現「北斗+大數據」深度融合，在「兩個中心」①建設營運過程中，北斗公共位置服務中心結合貴州省「一雲一網一平台」政策，升級為北斗時空大數據雲端平台，成為不可或缺的、基礎性的訊息資源和服務設施。北斗導航定位基準站網（GZCORS）在貴陽市區縣部署，平均基線30~50km，達到國際先進水準，推動北斗衛星導航系統在全省各領域的廣泛應用。下一步，貴州將持續推進北斗導航、遙感等空間訊息技術發展，充分發揮北斗地基增強系統作用，在地災防治、道路交通、全域旅遊等領域推廣北斗導航系統綜合應用，進一步提升北斗導航定位精度。

第6節・以五新領域為突破的技術創新

為了更好部署發展實體經濟和數位經濟，貴陽在二〇一七年就提出了「五新領域」戰略布局，把人工智慧、區塊鏈、物聯網、5G移動通訊、量子訊息作為突破的技術創新，大力推動重點數位產業邁向數位經濟發展的新台階。如今，貴陽大數據五新領域產業規模逐步擴大，應用領域加速拓展，創新能力進一步增強，形成了衝勁足，後勁強，發展優勢持續鞏固的上揚局面。

❶ 以人工智慧構築數位經濟新引擎

二〇一七年七月，國務院發布了《新一代人工智慧發展規劃》，為中國人工智慧產業的未來發展指明了方向並注入了核心動能，成為中國贏得全球科技競爭主動權的重要戰略關鍵。貴州作為首個國家大數據綜合試驗區，優先布局人工智慧產業，率先公布了《智慧貴州發展規劃（二〇一七～二〇二〇年）》。貴陽隨後公布《貴陽市人工智慧產業專項規劃（二〇一八～二〇二二）》，提出以中國人工智慧開放創新平台為載體，以影像雲和人像識別大

① 「兩個中心」：貴州北斗衛星導航公共位置服務中心、貴州北斗衛星導航終端產品質檢認證中心。

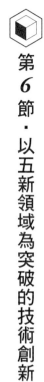

數據系統項目為「關鍵點」，以數據和應用為驅動雙輪，實施一批示範應用，研發一批關鍵核心技術，加快形成具有國際競爭力和技術主導權的人工智慧產業集群。

在發展人工智慧產業上，貴陽堅持軟硬並舉、應用帶動，以高新區、綜保區、南明區、清鎮市等為重點，加快這些地區人工智慧關鍵技術轉化和產業化進程，推動重點領域智慧產品和服務創新，積極培育人工智慧新業態，構建人工智慧創新體系；著力發展人工智慧晶片與硬體；引進人工智慧算法和晶片技術領先企業，提升 GPU、FPGA 等晶片設計製造能力和人臉識別、語音識別、步態識別、3D 快速建模、跨媒體感知計算等人工智慧專用晶片設計製造能力，發展智慧攝像頭、晶片、專用服務器等人工智慧硬體設備生產製造產業基地；培育發展人工智慧軟體產業；加強人臉識別、計算機視聽覺、自然語言理解、新型人機交互、高級機器學習、類腦智慧計算及量子智慧計算等算法研究企業的培育和引進，建設影像分析、算法和處理軟體研發中心。

貴陽注重加快數據蒐集、儲存、分析和可視化發展，構建國家級人工智慧訓練及測試數據庫，打造人工智慧數據資源、計算能力、測試評估等服務平台，開展人工智慧數據雲端服務；利用中國人工智慧開放創新平台和測試中心，引進人工智慧開源軟硬體基礎平台，持續舉辦全球人工智慧大賽，開展產業孵化和「雙創」工程，打造人工智慧產業生態；同時，打造一批重點領域的人工智慧應用業態。依託國家醫療健康大數據中心落地的契機，貴陽開始吸引國內外有影響力的醫療人工智慧知名企業建立總部基地，培育智慧醫療的獨角獸企業和關聯企業，並推進智慧車聯網、無人駕駛汽車的研發、試驗和產業化推廣。

貴陽將以貴陽國家高新技術開發區為主陣地建立「一園六基地」人工智慧產業總體布局，積極對接人工智慧領域優質資源，加快人工智慧關鍵技術轉化和產業化，推動重點領域智慧產品和服務創新。另外，貴陽還積極培育人工智慧新業態，發展人工智慧硬體與晶片、人工智慧軟體與雲端服務業；構建共性基礎支撐平台，建設人工智慧重點領域開放創新平台、人工智慧公共技術創新能力平台、人工智慧創業孵化平台等人工智慧產業發展平台；打造一批重點領域的人工智慧應用業態，在「數博大道」沿線高新區和白雲區段，規劃建設貴陽人工智慧產業園和貴陽影像終端製造基地，實施影像雲和人像識別大數據系統項目、智慧服務機器人項目、智慧網聯汽車項目、智慧醫療健康項目等人工智慧重大項目；推進人工智慧與實體經濟、民生服務、社會治理、鄉村振興深度融合，構建人工智慧融合創新體系。

未來，貴陽將著力貫徹落實國家《新一代人工智慧發展規劃》、《智慧貴州發展規劃（二〇一七～二〇二〇年）》，緊抓人工智慧產業發展機遇，以中國人工智慧開放創新平台為載體，以影像雲和人像識別大數據系統項目為「關鍵點」，以數據和應用為驅動雙輪，推進人工智慧與實體經濟、社會治理、民生服務、鄉村振興深度融合，著力實施一批示範應用，著力研發一批關鍵核心技術，著力培育一批骨幹企業，全力構建人工智慧創新產業生態，加快形成具有國際競爭力和技術主導權的人工智慧產業集群，加快培育經濟社會發展新動能，為建設「中國數谷」發揮重要引領支撐作用。到二〇二二年，貴陽將建成中國人工智慧開放創新平台、人工智慧加速器等平台，完成影像雲和人像大數據系統等項目，引進和培養一批人工智慧企業，打造出人工智慧晶片、算法平台和應用的產業集群，建成「一園六基地」的貴陽人工智慧產業集聚區，力爭五年內累計實現四百五十億元的產值規模。

❷ 以量子訊息打造數位經濟新生態

量子訊息是電腦、訊息科學與量子物理相結合而產生的新興交叉學科，量子訊息技術以微觀粒子系統為操控對象，借助其中的量子疊加態和量子糾纏效應等獨特物理現象進行訊息獲取、處理和傳輸，能夠在提升運算處理速度、訊息安全保障能力、測量精度和靈敏度等方面帶來原理性優勢和突破傳統技術瓶頸，其具有絕對保密、通訊容量大、傳輸速度快等優點。因此，量子訊息技術已經成為訊息通訊技術演進和產業升級的關注焦點之一，大到國防、政務、金融等方面，小到銀行轉款、個人隱私保護等都可以發揮巨大的作用，量子訊息技術的研究與應用在未來國家科技競爭、產業創新升級、國防和經濟建設等領域將產生基礎共性乃至顛覆性重大影響。

當前，貴陽量子訊息試驗取得初步成果，貴州省量子訊息和大數據應用技術研究院組建完成，還引進了科大國盾量子技術股份有限公司等量子訊息企業，在貴陽國家大數據安全靶場基礎上，與科大國盾共同規劃和申建國家級量子保密通訊網路安全靶場、規劃和建設量子骨幹網路和量子衛星地面接收站、探索建設「城市直聯」量子骨幹網路，推動中科大量子物理與量子訊息實驗室分中心落地，建設貴陽市量子訊息技術研發中心，拓展一批量子訊息技術示範和推廣應用，推動量子通訊產業集聚發展，開展電子政務外網量子通訊試點工作，建設金融訊息量子通訊驗證網。貴陽在二〇一九年建成了貴陽市電子政務外網應用量子通訊保密技術一期工程並投入使用，推動了量子保密通訊技術在貴陽落地應用，提升了當地的網路安全保障能力。

在發展量子訊息產業上，貴陽將以貴陽經開區為重點，依託國家級量子保密通訊網路安全靶場籌建，拓展一批量子訊息技術示範和推廣應用，規劃和建設量子骨幹網路和量子衛星地面接收站，推動量子通訊產業集聚發展；加強量子訊息技術研發能力，開展量子技術標準、量子通訊安全性等基礎研究工作，形成人才培養、軟體研發、集成創新、市場拓展的量子通訊生態體系；發展量子訊息器件與設備製造業，引進國內外量子密碼通訊終端設備、網路交換及路由設備、核心光電子器件等核心產品製造企業，發展量子訊息設備製造業；開展量子通訊城域網路試點建設，以政務網的量子通訊應用為切入點，實現政務網的辦公透明、廉潔、高效管理，並確保政府數據的無條件傳輸安全；開展城市直聯搭載量子通訊試驗，探索建設「城市直聯」量子骨幹網路，提升城市直聯光纖網的價值，實現更好的經濟效益。貴陽將推進量子訊息公共服務，重點在量子訊息標準認證測評機構、知識產權公共服務平台、量子訊息科技培訓基地、技術雙創平台和量子訊息創新產業孵化器等載體建設方面取得突破。

未來，貴陽以加快建立具有全國競爭優勢的量子訊息產業生態體系為主線，著力建設量子通訊骨幹網路、量子保密通訊網路安全靶場，實現通訊的安全、自主、可控；著力推進量子保密通訊示範應用，促進關鍵行業領域的保密通訊；著力發展量子通訊產業，推進重點項目建設和關鍵環節發展，培育形成技術水準領先的量子技術和產業集聚發展基地。到二〇二二年，貴陽將爭取申建成功國家級量子保密通訊網路安全靶場，建設貴陽量子骨幹網路和量子衛星地面接收站，探索建設通訊網路安全靶場，實現通訊的安全、自主、可控；著力推進一批量子訊息技術示範和推廣應用，打造量子通訊網路建設、營運、量子通訊設備產業集群，力爭五年內累計實現五十億元的產值規模。

❸ 以移動通訊拓展數位經濟新通道

隨著全球新一輪科技革命和產業變革的深入推進，第五代移動通訊技術（5G）已成為世界主要國家數位經濟戰略實施的先導領域。5G是新一代移動通訊技術的發展方向，也是中國網路強國戰略的重點突破領域。5G所具有的高傳輸速率、可滿足大容量接入需求、大大降低網路時延、採用開放架構等特點，是構建高速、移動、安全、泛在的訊息基礎設施的重要基石，也是推動「大數據＋」「互聯網＋」產業發展的重要引擎。當前，5G正處於技術標準形成和產業化培育的關鍵時期，它作為數位經濟產業關鍵驅動力，將助推貴州數位經濟和產業發展邁上新台階，實現與經濟社會各行業的深度融合，加快推進5G技術應用、打造5G產業生態，將幫助貴州搶占大數據產業發展的技術制高點。

貴州大數據產業發展積累的優勢為其搶占5G風口製造了先機，5G試點城市花落貴陽，給數谷的嬗變之路立下了一塊閃耀的里程碑。作為國家發改委等部門批覆的首批「5G規模組網建設及應用示範工程」試點城市之一，貴陽搶抓5G歷史機遇和產業化發展先機，加快推進5G技術產業發展和應用拓展。二〇一九年，貴州省人民政府辦公廳印發《關於加快推進全省 5G 建設發展的通知》，提出加快推進 5G 新型基礎設施建設，深化 5G 場景融合應用，培育 5G 新產業新業態，將全省大數據戰略行動向高位推進、向縱深推進、向世界前沿推進。貴陽快速響應，提出《貴陽市 5G 移動通訊產業發展規劃（二〇一八～二〇二二）》，以 5G 試點城市建設項目為途徑，充分發揮營運商資源優勢，加快 5G 網路建設和營運，實現 5G 商用。

隨著 5G 商用牌照的發放，貴陽 5G 發展正式迎來廣闊的落地商用空間。以工信部頒發 5G 商用牌照為契機，三大營運商和鐵塔公司已新建改造 5G 基站一四六七個，完成城市核心區、重點區域信號覆蓋，在作為 5G 商用用戶體驗示範區的觀山湖公園沿線，開展 5G 公園、5G 商場等行業應用。二〇一八年八月，貴陽市與貴州聯通開始了 5G 試驗網的建設工作，攜手成立全國首個 5G 應用創新聯合實驗室。同年，中國移動 5G 聯合創新中心也在貴陽設立地方開放實驗室，與貴陽共同開展 5G 示範應用研究，推動 5G 商業化發展。二〇一八年十二月，基於 5G 技術的無人駕駛應用、無人機應用、AR/VR 應用、智慧交通管理應用、智慧市政管理應用、智慧消防應用、智慧安防應用、智慧醫療應用、智慧校園應用、智慧製造應用、智慧園區，及智慧社區等十二項 5G 應用示範項目成果正式發布，並在「數博大道」啟動建設。貴陽正在加快構建 5G 技術多場景綜合應用模式，聚焦 5G 產業上下游招商，打造 5G 產業生態鏈，切實推動 5G 技術和應用創新走在全國乃至全球前列，不斷做大做強數位經濟。

在新的 5G 發展進程中，貴州將積極開展 5G 基礎設施建設，豐富應用場景內容。積極開展 5G 試點城市建設，支持營運商推進 5G 網路部署，組織開展規模試驗和測試，針對重點場景和重點技術進行充分驗證，加快推進 5G 試商用進程；發展 5G 硬體製造業，重點聚焦在毫米波傳輸系統、全雙工通訊系統、大規模天線陣列、超密集組網、新型多址、全頻譜接入等核心技術，設計生產滿足對連續廣域覆蓋、熱點高容量、低功耗大連接等場景通訊要求的各類 5G 設備；發展 5G 創新應用，在密集住宅區等超高流量密度、高鐵等超高移動性場景、體育場等超高連接數密度場景的應用試驗，研發影像監控、車聯網、移動醫療、智慧製造、虛擬／增強現實、雲端辦公、智慧城市、智慧家居等領域的 5G 應用；在觀山湖區、高新區、白雲區、雲岩區和南明區建立「一園一基地五試驗區」的 5G 移動通訊產業布局，為 5G 商用服務奠定基礎，把貴陽打造成為 5G 商用融合創新的全國示範基地。

❹ 以物聯網建立數位經濟新連接

物聯網是利用局部網路或互聯網等通訊技術把傳感器、控制器、機器、人員和物等透過新的方式聯在一起，形成人與物、物與物相聯，實現訊息化、遠程管理控制和智慧化的網路。物聯網是繼工業和訊息化革命後的又一場技術革命，它將人類社會帶入到一個進步的智慧時代，催生出數十個萬億級經濟市場，成為推動世界經濟增長、社會進步的驅動器和生產力。隨著萬物互聯時代的到來，物聯網正成為繼互聯網之後又一個產業競爭制高點，利用物聯網技術，實現快速反應科學決策，打造智慧城市，生態構建和產業布局正在全球加速展開。

二〇一五年二月，國家發改委批覆了《國家物聯網重大應用示範工程貴州省區域試點總體工作方案》，同意貴州組織實施國家物聯網重大應用試點，建設一批物聯網重大應用示範工程，培育物聯網骨幹企業，構建西南地區綜合物聯網應用示範區。《貴陽市物聯網產業專項規劃（二〇一八～二〇二二）》中提出，以國家物聯網重大應用示範工程為平台，以「物聯貴陽」建設項目為手段，建設城市低功耗廣域窄帶物聯網，結合 5G 移動通訊網路建設，發展物聯網產業，提升物聯網產業技術創新能力，強化物聯網產業招商引智服務，建設物聯網產業集聚區，實現萬物互聯和智慧交互，促進國家大數據（貴州）綜合試驗區和「中國數谷」建設，發展數位經濟，構建智慧社會。

目前，貴陽正加快實施「物聯貴陽」工程，推進物聯網感知設施規劃布局，推動物聯網行業應用，促進物聯網產業發展。加快物聯網基礎設施建設，貴州電信、貴州聯通、貴州移動、貴州廣電等電信營運商大力推進NB-IOT、M2M等物聯網部署和應用，建設基於低功耗廣域網技術的城市物聯網，二〇二〇年一月，共完成貴陽市一九一六個物聯網站點的建設，可實現貴陽全部市區縣城的連續覆蓋。貴陽在智慧終端、物聯網傳感器、物聯網工程實施等方面，擁有貴陽海信、中電振華、雅光電子、匯通華城等一批骨幹企業；在工業製造和現代農業等行業領域、智慧家居和健康服務等消費領域形成了一批營運服務平台和商業模式。貴陽訊息技術研究院完成了IPv6架構下物聯網在烏當普渡河水源監測項目的示範應用，並計劃在長沖河推廣應用；貴陽廣電網路開始實施基於LORA技術的物聯網在燃氣管道監控和針對電動車的治安管理方面的項目化應用；梯聯網（貴州）科技有限公司研發的梯聯網系統，基於GIS原理的無線通訊技術與無線射頻電子標識（RFID），為每一部電梯安裝的「智慧晶片」，透過大數據計算、分析、應用，讓每一部電梯實現了一鍵救援、電梯維保、電梯遠程安全監管等功能；修文縣建立獼猴桃品質安全物聯網追溯系統，實現從種植、田間管理、病蟲害防治、加工儲存和市場銷售全過程的追溯和統計分析。

未來，貴州將依託「物聯貴陽」建設，重點發展物聯網晶片與傳感器製造業，引進和培育企業發展物聯網晶片、電子標籤（RFID）、傳感器、智慧網關等物聯網硬體產品；同時以貴陽市作為物聯網省級區域示範中心，發展城市物聯網，透過國家頂級域名服務器節點全面支持 IPv6 服務，提升對全省的基礎服務水準；以重點特色行業為示範龍頭，發展物聯網行業應用，大力推動以工業製造、旅遊文化、節能環保、商貿流通等重點領域的物聯網應用示範和技術集成，提升企業生產效率；發展城市物聯網軟體與營運服務業，大力推動城市管理、社會事業等領域的物聯網整合協同應用與服務示範，促進基礎資源和訊息的共享。依託高新區科技研發和軟體發展領先優勢，建設貴陽物聯網產業園，實現應用開發、營運管理、硬體製造等物聯網產業集聚，打造貴陽物聯網產業集聚區。

5 以區塊鏈構建數位經濟新機制

區塊鏈技術是基於多種技術組合而建立的信任、激勵和約束機制，用自證清白的方式建立一種去中介化的信任機制，利用區塊鏈規範價值傳遞過程，可以使互聯網從混亂走向秩序，是新一代互聯網的戰略支撐型技術，為發展數位經濟和創新互聯網治理開闢廣闊空間。習近平總書記在中央政治局第十八次集體學習時強調，「把區塊鏈作為核心技術自主創新重要突破口，加快推動區塊鏈技術和產業創新發展」。貴州充分利用國家大數據（貴州）綜合試驗區先試先行優勢，大膽探索區塊鏈領域，成為國內率先發布發展區塊鏈地方宣言的城市。

如今，區塊鏈浪潮再起，貴陽這座城市已深耕三年，以政策先行推動區塊鏈產業快速落地發展。二〇一六年十二月三十一日，貴陽頒布全國第一部地方政府主導的區塊鏈產業發展頂層設計——《貴陽區塊鏈發展和應用》白皮書；二〇一七年三月，貴陽透過建設貴陽區塊鏈創新基地，對區塊鏈市場進行引導與培育，較早打造出國內區塊鏈產業聚集區；二〇一七年五月，貴陽高新區推出《貴陽國家高新區促進區塊鏈技術創新及應用示範十條政策措施（試行）》，在入駐支持、營運補貼、成果獎勵、人才扶持、培訓補貼、融資補貼、成果獎勵、創新支持、風險補償、上市獎勵十個方面提供政策支持；二〇一七年六月七日，貴陽發布《關於支持區塊鏈發展和應用的若干政策措施（試行）》，加速推進區塊鏈發展和應用，促進區塊鏈各類要素資源集聚；二〇一九年四月，工信部賽迪研究院發布的《二〇一八～二〇一九中國區塊鏈年度發展報告》中，貴陽位列區塊鏈政策環境指數全國首位，區塊鏈綜合指數全國第五，貴陽一系列政策的公布促進了區塊鏈產業生態發展與形成。

貴陽敏銳洞察了區塊鏈技術潛在變革力量與價值，率先開啟區塊鏈產業發展探索，使貴陽區塊鏈產業發展在理論研究、技術應用、標準研製、產業生態等多個方面成果豐碩，成為國內區塊鏈產業發展生態最為完善的地區之一，區塊鏈產業發展在全國領先。二〇一八年，區塊鏈技術與應用聯合實驗室開發基於主權區塊鏈理論實現的區塊鏈平台——享鏈，該平台是第一款採用響應式編程實現的自主可控的許可鏈平台。此外，貴陽聯合中國電子技術標準化研究院，聚焦區塊鏈應用的政、民、商等方向開展首批五項標準研製，並同步開展標準驗證試點工作。截至二〇一九年年底，貴陽已註冊區塊鏈企業一百餘家，其中貴州遠東誠信管理有限公司、貴陽訊息技術研究院、雲碼通數據營運股份有限公司等入選國家網信辦境內區塊鏈訊息服務備案清單。由三十餘家區塊鏈領域企業共同參與成立的貴陽區塊鏈技術與應用產業聯盟在區塊鏈產業發展中的作用日漸突出。

自搶抓區塊鏈產業發展價值機遇以來，貴陽深刻認識到區塊鏈的發展需以應用為主才能長足發展，貴陽堅持以推動區塊鏈在各領域的應用為主導，已落地了諸多典型的區塊鏈應用成果。貴陽在民生、政務服務方面，落地了諸如「政府數據共享區塊鏈應用平台」、「貴州脫貧攻堅投資基金區塊鏈管理平台」、「掌上車秘APP」等應用成果，助力貴陽市深化「最多跑一次」的改革，實現數據跨部門跨區域共同維護利用；在版權保護方面，落地了「IP版權區塊鏈」、「畫版」、「CCDI版權雲互聯網登記平台」等諸多優秀應用成果案例，所有人可以透過平台的溯源系統對版權訊息進行確權、維權，解決了版權確權難、維權難等問題；在金融方面，落地了「區塊鏈票鏈」、「Tokencan」、「壹諾供應鏈金融平台」、「大宗商品清算結算」等在行業內具有一定話語權的應用成果；在溯源方面，由貴州廣濟堂藥業有限公司研發的「醫藥區塊鏈追溯共享平台」實現醫藥行業藥品生產、流透過程各種數據的無法竄改。此外，貴陽還有基於「區塊鏈＋誠信」的「鏈上清鎮・智惠城鄉」誠信共享平台、基於「區塊鏈＋網路安全」的網路身分鏈憑證中心等應用成果。這些平台利用區塊鏈創新重構行業形態，為行業解決諸多難點的同時，也為民眾帶來了極大的便利。

在新一輪的區塊鏈應用中，貴州將開展區塊鏈技術在金融領域、扶貧領域、徵信領域、安全領域等方面的應用場景打造，加快把以區塊鏈為核心和支撐的產業和應用做出規模、做出成效。貴陽將開展一批區塊鏈場景應用，引進區塊鏈產業鏈上的晶片、計算設備、基礎鏈、聯盟鏈軟體和區塊鏈應用等企業；加快推進區塊鏈公共服務平台建設，完善貴陽區塊鏈展示體驗中心功能，加快推進創新發展基地、區塊鏈發展聯盟、區塊鏈共性技術研發平台、區塊鏈測試中心、創新發展基金等公共服務平台建設；開展區塊鏈應用場景，推廣扶貧鏈、身分鏈、誠信鏈等重點項目，推動區塊鏈技術在金融、扶貧、徵信、安全、政務和民生等領域的應用示範，加快培育區塊鏈市場；發展區塊鏈軟硬體產業，探索推動區塊鏈關鍵核心技術的研發突破，引進培育一批區塊鏈技術平台核心企業，研發區塊鏈晶片、設備、點對點網路、加密計算、共識算法、分布式數據庫、跨鏈計算等關鍵技術，發展基礎公鏈、聯盟鏈和區塊鏈雲端運算服務，力爭五年內實現五十億元的產值規模。區塊鏈技術迅速應用發展必將為貴州大數據帶來新一輪蓬勃發展的機遇。

3

CHAPTER

數博五年‧戰略策源地，發展風向標

參加數博會，已經成為全球大數據業界的一個約定和時尚，是社會各界汲取豐富營養、收穫創新智慧的一種共識和追求。作為全球首個以大數據為主題的博覽會，憑藉其國際化、專業化、市場化領先優勢，秉承「全球視野、國家高度、產業視角、企業立場」辦會理念，緊扣「數據創造價值　創新驅動發展」會議主題，自二〇一五年舉辦第一屆開始，已經走過了五個年頭，從聲聲質疑到行業引領，數博會已然成為充滿合作機遇、引領行業發展的國際性盛會，成為共商發展大計、共用最新成果的世界級平台。對一座城市來說，五年足以創造一個奇蹟，成就一段史，成全一個夢。如果說大數據讓貴州、貴陽站在了世界的面前，那麼數博會則讓貴州、貴陽吸引了全世界的目光，成為全球矚目的焦點。

第1節．數博會：國際性盛會，世界級平台

雲上貴州聚八方賓客，數谷貴陽繪數據藍圖。作為全球首個大數據主題博覽會，數博會自二〇一五年創辦以來，雲集全球嘉賓，共商發展大計、共用最新成果，已成為全球大數據發展的風向標和業界最具國際性和權威性的成果交流平台。來自不同國家和地區的嘉賓以及海內外企業匯聚一堂，探討大數據未來前景，集中展示全球大數據新技術、新業態、新模式，共享大數據時代發展帶來的新機遇。

❶ 數博回眸：與時代同頻共振的全球盛宴

自二〇一五年創辦以來，數博會致力於研判大數據發展動態，聚焦行業熱點、痛點和難點，精心規劃每屆展會的主題和話題，同步呈現了全球大數據產業快速發展的完整歷程。歷屆數博會均受到國家領導的關懷和指示。習近平總書記連續向兩屆數博會發來賀信。國務院總理李克強、時任副總理馬凱、全國人大常委會副委員長王晨先後出席前五屆數博會開幕式並致辭。數博會始終注重創新、融合與開放，圍繞大數據最新技術創新與成就，開展高端對話、系列論壇、大賽、展覽會等豐富多彩的活動，與來自不同國家和地區的政要、知名企業

家、專家學者、協會組織、科研機構及媒體，共話大數據前沿熱題，共繪大數據發展藍圖，共享大數據時代發展新機遇。

1.二〇一五年：「互聯網＋」時代的數據安全與發展

二〇一五年五月二十六日至二十九日，貴陽市委、市政府以「『互聯網＋時代』的數據安全與發展」為年度主題在貴陽舉辦首屆「二〇一五貴陽國際大數據產業博覽會暨全球大數據時代貴陽峰會」。作為全球首個以大數據為主題的展會和峰會，數博會聚集了全國、全球的目光，李克強總理發來賀信，時任國務院副總理馬凱出席開幕式並發表重要講話，馬雲、郭台銘、馬化騰、雷軍等業界「大腕」出席並演講。以數博會為契機，貴陽確定了大數據產業發展的基本方向，「中國數谷」從這裡崛起。

此次數博會吸引了全球五百強、知名央企和互聯網、金融、通訊、能源、民航、高端製造、電商、行業協會等近一千家企業和機構雲集貴陽；惠普、京東、谷歌、華為等三百八十餘家全球大數據領域領軍企業展示大數據應用。同時，數博會中還舉辦了貴州大數據產業發展示範項目參觀、《大數據》創刊儀式、電子競技產業啟動儀式、機器人大賽助力數博會、大數據時代下的精準零售技術交流會等主題活動，為企業展示技術成果、尋求合作交流搭建了平台、創造了機會；發布了《大數據貴陽宣言》，貴陽先後與中國訊息安全測評中心等四十家企業和機構簽訂戰略合作協議，有力促進了國際性資源向貴州聚集。六十五家境內外媒體，六百一十餘名記者雲集貴陽，貴州衛視和人民網等十家媒體對數博會開幕式進行了全程直播。

2.二〇一六年：大數據開啟智慧時代

二〇一六年五月二十六日至二十九日，以「大數據開啟智慧時代」為年度主題的數博會在貴陽成功舉辦。隨著大數據發展上升為國家戰略，數博會由國家發改委、工信部、商務部、中央網信辦、貴州省人民政府共同主辦。李克強總理出席開幕式，全球知名企業大佬、大數據領軍人物、專家學者等二萬多位國內外來賓齊聚一堂，共襄盛會。二〇一六數博會期間先後舉行了總理與企業家對話會、開（閉）幕式、六十八場論壇、一十七個系列活動及貴陽大數據國際博覽會，同時，還發布了《二〇一六中國電子商務創新發展峰會貴陽共識》。

李克強總理在開幕式上的演講，站在歷史和未來的高度，積極把握時代潮流，深刻闡述了以互聯網、大數據等為代表的新技術對經濟社會發展的重要意義和深遠影響，系統提出了推動新經濟發展和傳統產業轉型升級，發展共享經濟，透過簡政放權、放管結合培育發展大數據等訊息網路產業，在開放和發展中實現訊息安全等重大主張，引起了國際社會的熱烈反響和廣泛肯定。國內許多在大數據領域具有世界影響力的企業家、創客、領導人提出了一系列極富建設性、引領性的觀點建議，交流了許多新做法，傳播了許多新經驗，提出了許多新觀點，探索了許多新思路，達成了許多新共識。

二〇一六數博會吸引了來自全球二十一個國家和地區的一千五百餘名具有世界影響力的專家學者、行業菁英雲集數博會，並圍繞大數據開放共享、大數據安全、大數據生態鏈、大數據標準化等內容開展了卓有成效的交流碰撞，期間專業觀眾超過一萬人。同時，包括阿里巴巴、騰訊、微軟等三十多家國際型企業，超過三十%的 Top100 大數據解決方案提供商，以及國外初創型企業等三百餘家企業和機構展示了超過一千項如 VR、AR、人工智慧、大數據綜合解決方案、高端服務器、大數據可視化、雲端平台等前沿技術。

會展期間，數博會充分發揮窗口作用，開展了涉及大數據核心業態、關聯業態和衍生業態等內容的展會、洽談、項目簽約活動，與聯合國開發計劃署、高通、英特爾、NIIT 等國內外知名企業和機構簽訂合作協議，推動了一批重大項目實驗室、系列創新成果落地，為國內外大數據業界搭建了一個交流合作、共築共享的大平台。經過此屆數博會的前沿訊息與科技的滋養，貴州大數據事業正成長為茁壯的「智慧樹」和流光溢彩的「鑽石礦」。

3.二〇一七年：數位經濟引領新增長

二〇一七數博會是貴陽數博會升格為「國家級」盛會後的第一屆，大會以「數位經濟引領新增長——開啟數位化轉型」為年度主題，圍繞「同期兩會、一展、一賽及系列活動」，舉辦了開（閉）幕式、高峰對話、電商峰會、專業論壇、專業展覽、成果發布、商務簽約、觀摩交流等一百五十六項系列活動，國內外三一六家企業和機構參展，展覽面積六萬平方米，八・七萬餘人參加。數博會期間，吸引了來自全球二十個國家的五一四名嘉賓參會，其中大數據、互聯網、人工智慧、區塊鏈等相關領域的國際知名企業、研究機構的首席技術官、首席科學家及主要研究人員占比達四十七・一%。蘋果、微軟、谷歌、亞馬遜、英特爾、甲骨文、IBM、戴爾、思科、高通、NTT 等世界知名互聯網和大數據企業全球高管一百五十二人參會。會議開幕式上，國務院總理李克強發來賀信，時任國務院副總理馬凱出席開幕式並做重要講話，為貴州大數據發展指明了方向。

本屆數博會，既有區塊鏈、機器智慧、虛擬現實等新興技術成果的展示發布，又有國家大數據綜合試驗區、數位經濟、智慧製造、數據安全等宏觀話題，無論是承辦機構還是演講嘉賓，多為國內外知名的權威機構和人士，體現了業界頂尖水準，為業內外人士獻上了一場場大數據科技盛宴。特別是高峰對話從多人站台向專人專場轉變，圍繞「數位經濟」、「工業大數據與智慧製造」、「機器智慧」、「人工智慧」、「區塊鏈」等前沿話題，專門設置了高峰對話，集聚了一批業界大咖、院士專家，成為各方關注的熱點、焦點、亮點。與會人士認為，數博會已成為專業化程度最高、前沿技術最多的國際展示平台之一。

本屆數博會還聚焦大數據產業發展與技術前沿，牢牢占據制高點，發布了以「十大黑科技」為代表的新技術，以《大數據藍皮書》等為代表的新理論，以「小i情感機器人」為代表的新產品，以「全球大數據市場十大趨勢預測」、「全球區塊鏈應用十大趨勢」等為代表的新判斷，以《大數據優秀產品、服務和應用解決方案案例集》等為代表的新案例，以「大數據十大新名詞」為代表的新標準，發布了中國大數據獨角獸企業榜單。此外，數博會還展示了貴州在國家大數據綜合試驗區建設，以及政府數據開放共享、大數據安全、區塊鏈、人工智慧等方面的創新思路、實現路徑和建設成效。

4.二〇一八年：數化萬物・智在融合

二〇一八年五月二十六日至二十九日，以「數化萬物・智在融合」為年度主題，圍繞「同期兩會、一展、一賽及系列活動」展開的二〇一八年中國國際大數據產業博覽會在貴陽成功舉辦。經歷三屆盛會後，二〇一八數博會迎來了新的征程。這一年，習近平總書記專門為大會召開發來賀信，賀信在社會各界引發了強烈反響，這是具有歷史性、里程碑意義的大事，標誌著數博會和貴州大數據發展事業站在了新的起點上。

中央政治局委員、全國人大常委會副委員長王晨先生出席會議宣讀賀信並發表重要講話。習近平總書記在賀信中，對本屆數博會的召開表示熱烈的祝賀，對實施國家大數據戰略提出了明確要求，充分體現了總書記對數博會的高度重視、對貴州的親切關懷和深情厚愛。習近平總書記的重要指示站在造福世界各國人民、促進大數據產業健康發展、推動構建人類命運共同體的高度，深刻把握新一代訊息技術給各國經濟社會發展、國家管理、社會治理、人民生活帶來的影響，精闢闡明了中國全面實施國家大數據戰略、建設網路強國、數位中國、智慧社會，促進經濟高品質發展的重大決策部署，積極倡導世界各國加強交流互鑑、深化溝通合作，共同推動大數據產業創新發展，共創智慧生活，為大數據發展進一步指明了方向、提供了遵循。

二〇一八數博會共舉辦了開（閉）幕式、八場高端對話、六十五場專業論壇，其中數博會專場論壇五十六場、各市（州）和貴安新區分論壇九場，以及四十場成果發布、八十一場招商推介、二七八場商務考察等系列活動，招商引資簽約項目一九九個、簽約金額三五二・八億元，參會和觀展人數超過十二萬人，國內外參展企業和機構達到三八八家，布展面積六萬平方米，共展出超過一千項最新產品和技術與解決方案。「人工智慧全球大賽」、「數博會之旅」、「數谷之夜」等主題活動精彩紛呈，五十一項黑科技、上百個大數據應用場景、十佳大數據應用案例等創新成果競相發布。同期進行的二〇一八中國電子商務創新發展峰會，以「新電商領動新融合，新時代助推新發展」為主題，舉辦了CEO沙龍、主論壇、八場分論壇以及年度盛典等活動，發布了《二〇一七中國電子商務發展指數報告》，評選了年度智慧商業技術典範、年度轉型企業、年度新銳人物等十大獎項，達成了峰會貴陽共識，成為電商領域的年度盛會。

二〇一八數博會緊盯大數據新理念、新思想、新技術、新產品、新模式、新應用，重點策劃、創新推出「數博發布」特色品牌，舉辦了四十餘場系列成果發布活動；面向全球徵集了五百餘項領先科技成果，嚴格評選並集中發布了大數據及關聯產業的十一項黑科技、十項新技術、二十項新產品、十個新商業模式等五十一項領先科技成果，受到了專家、學者及觀眾的一致好評；首次發布貴州省大數據十大融合創新推薦案例，集中展示了大數據融合創新成果。三十餘家國內外知名企業在數博會上發布新產品、新技術，貴州易鯨捷公司的冷熱數據分離異構介質儲存架構、中科院的主權區塊鏈底層技術平台等屬全球首發，「數博發布」成為最具權威性和影響力的全球品牌。

5.二〇一九年：創新發展・數說未來

二〇一九年五月二十六日至二十九日，以「創新發展・數說未來」為年度主題的二〇一九數博會在貴陽成功舉辦，大會圍繞「一會、一展、一發布、大賽及系列活動」展開。習近平總書記再次為數博會發來賀信。習近平總書記連續兩年為數博會發來賀信，充分體現了對貴州、貴陽的特殊關懷，對貴州舉辦數博會、發展大數據產業的高度肯定。習近平總書記的賀信，為全省辦好數博會和發展大數據產業注入了強大動力，指明了前進方向。

中央政治局委員、全國人大常委會副委員長王晨先生再次出席會議，在開幕式上宣讀了習近平總書記賀信並發表重要講話。本屆數博會除開（閉）幕式及會見活動外，共舉辦了一百六十二場活動，其中高端對話九場，專業論壇和商業論壇五十三場，展館活動十八場，數博發布二十六場，大賽六場，系列活動二十四場，其他市（州）活動二十六場。參會和觀展人數超過十二・五萬人，參會企業（機構）四八四七家，參展企業（機構）四四八家，布展面積六萬平方米，共展出超過一千二百餘項最新產品、技術和解決方案。簽約項目一二五個、簽約金額一〇〇七・六三億元。參會嘉賓一致認為，二〇一九數博會引領了大數據融合創新的未來之路，開啟了攜手構建大數據時代人類命運共同體的探尋之旅。

二〇一九數博會吸引了來自全球大數據政、產、學、研、媒的行業菁英、業界領袖，共有二六〇八名嘉賓參會，其中核心重要嘉賓一五七四人。國內參會省部級領導二十一名、司局級領導三五二名，多為與大數據領域密切相關的行業主管部門負責人。共有六十一個國家及地區的八〇三名境外嘉賓參會，其中「一帶一路」沿線國家有三十六個，巴西、荷蘭、捷克、黑山、烏克蘭等二十個國家屬首次參會。外國政府和國際組織參會核心嘉賓一五七名。國內外行業協會一三二人參會，其中國外行業協會七十七人。境外參展企業一五六家，其中英國和美國企業較多。

二〇一九數博會面向全球徵集到領先科技成果六一四項，評選出最前沿、最具顛覆性、最具影響力、最具創新性的領先科技成果獎四十九項，包括三六〇安全大腦、一站式 AI 開發平台、液冷系統研究及應用等十項黑科技，螞蟻風險大腦、知識技術雲端服務等十項新技術，CirroData 分布式數據庫、智慧 OCR 數據化產品等二十項新產品，「天眼＋安服」安全營運服務、騰訊安心計劃平台等九個新商業模式。會上還發布了二〇一九數博會「十佳大數據案例」以及二十六項創新成果，能彎曲的手機柔性螢幕、能戴上手腕的「石墨烯柔性手機」、人像大數據識別系統、世界最輕電動摺疊車等前沿科技驚豔亮相。華為、希捷、中國聯通、浪潮、同方知網、小 i 機器人、遠光軟體等多家企業自主發布了新產品、新技術。「數博發布」已成為全球大數據行業權威發布平台和競技展示窗口，到數博會發布大數據新技術、新產品、新成果，成為越來越多企業及行業機構的第一選擇。

二〇一九數博會六大賽事聚焦大數據融合創新和應用轉化，更具實戰性、對抗性、前沿性、國際性，吸引了來自美國、德國、以色列、英國、加拿大、澳洲、巴西、印度等二十個國家和地區的二千五百支創業團隊報名參賽，團隊核心成員超過一萬八千多人。其中，僅人工智慧全球大賽、無人駕駛全球挑戰賽、DataCon大數據安全分析比賽就吸引了全球二千支團隊，參賽選手既有頂尖人工智慧、機器人工程師，又有來自史丹佛大學、柏克萊大學等國際頂級高校的博士生。六大賽事參與廣泛、影響深遠，競爭激烈、精彩紛呈，成為引領創新創業的新風口。數博會系列活動還融入了大數據元素、彰顯大數據文化、描繪數位化生活，形式多樣、創意獨特，營造了濃濃的「數博味」。

數據創造價值，創新驅動未來。數博會創辦五年來，始終秉承「全球視野、國家高度、產業視角、企業立場」的辦會理念，堅持「細緻、精緻、極致」和「安全、周全」的辦會標準，實現每屆成功、圓滿、精彩舉辦，不斷刷新著嘉賓層次、組織形式、參會規模、參會成果等一項項紀錄。數博會成為全球大數據發展的風向標和業界最具國際性和權威性的成果交流平台。「大數據＋」正在各個行業領域不斷運用，大數據開啟了智慧生活，越來越多的人享受到大數據帶來的發展紅利。

❷ 數博品牌：一會、一展、一賽、一發布

經過持續積澱，數博會在全球打響了「一會、一展、一賽、一發布」的國際品牌，成為

貴州建設國家大數據綜合試驗區的旗艦。「一會」即中國國際大數據產業博覽會，邀請全球頂級大數據企業和大數據領軍人物同台論道，深度探討大數據應用技術難點、需求痛點及解決方案；「一展」即中國國際大數據產業博覽會專業展，集中展示大數據與數位經濟、公共服務、產業升級、生態治理等深度融合的新技術、新產品、新方案和新應用；「一賽」即每年數博會期間舉辦的專業賽事，包括大數據融合創新、人工智慧、網路安全等一系列主題；「一發布」即「數博發布」，在數博會期間發布全球大數據領先科技成果、公益成果以及企業成果。

1. 一會：引領全球大數據創新的思想盛宴

從數博會創辦時的開篇理念「『互聯網＋時代』的數據安全與發展」到「大數據開啟智慧時代」，再到「數位經濟引領新增長」、「數化萬物・智在融合」，再到第五屆的「創新發展・數說未來」，貴州引領著全球大數據的理念創新，實現大數據理念在傳承中發展，在發展中不斷創新。數博會舉辦以來，充分發揮貴陽大數據思想策源地的功能，為全球大數據理念交流提供了一個包容、開放的平台，來自世界各國的專家、學者、企業家和政府工作者圍繞大數據前沿理念展開深入的交流，形成大數據領域百家爭鳴、百花齊放的生動局面。

二〇一五數博會，圍繞大會主題「數據創造價值、創新驅動未來」，結合年度主題「大數據開啟智慧時代」展開了高端對話、深度交流、前沿成果展示。大會分別安排創新與實踐、變革與趨勢、數據安全與發展、國際合作與交流四個討論版塊。馬化騰、郭台銘、李彥宏等業界大咖參會，圍繞大數據開放共享、大數據安全、大數據生態鏈、大數據標準化等內容交流了新做法，引發了有關大數據方向的「頭腦風暴」，在大數據思潮的碰撞與交鋒過程中傳播了新經驗，提出了新觀點，給出了新對策。

二〇一六數博會，圍繞「大數據開啟智慧時代」的年度主題，與會嘉賓就國家大數據綜合試驗區、數位經濟、區塊鏈技術、數位安全與風險控制、數據共享與開放、人工智慧、智慧製造七大版塊的內容進行交流，圍繞數位經濟、區塊鏈技術、數據開放共享、人工智慧、「一帶一路」大數據人才等最新熱門話題開展了深入探討，產生了很多具有前瞻性、引領性的新思想、新觀點和新論斷。

二〇一七數博會，圍繞「數位經濟引領新增長」的年度主題，以全球大數據領域的焦點和熱點為關注點，以數位經濟相關的新技術與新趨勢為方向標，業界菁英就機器智慧——超越人工智慧新時代、數位經濟——「開啟數位化轉型，培育增長新動能」、人工智慧——AI生態極智未來、工業大數據與智慧製造——引領行業變革、區塊鏈——開啟價值互聯網時代等主題，進行了主題演講和對話交流。同時，在「同期兩會」的二〇一七中國電子商務創新發展峰會上，與會嘉賓以「聚合創新要素　賦能實體經濟」為主題，重點探討了如何加速電商提質、深化電商與實體經濟深度融合、助力供給側結構性改革等前瞻性議題，為全球人工智慧、電子商務和數位經濟的發展提供了理論支撐。

二〇一八數博會以「數化萬物・智在融合」為主題，圍繞大數據最新技術創新與成就舉辦各類論壇，重點探討大數據和各行各業深度融合的成果和問題，探尋大數據發展的時代變革。會議吸引了六百六十一位國內外嘉賓同台競技、論劍交鋒，特別是萬物互聯、人工智慧、區塊鏈、數據安全、「大數據＋大健康」、工業互聯網、精準扶貧、數位經濟等八場高端對話，成為參會嘉賓矚目的焦點。此外，百度、阿里巴巴、騰訊三大企業掌門人再次相聚，在各個高端對話上發表精彩演講，也是數博會的一大看點。

二〇一九數博會以「創新發展・數說未來」為年度主題，從大數據對宏觀經濟影響、大數據技術創新、大數據融合應用及大數據安全保障四個層面出發，分別圍繞「數位經濟、技術創新、融合發展、數據安全、合作交流」五大方向，邀請全球頂級互聯網企業和大數據領軍人物同台論道。期間，諾貝爾經濟學獎獲得者保羅・羅默、圖靈獎獲得者威特菲爾德・迪菲也出席參與了此次盛會，深度探討大數據應用技術難點、需求痛點及解決方案。此外，二〇一九數博會首次設置主賓國，在數博會期間舉辦本年度主賓國的大數據專題活動，圍繞主賓國大數據相關成果，為主賓國與參會嘉賓提供技術分享及交流合作的平台。

2.一展：引領全球大數據應用創新的展會

數博會專業展透過提供全球大數據產業研究、應用及前沿成果展示與交流的平台，為世界近距離瞭解中國市場環境和國內消費需求提供了絕佳機會，推動全球大數據應用和商業模式的協同創新。同時，展會緊抓數博會的全球效應，積極加強與國內外知名企業發布前沿成果、領先成果權屬機構的溝通對接，探索共建有效的成果合作機制，爭取和促進這些領先成果在貴陽落地轉化並作為「貴陽樣本」走向世界。

二〇一五數博會上，專業展集中設置了國際菁英館、大數據應用館和大數據設備館三個展示區域，分門別類地為嘉賓呈現最新的技術與成果。國際菁英館匯聚了華為、中興、英特爾、戴爾等三百八十餘家全球大數據領域領軍企業和行業巨頭，集中展示了企業與大數據相關項目和應用，分享了利用大數據分析業務、把脈市場的方案；大數據應用館重點展出以丹麥、瑞典、日本為代表的智慧城市板塊，以及以攜程、去哪兒等公司為代表的大數據旅遊板塊；大數據設備館主要以工信部工業文化中心組織的「智慧製造、智慧生活」作為典型案例，為與會嘉賓建造出未來城市的初步藍圖。

二〇一六數博會的展示規模相對擴大，展會突破上一屆按用途分類的方式，直接以大數據行業應用、人工智慧、智慧製造、互聯網金融等大數據應用板塊展現全球最高端技術和最新應用，展示超過一千項最新技術、產品和解決方案，包括VR、AR、人工智慧、大數據綜合解決方案、高端服務器、大數據可視化、雲端平台等前沿技術。開展期間，各企業和機構在展場展示了企業的新產品與新技術，阿里巴巴的智慧物聯平台、SAP的「數位體育場」、英特爾的AR增強現實虛擬產品、戴爾的虛擬現實開發、華為的全球首款三十二路開放架構Kunlun小型機新品、富士康的自助式渲染雲端平台、智臻科技的小i虛擬機器人、奇虎360的電子政務雲等多種新品首次亮相，打通了企業科技成果產業化的「最後一公里」。

二〇一七年，戴爾、甲骨文、浪潮、騰訊、神州數碼、軟通動力等多家知名企業利用數博會平台召開高端客戶會和區域經理會。富士康、阿里巴巴、小愛機器人、傳化、京東、茅台集團等企業和機構利用數博會舉辦的契機共發布了四十六項新技術、新產品。情感機器人、可捲曲柔性螢幕、中國光量子計算機、黑盒化物聯終端、無人操控節能中央空調、蜂能智慧用電網路平台、唇語識別技術、智慧防火牆、石墨烯柔性手機、3D商品展示等入選二〇一七年「十大黑科技」。

二〇一八數博會在創新布局上表現得可圈可點，在形式上為參展企業提供多樣化的展示平台，此次專業展按照「6＋1」（「六」即國際綜合館、數位應用館、前沿技術館、數位硬體館、國際雙創館、數位體驗館六大主題展館；「一」即「一帶一路」國際合作夥伴展區）的布局來設置。在內容上更加聚焦產業定位，變「招展」為「選展」，「以展築巢」聚才匯智，吸引了中外企業達三百八十八家參展。展會上，五十一項黑科技，數百個大數據應用場景和應用案例，千餘項行業的最新商業形式和最佳處理方案，以及AI、VR、AR、可穿戴設備等創新成果競相發布。此外，此屆數博會首次開設「一帶一路」國際展區國際合作夥伴城市展區，吸引了外國政府、外國行業協會和企業展團集中亮相，相互交流、相互借鑑，共商大數據發展大計。

二〇一九數博會展覽設置了國際前沿技術、行業數位應用、創新創業成果三大版塊，以及「一帶一路」合作夥伴展區、數博會五週年回顧展區，集中展示大數據與數位經濟、公共服務、智慧製造、產業升級、生態治理、智慧生活等生產生活領域的全面滲透和深度融合，全面呈現大數據產業產品、技術、應用及服務的最新成果及發展態勢。展會上，易鯨捷、滿幫、數聯銘品等多家貴州、貴陽本土企業向需求方呈現了最新科技產品以及可視化解決方案，成為本次數博會展覽最大的亮點。此外，展會還單獨設置了人工智慧、5G 技術、金融大數據、大數據試驗區等專題展區，以及物聯網、智慧城市、邊緣計算、深度學習、數據隱私保護、自動駕駛、智慧化管理等領域的前瞻性產品和技術展區，充分展示了大數據產業鏈的生態體系，引領大數據產業的發展方向。

3.一賽：引領全球大數據技術創新的賽事

結合全球大數據的發展趨勢，以及所面臨的痛點、難點等，每屆數博會都舉辦了不同主題的大型國際性賽事，吸引來自世界各地的企業、創新創業人才及團隊競相角逐，在競爭中尋求解決方案，並推動方案落地實施，引領全球大數據技術創新。每屆賽事參與廣泛、影響深遠，競爭激烈、精彩紛呈，成為引領創新創業的新風口。

二〇一五年舉辦的貴陽大數據草根創新公開賽圍繞「大數據促進政府改革」和「大數據改善民生」兩大主題展開大數據創新創業競賽。其中，創意徵集階段共評選出「證券大數據分析及應用平台」、「塑料垃圾轉化清潔燃油」、「稅收大數據監測與分析」等一百個優秀創意項目；項目應用階段共評選出「FII 智慧穿戴及健康解決方案」、「藝藏文化」等十八個優秀項目。大賽激起了全民創新的熱潮，對構建「大眾創業、萬眾創新」的創新創業生態系統，推動大數據技術在政府改革和民生改善方面的應用具有重要意義。

二〇一六年舉辦的首屆中國痛客大賽，力求從需求端出發，將無處不在的需求轉化為無處不在的價值。大賽共收到涵蓋公共管理、社會信用、食品安全、社會醫療、新能源技術等社會各領域的二千七百個「痛點」，提出了大數據技術在輕資產融資、醫養結合、宏觀經濟監測等方面的應用模式和解決方案。同期還舉辦了二〇一六中國國際電子訊息創客大賽暨「雲上貴州」大數據商業模式大賽，共徵集參賽項目一萬餘個，吸引了一・三萬餘支參賽團隊、四萬餘人參加，涵蓋國內外七十多所知名院校和研究機構，規模創同類賽事第一。

二〇一七年舉辦了中國國際大數據挖掘大賽，賽事旨在依託貴州高水準的政府數據資源，從全球範圍內「挖掘」優秀數據、發現創新企業和項目，建造大數據向數位經濟跨越的橋樑，推動數位經濟新業態形成。大賽參賽選手採用一系列政府開放數據進行數據挖掘，其中包括十四個政府開放數據平台的九千多個數據集，一千六百多個數據接口。全球十九個國家和地區的一二六四六支項目團隊，五萬多人參賽。大賽項目覆蓋政務、醫療、交通、金融、教育等多領域的應用，展現了大數據挖掘、清洗、分析等前沿技術的最新應用和獨特魅力。

二〇一八年舉辦的中國國際大數據融合創新・人工智慧全球大賽，搭建了國際化人工智慧交流平台，吸引了來自全球十五個國家和地區的一千餘支團隊報名參賽，大賽為參賽者提供了來自交通、醫療、民生等十個類別的實際場景和行業數據。真正實現大賽與實體經濟、社會痛點緊密結合，利用人工智慧幫助解決實際問題，推動大數據融合創新生態圈建設，為推動互聯網、大數據、人工智慧和實體經濟深度融合注入新動能。

二〇一九年舉辦的二〇一九數博會工業APP融合創新大賽、「智稅・二〇一九」大數據競賽分別圍繞中國工業技術軟體化、稅務數據管理和風險控制開展競賽，旨在透過複雜而豐富的應用場景調試系統性能，提升大數據開發和應用水準，推動中國工業和稅務領域智慧化變革。此外，二〇一九貴陽大數據及網路安全菁英對抗賽，以實網對抗形式探索了數據安全路徑，推動對抗演練「貴陽模式」疊代升級，助力國家級大數據安全靶場建設。

4. 一發布：引領全球大數據成果的發布會

為進一步提升數博會的國際化水準，除了傳統的辦會模式外，組委會在二〇一八年正式面向全球的政、產、學、研各界發布「數谷論道——二〇一八數博會論壇全球徵召令」，其成果徵集類別包括領先科技成果發布、公益類發布和企業自主發布，翻開數博會——「數博發布」的新篇章。參會嘉賓及觀眾透過「數博發布」，可共同見證領先科技成果帶來的時代顛覆與震撼，先行領略最前沿科技帶來的創新性商業模式與新業態，率先感受領先科技為生產生活帶來的新變革與新思維。

二〇一八數博會創新推出「數博發布」特色品牌，面對全球徵集到五百餘項領先科技成果，嚴格評選並集中發布了大數據及關聯產業的十一項黑科技、十項新技術、二十項新產品、十個新商業模式等五十一項領先科技成果，受到了專家、學者及觀眾的一致好評。首次發布貴州省大數據十大融合創新推薦案例，首次展示「中國天眼」超算技術應用成果，集中展示了大數據融合創新成果，以及《中國地方政府數據開放平台報告》、《中國數谷》、《塊數據 4.0：人工智慧時代的活化數據學》等理論著作。期間，企業還自主參與貴陽聯通 5G 試驗網發布、卓繁訊息無人值守受理站發布、「AI＋融無止境」二〇一八年新品發布會、建築大數據雲端服務平台發布會等活動。

二〇一九年數博會期間，在領先科技成果方面，「數博發布」已向全球徵集到領先科技成果六百一十四項，評選出「黑科技」十項、「新技術」十項、「新產品」二十項、「商業模式」九項共計四十九項領先科技成果。在公益類發布方面，由國家訊息中心、數博會組委會共同發布《國家大數據產業發展指數》，同時「一雲一網一平台」建設階段性成果、《二〇一九貴州大數據與實體經濟深度融合評估報告》《塊數據 5.0：數據社會學的理論與方法》以及數博會「十佳大數據案例」等公益類成果在此屆數博會上發布。企業自主發布方面，華為、希捷、滿幫集團、中國聯通等三十多家企業在數博會上自主發布了新產品、新技術。

❸ 數博效應：共圖全球大數據發展新未來

貴州已成功舉辦了五屆中國國際大數據產業博覽會，數博會成為全球大數據發展的風向標和業界最具國際性、權威性的平台。以數博會為標誌，大數據不僅改變了貴州、貴陽對世界的認識，同時，也改變了世界對貴州和貴陽的認識，數博會已然成為貴州、貴陽一個創新的符號，一個自信的品牌。在大數據時代的風口上，貴州、貴陽把握了先機，勇於並敢於站在新科技革命和新產業變革交叉融合的引爆點上，這種「勇」和「敢」本質上就是文化自信，是一座城市的自我覺醒。

1. 後峰會效應顯著，數位經濟蓬勃發展

從一張白紙，到全國多個「大數據」之首，貴州的「朋友圈」越來越大，蘋果、高通、微軟等一批全球前十的互聯網企業和阿里、華為、騰訊等國內互聯網領軍企業在貴州聚集，貨車幫、易鯨捷、白山雲科技等一批本土龍頭企業正在不斷壯大。

以省會貴陽為例，數博會已經成為貴陽對外開放與成果轉化的一個重要平台。截至二〇一九年，貴陽累計簽約項目四七六個，簽約總金額達八八八・四九億元，多項世界先進成果在貴陽得到落地轉化，為貴陽經濟社會快速發展注入了強勁動能。據中國訊息通訊研究院公

布的《中國數位經濟發展和就業白皮書（二〇一九年）》指出，貴州數位經濟增速超過二十%，數位經濟吸納勞動力增速達十八・一%，兩項指標均名列全國第一。國家大數據（貴州）綜合試驗區建設向縱深推進，加速構建大數據新業態、新模式，貴州大數據發展進入了新階段。

好風憑藉力，送我上青雲。抓住數博會的舉辦契機，更多的企業找到了轉型升級的解決方案，貴州透過深入推進「千企改造」、「萬企融合」等行動方案，推動新舊動能轉換，實現經濟高品質發展。以數博會為起點，如今的貴州、貴陽這塊「試驗田」從「無」漸趨「無窮」，漸具規模。守好發展和生態「兩條底線」，用好數博會這一重要對外開放平台，大數據正助力貴州乘「雲」而上，促進高品質發展躍上新台階。

2.引進來走出去，「朋友圈」越來越大

世界正在經歷百年未有之大變局，對於新一輪科技革命和產業變革來說，現在不是害怕失敗而裹足不前的時候，人工智慧、機器人和物聯網必將會影響全球的商業，那些不主動去抓住未來趨勢的企業，必將會被淘汰。面對這一劃時代性的挑戰，需要各國攜手應對，秉持開放、合作、包容、普惠的原則，共享發展機遇，加強交流合作，將自身經驗相互借鑑，共商大數據發展大計。

數博會經過五年的打造已成為全球大數據領域的頂級盛會，這其中離不開自身發展，更離不開持續擴大開放尋求交流合作。二〇一九數博會上，最新的大數據前沿技術、領先應用成果、未來科技皆是萬眾矚目的焦點。從中國內部的發展進程和模式來看，京、津、冀、黔四地共同簽署了大數據發展戰略合作協議，探索大數據產業發展地區合作模式。從參與數博會的境外來賓來看，與會境外嘉賓分別來自六十一個國家及地區，同比增長了九十六・八%和三十八・四%；境外參展企業一五六家，同比增長了一七八・五七%。參會嘉賓除分享展示探討大數據相關創新成果與發展路徑，還共同參與「大數據與全球減貧」高端對話活動，分享本國減貧經驗，積極出謀劃策，助力全球減貧。與此同時，貴陽借助數博會的平台，與全球排名第一的孵化器 Founder Space、加拿大歸國人才團隊、美國矽谷人才組織等優質團隊簽署共建跨國創新人才孵化、培訓、交流的合作協議，並啟動了一批協同創新科研平台，聯合組織國家大科學計劃和大科學工程等實踐，為全球範圍內科技創新事業貢獻中國智慧和中國方案。

3. 推動大數據發展構建人類命運共同體

新一輪科技革命和產業變革在給人類社會帶來高品質、高速度、高效益發展紅利的同時，還附帶著數據隱私安全、網路亂象治理等方面的全球性問題與難題，迫使人類又一次站在十字路口：互利共贏還是零和博弈？如何回答這些問題，關乎各國利益、關乎人類前途命運。習近平總書記指出，「沒有哪個國家能夠獨自應對人類面臨的各種挑戰，也沒有哪個國家能夠退回到自我封閉的孤島」、「創新成果應惠及全球，而不應成為埋在山洞裡的寶藏」。世界各國需順應時代發展潮流，齊心協力應對挑戰，開展全球性協作，共享大數據發展成果、共創智慧生活，共同推動構建大數據產業發展的責任共同體、利益共同體與命運共同體。

在「數據之都」貴陽連續召開的數博會，業已成為宣傳人類命運共同體理念的「一扇窗」。數博會初出茅廬便能「圈粉無數」，「國際派頭」越來越足，其原因就在於其所持有的「國際化、專業化、高端化、產業化、可持續化」的發展理念。貴州借此契機搭建了以「交朋友、話發展、謀共贏」為主題的線上與線下互動平台，「人類命運共同體」偉大構想就此落地生根。借助互聯網、大數據、雲端運算等訊息技術，實現國家間溝通交流的「號準脈，全方位」「找對題，無死角」；搭乘數位經濟發展東風，增強彼此間的認同感、吸引力和融合度。隨著大數據的成績越顯出色，數博會日益成為全球數位產業大咖們聚會交友、啟迪靈感、尋找機會的「必選項」和「首選項」。

第2節・「數博大道」：未來數位之城試驗田

「數博大道」既是永不落幕的數博會，又將成為「中國數谷」核心區，更是未來數位之城的一個縮影。「數博大道」長約二十公里、核心面積七十四平方公里，是以大數據、人工智慧為核心的數位經濟和以中高端消費和中高端製造為核心的實體經濟高品質發展的重要載體，是集貴陽大數據落地生根的重要承載區、貴州大數據融合發展的先行示範區、國家大數據綜合試驗的集中展示區、全球大數據產業發展合作交流區等功能為一體的「中國數谷」的核心區，旨在建設成為充滿合作機遇、引領行業發展、共商發展大計、共用最新成果的永不落幕的數博會。「數博大道」建設將成為數位貴陽的智慧化跑道、濃縮數位經濟產業鏈的精彩大道、通往美好生活的未來大道，到二〇二一年年底，貴陽將全面建成「數博大道」核心區，實現年產值達一千億元以上，稅收達一百億元以上，將「數博大道」核心區建成「百億大道、千億大城」。

❶ 永不落幕的數博會

數博會引領全球大數據理念、技術和模式創新，逐漸成為中國乃至全球大數據發展的重要風向標。貴陽透過規劃建設「數博大道」，突出引領性和示範性，匯聚全球大數據頂尖產業，集聚全球高端創新要素，全面展現中國大數據發展的探索實踐進展，系統展示全球大數據發展的最新成果；把「數博大道」建設成為充滿合作機遇、引領行業發展、共商發展大計、共用最新成果的世界級平台，上演永不落幕的數博會。

「數博大道」透過充分整合併優化配置資源，集聚高端創新要素，以大數據應用場景為突破口，以吸引一批貢獻率高、成長性快、競爭力強的高端、高新企業為關鍵，建設成為貴陽大數據落地生根的重要承載區；以大數據金融為發展主線，以打造一批高水準的大數據融合發展示範項目為基點，建設成為貴州大數據融合發展的先行示範區；以開展數據資源管理與共享開放、數據中心整合、數據資源應用、數據要素流通、大數據產業集聚、大數據國際合作、大數據制度創新等七個方面系統性試驗為重點，建設成為國家大數據綜合試驗的集中展示區。

貴陽大數據落地生根的重要承載區。「數博大道」將充分發揮貴州大數據發展的先天優勢和先行優勢，以大數據應用場景為突破口，進一步集聚大數據發展的關鍵性要素，著力吸引一批貢獻率高、成長性快、競爭力強的高端、高新企業，形成產值密度高、創新能力強的數位經濟特色產業集群，推動大數據與各行各業深度融合，促進產業轉型升級，全力打造大數據產業生態體系，提高大數據對經濟社會發展的貢獻率，建成有特色、可示範的大數據產業發展集聚區。

貴州大數據融合發展的先行示範區。二〇一八年，貴州啟動「萬企融合」大行動，以大數據金融創新為發展主線，充分發揮市場在資源配置中的決定性作用，更有效發揮政府作用，以企業為主體推動大數據融合發展，助力貴州「數位經濟」發展，打造一批高水準的大數據融合發展示範項目，形成可複製、可推廣的融合技術、融合產品、融合模式。透過融合發展，推進「數博大道」上大數據與實體經濟、政府治理和社會服務深度融合，形成一批智慧製造、大數據金融、智慧旅遊、智慧健康、智慧交通、數智社區等新業態，打造國際領先、國內一流的數位城市典範，為加快建設數位中國貢獻貴州智慧，提供貴州方案。

國家大數據綜合試驗的集中展示區。貴陽作為首個國家大數據綜合試驗區核心區，從一張白紙到一幅藍圖、一片發展熱土，形成以大數據為引領的創新驅動發展格局，發揮試驗區與核心區的表率作用，助推國家大數據（貴州）綜合試驗區核心區建設從「風生水起」轉入「落地生根」新階段，打造「數位中國」的縮影。為了用足、用好國家大數據綜合試驗區的先行優勢，貴州在數據資源管理與共享開放、大數據制度創新、大數據產業集聚等方面開展系統性試驗，以「數博大道」建設為抓手，以數據集中和共享為途徑，建設國家大數據（貴州）綜合試驗區展示中心，推進全球技術融合、業務融合、數據融合，實現跨層級、跨地域、跨系統、跨部門、跨業務的協同管理和服務，加快形成可借鑑、可複製、可推廣的實踐經驗，發揮輻射帶動和示範引領作用。

全球大數據產業發展的合作交流區。建立全球大數據產業發展的合作交流機制，貴州將開展多領域國際合作，打造互聯網、大數據、人工智慧最新成果的「貴陽發布」、貴陽展示國際品牌，在全球範圍內有效整合、配置和利用大數據資源，提高大數據產業創新體系運行效率和品質，提升大數據發展國際競爭力。進一步加強大數據治理的政策儲備、標準制定和規則研究，占領大數據發展的規則制高點，為全球大數據發展貢獻中國方案。

❷「中國數谷」的核心區

「數博大道」按照「世界眼光、國內一流、數化萬物、產城融合」的總體要求，以「軸線串聯、點面結合、生態優先、高端集聚」為原則，以「規劃設計突出引領性、建設時序注重科學性、配套設施體現智慧性、招商引資堅持前瞻性、統籌調度保持系統性、投資融資確保規範性」為導向，以大數據金融城、大數據產業城、大數據健康城、大數據智慧體驗集聚區「三城一區」為主線，按照「一年規劃設計、兩年集中建設、三年完善提升」步驟，用三年時間，集中力量全面建成「中國數谷」核心區。

以貴陽大數據交易所為核心建設大數據金融城。以貴陽大數據交易所改造提升為核心，貴州將打造金融產業發展要素聚集度高、成長性好，集政務、孵化、展示、交易於一體，在全國有影響力的大數據金融城，同時布局大數據市民服務中心和國家大數據（貴州）綜合試驗區展示中心；建設針對全國乃至全球提供完整的數據交易、結算、交付、安全保障、數據資產管理和融資等綜合配套服務，集國家大數據跨境數據交易平台、全球大數據交易平台、大數據衍生產品電子商務平台、大數據交易綜合市場為一體的大數據交易所；建設國內領先、國際一流的集政務服務、城市運行指揮、公共資源交易、智慧服務呼叫、個人數據管理為一體的大數據市民服務中心；建設系統展示國際國內大數據產業發展脈絡和發展戰略、全球前沿技術創新和研發成果、貴州貴陽大數據發展成效與模式的國家大數據（貴州）綜合試驗區展示中心。

以大數據創新廣場為核心建設大數據產業城。以大數據創新廣場為核心，圍繞「一品一業、百業富貴」發展願景，聚焦人工智慧、量子訊息、5G 通訊、物聯網、區塊鏈等五大數據新興領域、高端先進製造業和現代服務業，重點發展打造大數據與三次產業深度融合、傳統產業轉型升級成效顯著、大數據產業能量不斷釋放，在大數據物流、大數據金融、大數據安全等方面形成產業鏈並有重大突破的大數據產業城；開發數據中心服務器產品、儲存設備、人臉識別、智慧機器人、智慧駕駛汽車、智慧無人貨架車、5G手機、5G智慧終端、區塊鏈硬體錢包、智慧家電、智慧行李箱等產品，同時布局多個大數據人才小鎮、大數據企業總部基地和公安部南方大數據基地等；建設創新資源集聚、孵化主體多元、創業服務專業，「創新—創業—創收—創富」的發展氛圍濃厚，集大數據人才服務、大數據技術服務、大數據知識產權服務、大數據諮詢服務、大數據創新創業交流平台等功能為一體的大數據創新廣場；建設基礎設施和配套設施完善、生態環境優美，涵蓋大數據孵化器、眾創空間、創客產業園、雙創研究院、人才公寓、綜合服務中心、海內外人才工作站等的大數據人才小鎮；建設成長性好、創新力強、貢獻度高的大數據龍頭企業總部落戶、集聚和發展的大數據企業總部基地；建設聚合政策、技術、實驗室、資本、人才等多重優質資源，全方位發揮公安大數據在服務國家和社會治理、經濟社會發展等價值的公安部南方大數據基地。

以大數據樂齡公園為核心建設大數據健康城。以大數據樂齡公園為核心，打造「智慧、醫養、生態、康復、產融」為一體，發展「醫療康復＋『休閒運動養身』『智慧旅遊養心』『幸福益壽養老』」的大數據健康城，構建「預防—診療—治療—康養」全生命週期的健康消費生態圈，開發智慧醫療影像、智慧醫療問診和分析系統、智慧醫療機器人、智慧醫療設備、智慧藥物挖掘、智慧醫療可穿戴設備等產品；布局標誌性公園化養老綜合體、現代醫療產業園和度假休閒功能區；建設具有全國意義的標誌性公園化養老綜合體，涵蓋大數據養老綜合服務大廈、大數據養老公寓、老年大學、養心公園等。建設醫學、醫療、醫藥融合，集醫療、科研、教學、預防保健等功能為一體的多專科聯合體醫院、高效率低能耗的智慧化現代醫療產業園；建設集綠色農業親子體驗區、運動休閒體驗區、民俗文化傳承發展區等於一體的度假休閒功能區。

以融合應用為核心打造大數據智慧體驗集聚區。在「數博大道」核心區布局以融合應用為核心的大數據智慧體驗集聚區，北至金朱東路，南至觀山東路，西至會展北路、會展南路，東至長嶺北路；強化大數據與實體經濟、民生服務、社會治理的深度融合，提供「數博大道」APP、無人駕駛體驗、大數據文化體驗、大數據智慧社區體驗以及智慧購物中心、無人超市、無人機、5G、VR、能源步道太陽能發電及充電樁等集中深度體驗，打造體驗前沿科技訊息技術、展現大數據時代智慧生活、彰顯智慧城市建設成就的大數據智慧體驗集聚區；提供共享智慧出行與互聯網、人工智慧的跨界融合，呈現智慧出行發展最新成果，探尋未來出行產業發展路徑的無人駕駛體驗；打造集「科技、動感、學習、探索、體驗」為一體的大數據文化走廊，涵蓋大數據閱讀數據庫和大數據閱讀體驗平台、典藏文獻VR三維全感閱讀館、科幻電影主題沙龍、大數據文化商業步行街，以及現代光色視覺與文化內涵兼備的燈光秀、音樂秀、噴泉秀等；建設基於訊息化、智慧化社會管理與服務的大數據智慧社區，創新人臉識別門禁、智慧樓宇、路網智慧監控、智慧社區醫療服務中心、智慧安全防控、智慧應急處置、智慧物業管理、社區電商服務、智慧居家養老服務、智慧家居等多種智慧服務。

❸ 百億大道、千億大城

貴陽依託現有貴陽大數據生態產業園、貴陽國際會展中心、貴州金融城、貴州科學城、貴州大數據城等重要功能板塊，建設大數據金融城、大數據產業城、大數據健康城和大數據智慧體驗集聚區，二〇一九年年底，完成「三城一區」建設。到二〇二一年年底，貴陽將全面建成「數博大道」核心區，實現年產值一千億元以上，稅收一百億元以上，將「數博大道」核心區建成「百億大道、千億大城」。

「數博大道」是集產業大道、智慧大道、創新大道、展示大道、體驗大道、生態大道、文旅大道功能為一體的「中國數谷」的核心區。貴陽透過充分整合併優化配置資源，集聚高端創新要素，提供優質共享公共服務，涵養人文精神，全面提升「數博大道」發展能級。做大做強、做優做美「數博大道」，使其成為「中國數谷」乃至國家大數據（貴州）綜合試驗區的強大引擎，打造成以大數據產業高度聚集、中高端消費和中高端製造為重點的實體經濟集群發展、大數據與實體經濟深度融合、大數據創新力度顯著增強、大數據治理精準施策、大數據服務精準高效的「中國數谷」核心區。

產業大道。聚焦大數據、人工智慧、5G、物聯網、區塊鏈、量子通訊等數位經濟發展新領域，發展航空航太、高端裝備、新材料、新能源、電子訊息等現代製造業，生物工程、基因工程、生命科學、「互聯網＋大健康」等大健康產業，「雙創」經濟、總部經濟、會展經濟、現代物流、電子商務、互聯網金融、軟體及服務外包等現代服務業，綜合發展旅遊服務、商業商務、休閒娛樂、居住生活等復合產業功能，貴陽將把「數博大道」打造成大數據產業高度聚集、大數據與實體經濟深度融合、大數據創新力度顯著增強的產業大道。

智慧大道。貴陽立足打造智慧、便捷、高效的智慧大道，引進一批大數據、人工智慧、物聯網、區塊鏈應用及終端設備布局「數博大道」，優化路網體系，構建一體化快速交通，實施「互聯網＋便捷交通」行動，打造智慧交通管理，推進智慧站點、智慧停車等設施建設；以共享為途徑，推進智慧政務、智慧教育、智慧醫療等大數據公共服務設施建設，重點推進沿線智慧社區建設，多樣化、多方式展示「數博大道」前沿技術創新應用，透過建設一體化的智慧全服務，實現「數博大道」管理核心功能及區域行業增值服務。

創新大道。貴陽注重大數據發展帶來的革新、注重產業體系的創新構建、注重技術運用的創新引入、注重區域發展理念的創新應用、注重空間形態與平台構建的創新融合，將努力建設大數據應用場景轉化與推廣平台，引導大數據應用場景的推廣和發展，全力推動人工智慧、物聯網、區塊鏈、大數據等場景應用加速發展與聚集；加快沿線高層次人才公寓、專家樓建設，著力打造一批大數據孵化器、眾創空間和創客產業園，推進一批異地孵化器和研究院建設，將「數博大道」打造成為全國大數據創新創業的首選地、築夢場和試驗田。

展示大道。創建獨特的空間環境，優化重要景觀廊道、重要視點、城市地標，以及公共開敞空間布局，保持建築與自然環境的和諧關係，凸顯沿線自然山水格局形態的延續性和完整性。結合大數據特色在重要的城市公共空間，打造國際一流的現代光色視覺與文化內涵兼備的燈光秀、音樂秀、噴泉秀等，透過人工智慧、物聯網等技術實現科技照明、影像監控、智慧交通、態勢感知、環境治理、城市 Wi-Fi、智慧應急、道橋安全、節能減排、文化旅遊、城市生活、智慧停車等科技應用展示和科技服務展示，將「數博大道」打造成為世界領先、全國一流、絢麗多姿的展示大道。

體驗大道。加快數據融合技術在「數博大道」的應用，打造工業數據融合平台、金融行業數據融合展示中心、旅遊大數據融合展廳、民生大數據融合示範平台等數據融合應用場景。大力發展無人駕駛體驗、VR三維全感閱讀館、大數據閱讀數據庫等大數據文化體驗內容，打造大數據智慧體驗集聚區、大數據娛樂城，建設標誌系統、民族雕塑等特色文化形象工程，完善文化長廊、廣場等文化休閒設施，借鑑好萊塢星光大道和環球影城建設模式，將長嶺北路打造成大數據星光大道和體驗大道。

生態大道。建設「數博大道」生態綠廊，利用沿線城市公園、生態綠地優美的自然景觀資源，重點提升打造小灣河濕地公園、大數據創客公園、觀山湖公園、白雲鐵路記憶主題文化公園、羅格湖公園等十大生態公園，將技術創新與城市建設結合，把大數據發展元素融入標誌性景觀系統、道路景觀系統、邊界景觀系統、城市區域景觀系統、節點景觀系統等，體現貴陽市獨特的山水生態城市特色，搭建生態雲端平台和生態環境監測調度指揮平台，構建覆蓋大道的生態感知物聯網，推動「大數據＋大生態」融合發展，將「數博大道」打造成為山、水、林、湖、園、綠有機串聯的生態大道。

文旅大道。利用互聯網和大數據加快建設「數博大道」智慧旅遊綜合服務體系，加快沿線吃、住、行、遊、購、娛六大旅遊要素完善提升，沿線重點布局城市藝術櫥窗、旅遊公共設施結合文化休憩空間、口袋公園、可移動式旅遊服務驛站等「潮貴陽」旅遊文化產品，深度挖掘提煉數據文化、會展文化、美食文化、旅遊文化「四大文化」，大力開發文創街區和文化休閒旅遊街區，將「數博大道」打造成貴州文化旅遊融合發展的展示窗口。

第3節・數智貴陽：塊數據城市的構想與實踐

城市是人類最偉大的發明之一，城市發展進程中的每一次典範轉型，都是對原有秩序的重構，數據驅動的智慧城市背後的新技術、新產業、新業態和新模式，引發了諸多行業的顛覆性變革，很多慣性思維正在加速瓦解，在此過程中，也湧現出更多機遇。貴陽塊數據城市的崛起，是高度重視理論創新的作用，是增強理論自信與戰略定力的結果，「中國數谷」正在成為數位中國的縮影。從更為長遠的意義看，貴陽塊數據城市的實踐為中國城市，甚至全球其他城市未來的發展提供了可資借鑑的樣本。就似歲末年初的隱喻一樣，城市建設正在翻開新的篇章。塊數據城市建設取得了非凡的成就，並不意味著思考和探索的終點，它更像是一個持續性時代課題的起點，指引我們找到屬於自己的通向未來世界的窗口。

❶ 數據開放成為城市生活品質新標誌

城市是人的城市，生活品質是衡量城市文明的重要標誌。在萬物互聯的大數據時代，共享開放是數據的本質特徵，誰共享開放的數據越多，誰獲得的價值就越大。衡量一個城市數據共享開放的標誌，不僅要看這個城市跨部門數據共享共用及其重要領域政府數據面對社會開放的程度，而且要看這個城市數據共享統一平台數據匯聚整合和關聯應用，以及政府與社會合作開發利用數據的程度，更要看這個城市對數據安全和個人訊息的管理和保護程度，這也是衡量塊數據城市的重要標誌。

數據共享開放程度，關鍵在於數位政府的建設程度。數位政府建設可以從兩方面來理解：第一，對政府內部，透過數據開放共享，突破各部門、各地區的「數據孤島」與「利益藩籬」，推動條塊體制改革，構建高效的辦事網路，有效節約辦事成本；第二，政府對外透過開放數據戰略的實施，有效調動社會力量對於數據資源的開發和利用，創造數據價值、釋放數據活力。與傳統治理模式相比，數位政府呈現出一系列新的轉變與特徵，即由封閉轉為開放，由單向轉為協同，由權力治理轉為數據治理。實現政府數據開放共享，是建設數位政府最緊迫的任務之一。

有效推進政府數據的開放共享，需要進一步完善政府數據開放清單，構建統一的數據標準體系，聯通各個部門和地區的數據平台，同時在數據開放共享的過程中保障數據安全。梳理政府數據開放清單，是政府各領域數位資源整合的起點，應在充分保障國家機密、商業祕密和個人隱私不受侵犯的前提下，綜合考量數據的特質、應用場景、權屬等要素，分門別類編制開放清單，嚴格劃定無條件、有條件及不予開放的範圍邊界。此外，特別對於交通、醫療、文化、科技、氣象等有益於促進民生發展的數據，政府可考慮向社會優先開放。

統一數據標準體系，是實現政府數據共享開放的重要前提。政府應加強大數據標準化的頂層設計，盡快公布相關建設指南，開展關鍵技術、工程和行業領域標準的研製工作；建立完善包括數據、技術、平台、管理、安全及應用的大數據標準體系，並在重點企業、行業、地區先行探索試驗和示範工作；推動標準化工作的國際化進程，加強國際的組織交流，鼓勵和引導產學研充分參與國際標準化的工作與活動，擴大國際影響力並進一步獲取關鍵標準的主導權。

構建集中的數據開放平台建設，是實現政府數據有效聯通的物理基礎。在加快構建國家政府數據統一開放平台的工作中，營運者關鍵要利用好平台的集聚優勢，將所開放的數據匯總起來統一管理和維護；提升平台內開放的數據品質，為社會公眾提供完整、原始、可機讀、高價值的數據資源；打破「數據孤島」，促進各個部門之間的交流融合，實現各類數據最大限度的開發利用；有效運用相關儲存、分析、可視化等技術，優化平台數據處理功能，並嘗試為訪問者提供個性化、多元化、交互式的功能和服務，提升用戶體驗。

有效管控數據開放過程中的風險，是政府數據開放可持續進行的保障。數據的開放和流通中存在隱私洩露、原始身分數據保護、駭客攻擊、數據竊取等隱患，因此，政府要加快建立並完善相關安全管理制度與保障系統，並優化平台的保護和監管：一方面要充分運用數位加密、身分認證、入侵監測等技術，進一步保障物理、數據鏈路、網路、傳輸和應用等各個層面的事前安全防護；另一方面還應強化對數據資源建設的審計監督，建立健全事後的安全應急處理機制與災難恢復機制。

❷ 數據力成為塊數據城市核心競爭力

數據力是塊數據城市的核心競爭力。數據力是大數據時代人類利用數據技術認識和改造世界的能力，它既是一種認知能力，又是一種發展能力，歸根結柢是一種數據生產力。塊數據理論認為，數據之間存在相互作用，這種相互作用是因為數據質點之間的數據引力形成的數據引力波。數據引力波將大量的零散、割裂的數據有機地關聯起來，極大地釋放數據力的潛在價值。由於數據引力波的推動，組織之間可以實現完全對接，對數據的追本溯源將形成全鏈條數據力合力，將海量數據轉變為直接生產力，從而實現數據力的極大解放。

數據處理能力是數據力最主要的組成要素，數據處理能力的水準是判斷數據力水準的重要標誌。未來城市的核心競爭力關鍵取決於它的數據處理能力。在大數據時代，數據力和數據關係的相互作用以及數據處理能力的提升，將幫助我們實現把所知的未知變成所知的已知，並找到未知的未知，將之變成所知的未知，甚至是所知的已知。在大數據時代，我們最缺乏的不是數據技術，而是運用數據技術對數據有用性和有效性的認知和挖掘能力。這些能力包括數據蒐集能力、數據儲存能力、數據關聯分析能力、數據活化能力和數據預測能力。一個城市的競爭優勢，不僅在於它天然的資源和獨特的要素等顯在優勢，更重要的在於它的潛在的能力建設，尤其是數據處理能力，核心是創新。

從支持創新的基礎環境看，更重要的是軟環境，集中體現為營商環境，城市應抓好監管環境和商事環境兩個方面：一方面，企業設立推行便利化、電子化，在更多領域實行企業開辦註冊形式審查，減少註冊要件、壓縮開辦流程，實行企業註冊登記全程電子化，加快拓展電子營業執照適用範圍；另一方面，企業註銷實行簡易制、承諾制，進一步降低簡易註銷標準、放寬簡易註銷範圍，推廣投資人承諾書和信用查核機制，加快工商、稅務部門聯合登記、訊息共享和監管協同，大幅降低企業註銷成本。

從支持創新的基礎設施看，在互聯網和數位經濟快速發展大趨勢下，訊息通訊基礎設施投入對創新的影響越來越大。從實踐看，近年來中國在電子商務、移動支付、共享經濟等方面表現亮眼，但更多源於中國龐大的互聯網用戶基數和「流量變現」能力，很多模式都是複製或模仿美國互聯網公司，在創新層面並沒有太多突破。塊數據城市建設要更加重視訊息基礎設施的戰略地位，加快建設一批高速骨幹線路，擴建一批寬頻接入網路，升級一批應用基礎設施，進一步提升訊息基礎設施整體水準和支撐能力。

從創新的主體看，小型企業是從事創新活動數量最多、機制最靈活、嗅覺最敏感的市場主體，尤其是科技型小型企業，很多是基於發明創造或專利產品而創辦的，市場對小型企業的資源投入，一定程度上反映了市場對創新活動的資源投入，其中最重要的資源是金融資源。塊數據城市是金融科技高度發達的城市，更多利用互聯網、大數據、雲端運算等技術，改進小型企業融資審批技術，推動普惠金融業務可持續發展。

從創新的方式看，創新方式主要有三個類型：一是自身創新；二是融合創新；三是吸收創新。融合創新是中國的明顯軟肋。塊數據強調的是融合思維，融通發展可以發揮高校、科研院所、企業各自優勢，加快創新成果產業化，提升創新成果「含金量」。但囿於體制機制存在的阻礙，融通的渠道還不夠通暢、發展的動力還不夠強勁。塊數據城市建設需要大力推動基礎研究和應用研究融通發展，促進創新資源開放共享，進一步提升創新的協同效率。

從創新的成效看，衡量知識技術產出成果主要關注知識產權收入占貿易比重、軟體支出占 GDP 比重、論文引用數量。知識產權收入體現了科技成果的最終轉換價值，這也是國家科技競爭力最直接的體現。軟體是知識技術研發的重要成果載體，軟體支出占 GDP 比重一定程度反映了知識技術研發的實際成效，體現了以訊息行業為代表的許多科技領域最終轉換價值。論文是否被引用，是衡量論文價值的最直接體現。

❸ 數位經濟成為城市發展新的增長極

只有用天藍、地綠、水淨來調色，為老百姓留住鳥語花香田園風光，城市才會因為有了生態美的支撐而更加閃亮。黨的十九大報告指出，「我們要建設的現代化是人與自然和諧共生的現代化，既要創造更多物質財富和精神財富以滿足人民日益增長的美好生活需要，也要提供更多優質生態產品以滿足人民日益增長的優美生態環境需要」。綠色發展是綠色與發展的統一，是城市美好生活的一部分，是市民的熱切期待和共同訴求，是塊數據城市一以貫之的發展理念。

塊數據經濟是一種新的經濟模式，具有資源數據化、消費協同、企業無邊界、零邊際成本、極致生產力等特徵。塊數據透過平台集聚各方需求，放大了創新、營運等各個方面的價值關聯，實現了新科技革命和新產業變革的深度交叉和融合。塊數據經濟強調透過容錯性創新試驗，促進大數據全產業鏈的匯聚、融通和應用，並推動傳統產業與大數據融合發展，引領經濟社會發展高品質演進和系統性提升。以塊數據為核心的數據驅動將解構和重構資源配置方式，從競爭逐利到合作共贏、從訊息不對稱到交互零成本、從集中化到平台化、從流程化到模組化、從重資產到輕資產、從點對點到多對多，試圖完全「建立一種新的生產函數」，把從來沒有的關於生產要素和生產條件的「新組合」引入生產體系，從根本上改變了傳統生產力與生產關係，深刻地推動整個經濟結構的變革和價值鏈重構。這種重構將進一步改變社會關係，實現效率與公平的高度統一，從共享經濟邁向共享社會，實現共享城市。

❹ 治理科技成為城市管理服務新模式

數據是一個國家的基礎性戰略資源，也是一種寶貴的城市治理資源。從全球範圍看，「運用大數據推動經濟發展、完善社會治理、提升政府服務和監管能力正成為趨勢」。政府是城市數據最大的生產者和擁有者，數據治理已成為政府治理能力現代化的核心。

數據作為城市的重要資產，也是政府治理的重要手段。透過塊上集聚形成一種具有內在關聯性的數據，預示著廣泛的公共需求和公共產品，蘊含著巨大的價值和能量。這些數據深刻地影響並改變著政府的治理理念、治理典範、治理內容和治理手段，將徹底顛覆傳統的以訊息控制與壟斷來維護權威的治理模式，真正建立起一套「用數據說話、用數據決策、用數據管理和用數據創新」的全新機制，幫助政府最終把權力關進「籠子」，實現創建法治政府、創新政府、廉潔政府和服務型的目標。

一個城市數據治理的核心，不能停留在數據驅動決策、數據驅動管理、數據驅動服務的運作層面，更重要的價值是實現基於數據的城市治理。這個治理是一種極致扁平、開放共享、高效運作的政府治理，它應該包括但並不局限以下特徵：

數據治理必須打破原有公權力對數據傳播流向和內容的控制與壟斷，極大地提升政府治理的「能見度」，構建一個政府和社會數據資源之間的全連接、全流程和全覆蓋框架，打通政府部門、企事業單位之間的數據壁壘，實現合作開發和綜合利用，有效促進各級政府數據治理能力提升。

數據治理必須為公眾直接參與經濟政治生活提供平台，政府權力逐漸流向社會。大數據與互聯網、微信、微博等新媒體深度融合，可以突破時間和空間的限制，從更深層次、更廣領域加強政府與民眾的互動，形成多元協同治理的新格局。

數據治理以數據科學為基礎，以統計軟體和數學模型為分析工具，以數據的匯聚整合和關聯分析為支撐捕捉現在和預測未來，不斷提高監管和服務的針對性和有效性，尤其是對突發事件的預測和應急響應以及普遍的風險防範，從而實現政府決策的數據化、精準化和科學化。

數據治理在塊數據思維引領下，在數據空間重新構建整個公共服務供給體系。這種基於數據消費、數據服務和數據福利的數據惠民，將推動整個數據應用領域的全面升級，促使政府職能轉型、政府流程再造和政府服務能力提升。隨著對公共服務長尾需求的不斷挖掘，政府以定製化方式開發更多數據惠民產品，推動政府公共服務創新和價值再造，形成以人為本、惠及全民的數據化民生服務新體系。未來城市公共服務數據化的重點，不僅體現在公共事業、商事服務、市政管理和城鄉環境方面的數據化，還體現在養老服務、勞動就業、社會保障，以及文化教育、交通旅遊、品質安全、消費維權和社區服務等領域的全面數據化。依託塊數據的匯聚、融通和應用，政府將更加全面、更加精準、更加有效地洞察和滿足人民群眾日益增長的數據需求。

數據治理為技術反腐和廉潔政府建設提供機制和保障。貴陽四十多個政府部門全面推進的「數據鐵籠」工程正是數據治理在技術反腐與廉潔政府建設中的生動運用。「數據鐵籠」是以權力運行和權力制約的訊息化、數據化、自流程化和融合化為核心的自組織系統工程。

它以「問題在哪裡、數據在哪裡、辦法在哪裡」為導向，建構了以開放共享的治理理念、規範透明的權力體系、跨界融合的平台支撐、持續改進的流程再造、精準有效的風險控制和多元治理的制度保障為主體的創新模式，真正實現了把權力關在數據的「籠子」裡，確保「人在幹、數在轉、雲在算」。

❺ 利他主義數據文化成為新城市文明

大數據不僅是新的科技革命和產業變革的引爆點，更是一種新的世界觀、新的價值觀和新的方法論。從條數據到塊數據的融合，從條時代向塊時代的邁進，整個人類社會的思維模式和行為典範將產生根本性、顛覆性變革。塊數據倡導開放、融合、共享的價值理念，數位社會的關係結構決定了其內在機理是去中心、扁平化、無邊界，基本精神是開放、共享、合作、互利。這些特徵奠定了這個社會「以人為本」的人文底色，也決定了這個時代「利他主義」的核心價值。巨大的合作剩餘孕育出利他精神，利他主義可以讓人們走出囚徒困境的泥淖。利己與利他是辯證統一的，要想利己必先利他，只有利他才能更好地利己①。

① 諾貝爾經濟學獎獲得者、美國經濟學家米爾頓・弗里德曼有過精闢的概述：不讀《國富論》不知道怎樣才叫「利己」，讀了《道德情操論》才知道，「利他」才是問心無愧的「利己」。

傳統秩序是中心化、等級制、獨占性的，新秩序將建構在去中心、扁平化、開放性基礎之上，這決定了數據人的本質是共享利他。利他主義具有促使他人得益的行為傾向，是一種內化的精神需求，一種外化的自覺行動。大數據時代下，這種利他主義的最大公約數是促進數據權利、利用、保護與價值融為一體。利他主義的價值主張提升了人們讓渡數權、共享數權的主觀意願，從而促進讓渡行為、共享行為的正向轉化。「人是人的作品，是文化、歷史的產物」（費爾巴哈），人性總會打上時代的烙印，隨著時代的洪流演化和發展，人性必然會帶動法價值的演化和發展。數據人所代表的人性在大數據時代的變遷，最終必然帶來法的安全、共享和利他價值的變遷。

人完全有可能也有能力摒棄惡的成分，不斷擺脫人性中的「獸性」以提高善性，至少可以減少作惡的可能性和趨向。歷史證明，隨著社會的發展和文明程度的提高，人類野蠻、貪婪、自私等成分越少，而利他的心理、內心的法律、共享的理念等則成為生活的主旋律，人類走上了一條利他性主導的發展道路。在人類社會中，人人都以利他為行為準則是一種理想狀態。當數據資源產品極大豐富可按需分配時，人們的公平、共享觀念將深入人心，數據勞動成為一種樂生的手段，利他主義將會大大增長。隨著時代的變遷、社會的發展，利他的價值定會日益凸顯，利他的文明之花必將綻放。

4

CHAPTER

馭數之道・數化萬物，智在融合

當前，融合已成大數據發展的顯著特徵。萬物皆可數位化，融合催生無限可能。融合是大勢所趨，融合是人心所向。只有融合，才能讓數據釋放價值、爆發力量，才能實現以訊息化培育新動能，用新動能推動新發展。貴州加快大數據與實體經濟、鄉村振興、服務民生、社會治理的深度融合，強化對大數據相關企業、高科技領域和各類人才的引進支持力度，把融合貫穿於發展大數據產業的全過程、各要素、各環節，做大做強數位經濟，持續推動了經濟從高速增長轉向高品質發展。百舸爭流，奮楫者先。貴州牢牢把握大數據發展的重要機遇，堅定不移實施大數據戰略行動，做足「融合」文章，讓「智慧樹」根深葉茂，讓「鑽石礦」流光溢彩，奮力開創數位經濟美好未來！

第1節・「數據鐵籠」：大數據吹響權力監督哨

二〇一五年一月三十日，貴陽規範制約權力實施「數據鐵籠」行動計劃新聞發布會召開，提出要「運用大數據編織制約權力的籠子」。貴陽全面推進「數據鐵籠」建設，促進公權力運行監督從「制度鐵籠」到「數據鐵籠」的轉變，構建「數據鐵籠」工程建設「一個體系、兩個標準、三個問題、四個關鍵、五個統一」的整體架構，建立權力運行和制約的新機制新模式，把權力關進數據的籠子裡，讓權力在陽光下運行。透過深入的理論和實踐探索，逐漸形成了「數據鐵籠」的貴陽方案，成為可供全國借鑑複製推廣的經驗模式，對促進國家治理能力和治理體系現代化具有重要意義。

❶ 把權力關進數據的籠子裡

「數據鐵籠」是運用大數據思維和相關技術，將行政權力運行過程數據化、自動流程化、規範化，對權力清單、責任清單、「三重一大」事項清單、風險清單、行政業務流程等權力運行過程的環節實現監管、預警、分析、反饋、評價和展示，構建大數據監管技術反腐體系，減少和消除權力尋租空間。權力可視化、監督具體化、管理預判化，變人力監督為數據監督、事後監督為過程監督，貴陽打造的「數據鐵籠」，是促進黨風廉政建設，提升政府治理能力，實現治理社會化、智慧化的創新探索。

1. 大數據吹響權力「監督哨」

大數據時代到來，如何借助大數據制約和監督權力運行，成為大數據反腐創新亟須解決的關鍵問題。

「數據鐵籠」是利用大數據技術實現反腐的應用創新，是以應用為導向實現政府治理能力提升、公共服務模式轉型，以及技術監督反腐體系完善的重要載體。把權力關進數據的籠子首先是權力數據化，具體表現為從權力運行到權力制約，從政務訊息公開到數據開放共享，真正做到從科學確權、依法授權、廉潔用權、精準管權、多元督權的全過程處處留痕、處處追蹤、處處監督、處處預警、處處防範，實質就是透過對權力運行軌跡所產生的數據進行記錄、融合分析，用大數據的方式管住人、事、權，實現把權力關進數據籠子。

貴陽「數據鐵籠」工程建設正是以政府訊息化系統和數據為基礎，不改變原有系統的業務流程與工作模式，以行政權力為依據，建設實施依託「雲上貴州」貴陽分平台，其數據支撐依託貴陽市人民政府數據共享交換平台，對相應的業務與權力事項進行監督；透過對權力行使行為進行留痕存證，嚴控違紀、違規、違法行為，有力支撐法律法規建立起來的「不敢腐」的威懾力；透過對權力行使流程進行建模分析，尋找潛在風險、填補監控盲區、構建防控機制，夯實鞏固制度規章構建的「不能腐」的保障力；透過對權力行使的全領域、全環節、全週期監督評價，監督考評政府各部門每一個公職人員的工作成效，從根本上消除腐敗動機，達到「不想腐」的行為習慣和自覺性。

2.「數據鐵籠」工程體系架構

「數據鐵籠」透過數據描述使權力運行具體化、精準化、可視化，及時發現和捕捉權力運行過程中的異常狀態，最大限度堵塞漏洞，使監督執紀更加科學、精準、有效。貴陽「數據鐵籠」工程建設，構建了「一個體系、兩個標準、三個問題、四個關鍵、五個統一」的整體架構。

建立一個體系：權力運行和權力制約體系。「數據鐵籠」工程體系分為子籠系統與總籠系統。「數據鐵籠」子籠指市直各部門、各區（縣）的「數據鐵籠」監控平台，提供對部門內行政權力運行的數據融合、分析、監管、預警、反饋、評價和展示等功能應用，並與市級總籠相連實現相關數據交換。總籠是針對全市跨區域、跨部門、跨行業的大數據市級「數據鐵籠」監控總平台，與市級各部門、各區（縣）「數據鐵籠」子籠相連，實現各級單位權力運行相關數據匯聚，並提供各子籠運行情況監測和對各級行政權力運行的數據融合、分析、監管、預警、反饋、評價和展示等功能應用。這兩個層級的系統業務上為總分關係，架構上為兩級級聯，功能上互為補充（見圖4-1）。

制定兩個標準：權力數據化，數據標準化。「數據鐵籠」工程建設的重要條件是權力數據化。權力數據化的基礎是數據標準化。「數據鐵籠」工程建設需要依賴兩個標準：一是數據圖層標準化；二是數據代碼標準化。透過兩個標準，推動數據匯聚、融合、開放和共享，實現「訊息化、數據化、自流程化和融合化」的自組織運行。

解決三個問題：問題、數據、辦法在哪裡。「數據鐵籠」工程建設的關鍵是回

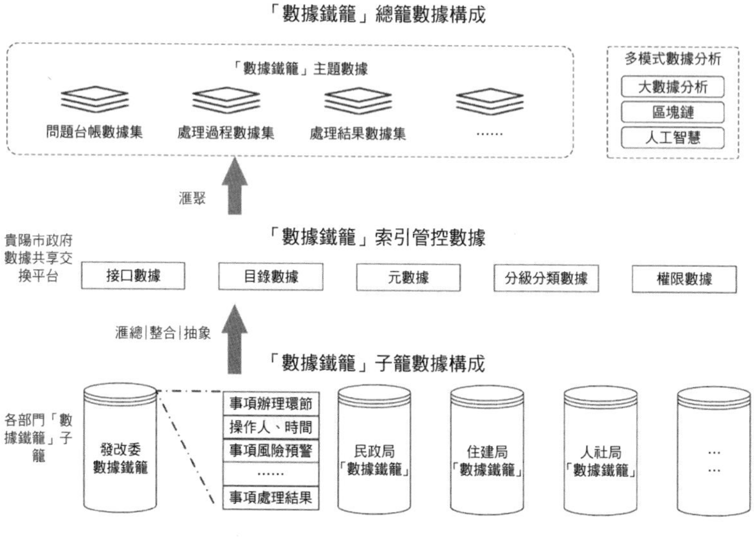

圖 4-1　「數據鐵籠」子籠與總籠數據關係圖

答並解決好三個問題：一是問題在哪裡，核心是全面梳理難點、痛點、風險點，找準問題本質；二是數據在哪裡，核心是全面挖掘數據資源，強化數據關聯分析；三是辦法在哪裡，核心是全面提升數據應用價值，提出權力風險預警預測及控制解決方案。

抓好四個關鍵：重大決策、行政審批、行政執法、黨風廉政。「數據鐵籠」工程建設的關鍵點，是對權力運行進行風險預警和控制。根據權力的風險點，建設過程中主要是重點掌握四個方面的風險預警控制系統：一是重大決策風險預警控制系統；二是行政審批風險預警控制系統；三是行政執法風險預警控制系統；四是黨風廉政風險預警控制系統。針對這四類業務系統，「數據鐵籠」建立行政風險點數據庫、行政風險預警防控模型數據庫、行政風險比對基準數據庫和行政風險事件預警處置數據庫，實現行政風險事件的自動提取、預警提醒、督辦警告或控制限辦，完成風險督察、風險處置和風險防控。

推進五個統一：一圖一卡一機一庫一平台。「數據鐵籠」工程建設構建「一圖、一卡、一機、一庫、一平台」的融合支撐體系。一圖就是重大決策、行政審批、行政執法、黨風廉政大數據分析應用，統一以一張空間圖為基礎；一卡就是身分數據識別，以一卡為主、多卡融合為目標；一機就是以智慧終端為載體；一庫就是構建一個統一的共享交換數據庫；一平台就是在七大模組基礎上建立統一的「數據鐵籠」可視化分析平台。

3.「數據鐵籠」建設「四部曲」

訊息化。政府各部門充分運用互聯網、雲端運算和大數據等技術，推動政務管理和公共服務訊息化；堅持依據公開、流程公開、過程公開和結果公開，做到行政決策過程、行政許可過程、行政執法過程和市場監管過程的全記錄，形成層級監督、閉合監督、執行監督和社會監督，推動數據實現自動化蒐集、網路化傳輸、標準化處理和可視化運用。

數據化。政府各部門依據法律法規對行政職權及其依據、行使主體、運行流程、對應責任等進行全面梳理，對行政許可、行政服務和行政處罰自由裁量權等行政事項中的風險點進行全面清理，從群眾關注度高、權力尋租空間大的熱點業務著手，明確權力界限，排查風險類別，編製好「三清單一流程」，做到權力可分割、可度量、可計算、可重組、可規範，實現數據可公開，來源可追溯，去向可追蹤，責任可追究。

自流程化。政府各部門在訊息化和數據化基礎上，強化權力運行的數據關聯分析，形成權力數據自動蒐集、自動儲存、自動比對、自動活化、自動預警、自動推送的自組織系統；強化權力主體身分數據分析，建立個人廉政風險檔案；強化權力主體行為及權力運行數據分析，實現權力痕跡全記錄和施政行為全追蹤；強化權力主體和權力行為的數據關聯分析，建立權力風險排查機制和廉政風險預警機制；強化權力主體思維數據分析，建立權力主體風險動機識別和權力風險來源追溯；強化權力主體風險預警數據分析，提出權力風險預測研判趨勢和廉政風險防範解決方案。從身分數據、行為數據、關聯數據、思維數據和預測數據的分析和研判過程看，用數據技術去分析人的行為，把握人的規律，預測人的未來，是自流程化的根本所在。

融合化。政府各部門加快政府訊息公開和跨部門數據開放共享，重要領域政府數據集向社會開放，重要政府部門訊息系統透過統一平台進行數據共享交換，實現政府人口基礎訊息庫、法人單位訊息資源庫、自然資源和空間地理基礎訊息庫與各領域各部門訊息資源匯聚整合和關聯應用，強化跨層級、跨區域、跨行業、跨部門數據比對和關聯分析，依法推動權力運行和權力制約的公開透明，推動行政管理流程優化再造，推動行政管理數據融合和公共數據資源在開放中共享，在共享中提升，在提升中轉化，在轉化中再造，讓「數據多跑路、百姓少跑腿」。

❷「數據鐵籠」的貴陽方案

「數據鐵籠」工程建設是一場數據驅動的創新改革，是包括理念創新、科技創新、管理創新、服務創新、模式創新、制度創新在內的全面創新。貴陽透過「數據鐵籠」建設，從嘗試探索到試點建設，從示範應用到全面推廣，形成了「數據鐵籠」的貴陽方案，在監督執紀、交通執法、住建監管、健康醫療、脫貧攻堅等方面形成了典型的場景應用。

1.監督執紀篇：「數據鐵籠」嚴防紀檢監察「燈下黑」

二〇一五年十一月，貴陽市紀委監察局作為貴陽「數據鐵籠」建設第二批試點成員單位，較早啟動了「數據鐵籠」建設，探索用大數據技術強化紀檢監察機關內部監督的新路，建立數據共享分析機制，實現權力風險點的預警和監督，解決「誰來監督監督者」的問題。對黨風廉政建設中的風險點和異常行為，透過訊息化系統向主體責任和監督責任擔負對象推送各類訊息、提供各類決策建議，有效解決權責不清、邊界模糊、責任交叉、責任空檔等問題，增強了反腐敗工作的主動性、精準性和預判性。

科學嚴密的內部監督機制。根據數據統計分析，紀檢監察幹部違反工作紀律和廉潔紀律，突出表現為「不作為、慢作為、亂作為」。借助「數據鐵籠」工程建設，建立更加科學嚴密的內部監督機制：一是對紀檢幹部精準畫像、管控風險，解決好「誰來監督監督者」的問題；二是數據共享、流程再造，提高工作效能，實現從「管制風險」到「規制權力」，再到「用好權力」的轉變。

紀檢監察部門實現三類監督。紀檢幹部行為監督，從紀檢幹部的守紀律、工作品質、工作效率進行全方位監督；紀檢業務辦理監督，主要包括信訪監督系統、紀律審查監督系統、黨風政風監督系統和巡視監督系統；公眾服務監督，透過輿情分析、政務公開、意見建議蒐集、權力公示等功能，使紀檢幹部的行政權力能運行在公眾監督的範圍之內。

系統平台實施流程監控。紀檢監察系統「數據鐵籠」主要由紀檢監察幹部監督哨智慧終端應用程序和大數據綜合分析展示平台兩個子系統構成。幹部監督哨智慧終端應用程序，可以即時蒐集幹部日常行為數據，為回答紀檢幹部「是誰、在哪兒、在幹什麼、怎麼幹的」等問題提供數據支撐；大數據綜合分析展示平台，運用大數據、雲端運算技術，採用管理專家設計的七十餘項幹部考核評價指標，將數據昇華到「幹得如何、能幹什麼」的系統化層次，實現對紀檢監察幹部的精準畫像、風險管控和效能提升。

2.交通執法篇：「數據鐵籠」嚴控交警執法「開綠燈」

貴陽市公安交管局作為「數據鐵籠」首批兩家試點單位之一，早在二〇一五年二月，就全面啟動了「數據鐵籠」行動計劃。「數據鐵籠」的實施強化權力監督制約，優化、細化、固化權力運行流程和辦理環節，規範權力邊界，紮牢制度籠條，斷絕權力尋租，防控權力濫用。透過大數據把執法權力關進數據的籠子，使之成為規範行政執法的重要「利器」，切實管住人、事、權。貴陽市公安交管局在構建「數據鐵籠」大數據平台項目上，主要從業務流程影像記錄系統建設、窗口服務訊息化平台系統建設、大數據融合平台建設三方面入手，涵蓋了內部二十二個業務系統的數據融合及應用和業務流程影像記錄系統。

數據化的績效管理機制管住「人」。透過建立誠信效能執法系統和移動考勤系統，收集崗位訊息、信用等級、時間軸和時間銀行等基礎訊息，對機關、窗口、執勤各類民警在日常工作中生成的考勤數據進行全面精確系統的分析，然後將分析結果及時記錄到系統中，同時將發現有違反工作紀律和規則的行為進行預警或異常訊息推送，達到隨時掌握、分析、提醒和永久記錄。讓民警的每項行動，都能實現可查、可控、可追溯。

數據化的業務制約模型管住「事」。交管局開發了警務通系統以及相關業務制約模組。警務通系統設置了包括機動車訊息、駕駛人訊息、現場執法、強制措施、違法通知、違停告知、大型車管理、訊息蒐集、未上傳查詢、法規查詢、二維碼、事故蒐集十二個模組，建立了酒駕案件辦理、小客車專段號牌管理等其他涉及交通安全管理權力風險的業務制約模組及三公經費等共性制約模組，讓各業務流轉環節的項目、內容和程序一目了然，減少人為因素影響，防止濫用自由裁量權行為的發生，基本實現了對重點環節的動態監督和適時預警功能，切實管住了事。

數據化的權力監督機制管住「權」。交管局在梳理細化了涉及交通安全管理的一十大類一百五十餘項權力，在建立二十類重點權力的風險制約拓撲圖的基礎上，實現各類業務數據的全過程、全涵蓋記錄，將各項工作置於音影像系統的監控和記錄之下。透過「輿論雲」等方式，適時搜索和抓取與交通管理、執法及交警權力運行有關的輿情數據，有效整合成二十餘個更具運用和挖掘潛力的塊數據系統。在此基礎上，交管局借助「數據鐵籠」大數據平台與移動端互聯互通，透過使數據化流程再造，建立相應完善的業務系統，讓數據記錄更符合融合運用規則，從而實現權力運行風險即時預警、即時推送，使得權力運行可視化、權力監督具體化，切實管住了權。

3.住建監管篇：「數據鐵籠」嚴查違法批建「通關費」

貴陽市住建局作為市直部門的首批試點單位，從二〇一五年二月正式實施「數據鐵籠」行動計劃。住建局將品質安全監管、遠程影像監控、建設工地環境監測、誠信體系、申訴糾正、業務聯繫等八個平台塊數據進行關聯分析，建立工作量、親密度、偏離度、超期量等指標分析研判體系和工作人員風險評估機制，使執法由「自由」向「不自由」轉變，管控腐敗發生的利益點，切斷「花錢過關」的利益輸送通道。透過依據、流程、過程、結果四大公開，業務辦理、行政調解、執法、市場行為四大記錄，層級、閉合、執法、社會四大監督，實現住建系統行政行為、市場行為可查詢、可追溯，實現標準透明、行為透明、程序透明、監督透明。

實現對行政行為全過程監督管理。住建局透過數據蒐集管理，搭建行政行為分析和監管平台，對現場全過程進行監督，使辦理程序、執法行為更加科學規範。開發業務辦理追蹤系統，方便服務對象，辦事群眾透過掃瞄手機二維碼，即時查詢業務辦理情況；辦事企業透過下載軟體，即時追蹤辦理全程。透過大數據分析比對，對業務辦理中「不作為、亂作為」、「吃、拿、卡、要」和「冷、硬、橫、推」等違紀違法行為進行監督，還透過蒐集誠信數據，搭建誠信數據平台，建立從業人員、服務企業、住建職能部門三個誠信評價體系，並將評價結果進行公示，應用在建築市場、房地產市場的監督管理工作中，把權力關進數據的籠子。

全方位提升行政效能。在「數據鐵籠」的運行下，住建局可以利用大數據對辦事人員在收件、拒件，以及最後審批透過中間的數據進行分析，如果過程中被拒絕的材料和第二次辦理的材料中間沒有什麼原則性的區別，就可以判斷出過程中出現個人干預的行為。透過大數據分析，住建局積極推進住建系統各部門間的訊息共享與交換，連接和整合各部門的「訊息孤島」，使管理者不僅能瞭解到過去發生了什麼，更重要的是可以預測未來將會有什麼樣的變化，從而幫助管理者更準確、快速地制定出相應對策，進一步提升行政效能和服務品質。

研判外業工作人員工作效率和風險值。透過實施「數據鐵籠」，住建局為住建系統外業人員配備執法記錄儀和執法終端，利用派單登記審批、GPS 定位簽到、執法問詢記錄、審核複查、拍照簽字等對整個外業行為數據全面蒐集記錄；對外業工作人員派單執行、現場服務、巡查次數、申訴糾正及工作量等關聯數據進行融合，抓取服務超期率、偏離率、親密度、異常率、工作量等數據訊息的分析，從而建立預警處置、動態管理、檢查評估為主要指標的保障機制；根據排查出來的風險點，設置職權的邊界，分類制定防控措施；透過對外業人員是否按固化流程完成規定動作、是否按固化次數對項目巡查、落實申訴問題是否符合實際情況進行數據分析，得出外業工作人員的風險評價。

4.健康醫療篇：「數據鐵籠」嚴打醫療腐敗「潛規則」

貴陽市衛健委對權力服務事項流程進行全面梳理，把握「痛點」，摸清「癥結」，打造醫療系統「數據鐵籠」，明確「1213＋N」①的平台架構，建設衛生計生系統塊數據中心，打破部門內部業務間、系統間、區域間的障礙，匯聚融通包括時間、空間、事件和人員、機構多維度的醫療衛生和人口健康管理大數據，形成衛生計生塊數據；開發規範權力運行和高效服務民生的業務應用平台，規範化和訊息化同步建設，用大數據監督醫療衛生領域權力運行，讓醫療腐敗行為無處遁形。

智慧執法終端規範衛生監督執法行為。透過安裝集成了日常監督執法、國抽雙隨機②任務和執法取證等功能模組的貴陽衛監APP應用，執法人員可即時向貴陽市衛生計生陽光服務平台和國家衛生和計生監督訊息平台推送現場檢查數據，現場列印執法文件，對衛生違法行為進行取證。這些措施提升了工作效益，全面推進衛生監督執法全過程記錄，實現把執法權力關進「數據鐵籠」裡。大數據預防體系促進醫療審批智慧化。貴陽市衛健委透過「數據鐵籠」建立規範、聯動、預警、評價四大預防體系，實現醫療機構審批過程規範化；透過部門聯動實現審批材料智慧化，對審批過程進行風險評估和風險預警；透過數據融合關聯分析實現事前、事中、事後全程自動預警，實現讓不規範狀態和「偽」工作狀態無所遁形。目前，貴陽市、縣兩級衛生、計生相關事項均集中在貴陽市衛生計生陽光服務平台，群眾可以透過此接口辦理業務，提高了辦事效率和辦事品質。

醫療數據共享推動層級聯動業務協同。貴陽市衛健委以國家醫療衛生資源整合頂層設計規劃為指導，公布《貴陽市健康醫療大數據應用發展條例》，推動市級區域人口健康訊息平

① 即構建一個塊數據中心，開發「衛生監督」、「資金管理」、「醫療機構審批」、「醫生護士註冊」、「項目監管」等二大類十七個業務應用，建立一份機構人員誠信檔案，搭建公眾、業務和監管三個門戶，結合廉政風險點和服務癥結點開發「N」個大數據碰撞制約模型。

② 指的是「隨機抽取檢查對象、隨機選派執法檢查人員」。

台建設。二〇一八年十二月二十日，「貴陽市人口健康訊息雲」手機APP——「健康貴陽」互聯網健康醫療應用程序正式向社會發布。該健康雲端平台已完成六個子平台、三十九個系統的開發建設，同時基於健康雲為核心，衛健系統實現人口基本訊息、基本公共衛生、婦幼保健訊息、醫療系統等平台數據的融合。聯通貴陽市、縣、鄉三級醫療機構訊息系統，打通貴陽市範圍內醫療數據通道。

健康醫療數據誠信檔案優化診療流程。貴陽市透過立法推動醫療衛生、人社等部門應用健康醫療大數據，對醫療衛生機構的醫療服務價格、居民醫療負擔控制、醫保支付、藥品耗材使用等進行即時監測。針對健康醫療衛生管理機構及行政人員和健康醫療衛生從業機構及從業人員的誠信建立評價體系，統一管理違法失信行為。

5.脫貧攻堅篇：「數據鐵籠」嚴抓扶貧領域「微腐敗」

貴陽市農業農村局以權力配置體系為基礎，以權力防控體系為目標，以權力監督體系為保障，建設「事人共管、經緯同構」的「數據鐵籠」系統工程。透過「數據鐵籠」實現數據融合，對精準扶貧過程採用訊息化、數據化、自動化監管方式，使各環節公開透明，形成對扶貧對象訊息進行動態管理的「智慧數據庫」，打造全領域、全天候扶貧責任監督模式的「數據機器人」，建立涉農資金使用過程監管的「數據千里眼」。這些措施為貴陽進一步完成精準扶貧中精準識別對象、精準制定計劃、精準開展培訓、精準實施援助、精準實施扶持的「五個精準」目標提供技術支撐，從而解決精準扶貧要「扶持誰、誰來扶、怎麼扶」的問題。

「智慧數據庫」實現扶貧對象訊息動態管理。貴陽按照「訊息到戶、真實準確、動態調整、進出有序」的要求，運用「數據鐵籠」加強扶貧對象訊息管理，定期識別貧困對象、及時更新貧困戶訊息，實現精準識別有證可查；綜合財政、扶貧、人社、國土、公安、統計、民政、教育等部門的數據，分析貧困戶致貧原因，準確瞭解扶貧需求，確保扶貧政策與扶貧對象始終精準對接；同時按照扶貧對象、目標、任務、措施、時限、責任「六個明確」的要求，建立健全精準扶貧工作台帳，做到戶有卡、村有簿、鄉有冊、縣有檔，加強督促檢查，精準謀劃，對扶貧對象訊息實施動態管理。

「數據機器人」實現扶貧責任主體精準監督。貴陽利用大數據技術整合監管方式，分三級預警，及時提醒待辦業務，同時採取核查材料、明查暗訪、深入項目、走訪群眾等方式，核實基礎訊息、保障依據、補助標準、發放情況等，對群眾反映強烈的問題進行重點調查核實，積極預防扶貧領域違法違規行為；對精準扶貧項目的工作台帳、進度計劃、資金使用、責任主體等進行追蹤監管，明確工作任務，壓實工作責任，傳導工作壓力，保障扶貧政策和扶貧資金精準落地、落實到位，責任權限溯源可查。

「數據千里眼」實現涉農資金使用過程監管。貴陽涉農部門依託大數據技術和網路平台，一方面設置板塊公開各類涉農補貼政策、補貼對象、補貼標準、補貼金額以及監管方案和程序，確保涉農資金安全、規範、有效運行；另一方面，運用大數據技術規範涉農資金管理、審批、使用等環節，尤其是規範村級涉農資金的審批和發放，對村、屯集體資金監管實行「公款公存公用」，注重過程管控和投資績效評價，不留空隙、不缺空位、不出現死角，最大限度地發揮扶貧資金的社會和經濟效益。

❸「數據鐵籠」的治理啟示

國家治理現代化本質上是國家權力配置與運行的轉型升級，要實現權力配置更加科學、權力運行更加有序、權力監督更加有效。貴陽編織「數據鐵籠」，依託大數據產業優勢，使權力運行全程數據化，促使行政權力部門認真履職、規範執法、優化服務，努力提高政府效能，對探索強化黨風廉政建設、推進行政權力法治化、破解為官不為現象和推動向服務型政府轉變，和對實現國家治理體系和治理能力現代化具有重要意義。

1.「數據鐵籠」推進主體和監督責任落實

貴陽將現代治理理念與雲端運算、大數據、人工智慧等訊息技術相結合，圍繞監督執紀「四種形態」①，利用「數據鐵籠」自動生成主體責任、監督責任、作風監督以及民生項目「四本」台帳，逐一釐清與行政權力相對應的責任事項、責任主體、責任方式，實現責任分解精準化、責任落實具體化、責任監察便捷化、責任追究鏈條化，解決以往責任分解不清、檢查流於形式、追責缺乏依據的難題，把監督執紀問責做深做細做實，從而貫徹落實「兩個責任」，把黨風廉政建設和反腐敗鬥爭引入深處。「數據鐵籠」透過數據使履職軌跡留痕留印，變人為監督為數據監督、事後監督為過程監督、個體監督為整體監督，不僅壓縮了權力尋租空間，有效解決了領導幹部「不作為、慢作為、亂作為」等問題，進一步完善了行政監督體系，提升了政府管理效能，更有利於提高責任意識、壓實責任內容，使責任落實明確具體，有利於循跡查責、依據追究，有效防止責任主體履職虛化和責任制「空轉」。「數據鐵籠」的有效運行，使得權力運行過程中每一個環節的風險都能夠在過程中被及時發現、預警和分層次推送，這種「權力運行可視化，監督職能具體化」的大數據反腐的工作機制，使得

① 黨的十九大報告明確提出，要「運用監督執紀『四種形態』，抓早抓小、防微杜漸」。其中第一種指的是「黨內關係要正常化，批評和自我批評要經常開展，讓咬耳扯袖、紅臉出汗成為常態」，第二種指的是「黨紀輕處分和組織處理要成為大多數」，第三種指的是「對嚴重違紀的重處分、作出重大職務調整應當是少數」，第四種指的是「嚴重違紀涉嫌違法立案審查的只能是極少數」。

黨委的主體責任、紀委的監督責任真正落地生根，形成不敢腐的懲戒機制、不想腐的教育機制、不能腐的監督機制。

2.「數據鐵籠」推進行政權力運行法治化

行政權力運行流程再造是推進行政權力運行法治化的關鍵。實現行政權力運行流程再造，既要靠制度革命，又要靠技術革命；既要紮緊「制度鐵籠」，又要打造「數據鐵籠」。行政權力運行流程再造透過「數據鐵籠」，以公眾為出發點，以流程為中心，以「服務鏈」為紐帶，基於數據治理理念，運用訊息化、數據化、自流程化和融合化等訊息技術手段，利用互聯網扁平化、交互式、快捷性的特徵，建構扁平化組織模式，塑造政府行政運行流程，從而推進行政權力運行法治化和法治政府建設，為全面推進依法治國提供保障。

「數據鐵籠」對所有行使行政權力的單位和部門進行系統的梳理清查，在摸清行政權力底數的基礎上，建立政府部門權力清單、責任清單、負面清單並實行動態管理。以法律法規規範界定政府職能部門的法定權力和責任，使每一項權力行使都能夠流程完整、環節清晰、公開透明。「數據鐵籠」將政府職能、法律依據、實施主體、職責權限、管理流程、監督方式等事項以權力清單的形式向社會公開，完善黨務、政務和各領域辦事公開制度，推進決策公開、管理公開、服務公開、結果公開，讓領導幹部接受群眾的公開監督，保證權力有效運行，從而提高政府治理社會化、智慧化、專業化水準。為全面推進行政權力運行法治化，打造廉潔政府提供路徑和保障。

3.「數據鐵籠」推進行政監督考評科學化

運用「數據鐵籠」完善依法行政考核指標體系，抓住領導幹部這個「關鍵少數」，將依法行政成效作為衡量政府領導團隊和領導幹部工作實績的重要內容，納入政府績效考核體系，使之成為硬指標、硬約束。把積極行政、依法行政作為衡量幹部德才素質的重要標準，把法治素養和依法辦事能力作為行政人員年度考核的內容和任職、晉陞的重要依據。發揮考核評價和選人用人的指揮棒作用，引導和督促各級政府及其行政人員把依法行政和好幹部標準落到實處。透過「數據鐵籠」形成「電子筆記」制度，建立個人執法誠信檔案①和「時間銀行」②，使行政人員每項行動都實現了可查、可控、可追溯，對行政執法能力、紀律、業績等行為訊息即時關聯，使行政幹部行為考核不再憑藉籠統的印象、講資格、論資歷和受人情因素的影響，而是更直觀地評價每位行政人員的工作狀態。

---

① 基於考勤的表現，會形成一個個人誠信檔案，信用要進行評級，最高級別是五顆星。誠信檔案透過考勤管理、任務系統以及工作日誌，將公務員的時間和工作裝進了「數據籠子」，而業務系統則透過打通權力運行的各個環節，實現「雁過留聲」。

② 貴陽根據「數據鐵籠」創造性地提出「時間銀行」概念，結合考勤系統，能精確地計算出執法人員的工作時長和加班時間，並可以利用累計的加班時間請休假。

「數據鐵籠」運用數據分析、人工智慧等訊息技術進行建模，運用科學、客觀的方法、標準和程序，對行政績效訊息進行收集、整理、歸納、總結的同時，進行整體評估，對公務人員履職效能、行政單位的領導團隊、崗位配置是否符合要求等進行綜合評價，並及時向相關部門和責任主體進行預警、反饋。透過「數據鐵籠」構建科學的行政權力運行評價體系，從根本上解決了行政人員考核評價主觀性、人情化等不合理現象，建立以數據為核心的科學高效、客觀公正的行政幹部考核評價機制。

4.「數據鐵籠」推進服務型政府職能轉型

貴陽牢牢抓住簡政放權這個「關鍵點」，以全面深化「放管服」改革為引領，創新公共服務供給制度，提高公共服務供給能力和供給效率，實現服務型政府轉變，是各級政府推進行政體制改革的重點。政府充分運用大數據對社會問題或社會需求進行精準研判分析，讓社會政策制定更加符合大多數人的公共利益，是建立服務型政府社會治理模式的必然要求。基於塊數據理念建立的「數據鐵籠」具有精準、高效和全面的關聯分析功能，為建立精準、高效、多樣化的現代智慧公共服務供給模式提供了強大的技術支撐，為創新公共服務供給方式、推動服務型政府建設提供了新路徑。

透過「數據鐵籠」實現政府職能部門數據融合和數據關聯，從系統層面解決部門間業務協同問題，促進政府職能從「重審批向重服務」轉變，提升政府職能部門「不見面辦成事」，就是最好的簡政放權和服務公開」公信力形象，讓「數據多跑路、百姓少跑腿」，提升政府效能，推動服務型政府建設。逐步建立起「用數據說話、用數據決策、用數據管理、用數據創新」的治理機制，推進管理型政府向透明、高效、廉潔的現代服務型政府轉變。

第2節・黨建紅雲：全面從嚴治黨雲端利器

中國共產黨的領導是中國特色社會主義最本質的特徵，是中國特色社會主義制度的最大優勢。圍繞新形勢下加強黨建工作的新要求，書信時代「把支部建在連隊上」，互聯網時代「把支部建在網路上」，移動互聯網時代「把支部建在『雲端』上」。二〇一五年，貴陽市依託發展大數據產業的優勢，突破傳統訊息化技術和手段對訊息共享和價值提升的局限，啟動大數據雲端平台「黨建紅雲」工程建設，圍繞「強化黨員忠誠、紀實幹部擔當」，探索大數據助推大黨建的新途徑。二〇一六年五月，貴陽市「黨建紅雲」平台上線運行，構建了以「一雲兩庫六大應用」為核心的黨建大數據雲端平台，獲得了全國第四屆基層黨建創新最佳案例第一名。

❶ 讓黨旗在「雲端」高高飄揚

按照黨中央、貴州省委的要求，二〇一五年年初，貴陽市委對全市黨建工作提出了充分利用大數據加快發展的產業優勢，突破傳統訊息化技術和手段對訊息共享和價值提升的局限，建設貴陽黨建大數據雲端平台「黨建紅雲」，提升黨建工作科學化水準。透過匯集分散、孤立、實效性不強、沒有形成有效關聯和整合的各類黨建工作條數據，形成相互關聯的塊數據，實現對黨組織和黨員幹部「橫到邊、縱到底」的數據蒐集、分析、查詢、追蹤和應用，用大數據對黨建工作的有效性和精準性進行分析研判，以解決貴陽黨建工作中存在的思想建設方面黨員隊伍的「四個意識」還有差距，組織建設方面組織工作的方法手段不夠科學，作風建設方面作風不深入、脫離群眾，制度建設方面制度不完善、執行有偏差等突出問題，達到運用大數據推動組織工作創新，提高決策水準，強化權力監督，密切聯繫服務群眾，加強黨員教育管理，最終達到提高黨的建設科學化水準，夯實黨的執政根基的目的。

在「黨建紅雲」工程的建設中，貴陽始終遵循大數據應用「四部曲」，分步推進工程建設：

以訊息化為基礎，建設完善「黨建紅雲」六大應用系統。貴陽黨建大數據雲端平台主要構架為：「一雲兩庫六大應用系統」。「一雲」即貴陽「黨建紅雲」；「兩庫」即黨組織、黨員基礎數據庫和行為數據庫；「六大應用系統」即黨建APP、幹部管理系統、黨務公開系統、黨員幹部教育系統、黨員領導幹部個人誠信系統、影像雲服務系統。貴陽透過六大應用系統隨時蒐集黨組織和黨員行為數據，做到以數據化為核心，讓黨建工作時時處處數據留痕；以自流程化管理為手段，實現黨建工作數據精準督導，以應用為目標，實現黨建大數據融合分析。

以數據化為核心，讓黨建工作時時處處數據留痕。貴陽「黨建紅雲」平台的後台數據主要來源於兩個方面：一是基礎數據庫，包括全市黨組織數據庫、黨員數據庫、幹部數據庫、駐村幹部數據庫等，這些數據在初次錄入後，用大數據手段進行自動更新，比如黨員數據庫，根據網上發展黨員的動態情況，自動生成全市最新的黨員數量，最終實現黨員、黨組織、領導幹部等各類「黨建紅雲」系統用戶身分數據化；二是行為數據庫，包括六大應用系統即時產生的行為數據，系統把日常的工作流程轉化為電腦可以識別和分析的數據，時時處處留下痕跡。為確保數據安全，根據業務系統中數據的安全級別不同，把數據分別儲存在組工網、電子政務外網和互聯網上。

以自流程化為支撐，實現黨員管理「人在幹、雲在算」。透過設定各應用系統的自流程化運行程序，系統後端實現數據關聯化、預測數據化，透過雲端運算實現各類組織工作數據自流程化管理，自動預警、自動提醒、自動反饋。比如：在「兩學一做」手機APP的「學習問答」模組，實現了對科處級以上黨員幹部「自動提醒」，自登陸手機APP之日起，一個工作日不答題系統自動提醒本人，三個工作日不答題系統就提醒黨支部書記，連續五個工作日不答題，系統自動在APP上公布名單。

以融合化為目標，實現大數據融合分析。以「1＋3＋N」（即「一個平台三個匯聚N個模型」）的模式，建好黨建大數據融合分析平台。「一個平台」即「黨建大數據融合分析平台」，透過跨平台數據共享，實現深挖數據潛在價值，尋找規律和異常點，著力解決組織工作「痛點」；「三個匯聚」：即做好組織系統內部的數據匯聚，做實全市「數據鐵籠」及雲端平台產生的與黨員幹部相關的數據匯聚，做深黨員領導幹部在互聯網中的參考數據匯聚；「N個模型」即根據實際需要「建立N個大數據應用模型」：如「黨員活力指數」、「基層黨組織創新」、「遠教站點運行」等數據分析模型，借助雲端運算深挖「黨建紅雲」平台及共享平台上多種類型數據的價值，尋找數據背後的規律和異常，解決訊息掌握不及時、政策文件不落地、工作效果不理想等問題，促使相關部門改進工作，使黨建工作更加精準有效。

❷「黨建紅雲」平台系統功能

「黨建紅雲」平台包含六大應用系統，即黨建APP、幹部管理系統、黨務公開系統、黨員幹部教育系統、黨員領導幹部個人誠信系統、影像雲服務系統。圍繞「強化黨員忠誠、紀實幹部擔當」，探索大數據助推大黨建的新途徑。

黨建APP。黨建APP，即貴陽「兩學一做」學習教育雲端平台，自二〇一六年五月六日上線以來主要實現「三導」功能：一是網上輔導，在黨建APP上設置了「黨的十九大」、「學習資料庫」等模組，提供了豐富的圖文、音頻、影像等學習內容，全市有超過十一萬名黨員透過黨建APP進行網上學習；二是雲端指導，透過開設的「創新型黨組織」、「三會一課」等功能模組，實現對黨組織、黨員幹部工作的有效指導；三是數據督導，主要透過「學習問答」模組實現。貴陽要求全市在職黨員每個工作日透過「學習問答」模組進行線上學習，同時透過大數據自流程化對縣（處）級以上的黨員領導幹部實行嚴格管理，推動黨員教育融入日常、嚴在經常。

黨務公開系統。按照黨務公開規定，明確實施主體、公開內容、公開時限，解決黨務公開沒有統一平台，公開不及時、內容不完整等問題，做到應公開盡公開。系統透過統籌整合全市各級各部門黨務公開訊息，建立各級各部門之間訊息互通和數據共享機制，保證數據的充分性、真實性和共通性，透過掌握各級黨委、政府網站的群眾留言，某時間段內各網路論壇討論的熱點話題以及某一地區黨員、群眾搜索的主要內容等，找出具體地區、具體部門、具體時間內群眾最關注或最不滿意的問題，判斷當前和未來一個時期內黨群幹群關係的狀況以及矛盾焦點，從而進行及時有效的化解，運用大數據手段推動甚至促使政府作風改進和職能轉變，著力整治慵懶散奢等不良風氣，提升基層組織聯繫群眾、服務群眾的能力。

黨員幹部管理系統。系統以「每日工作紀實」為核心，建立機關幹部日常管理、幹部訊息智慧分析兩大業務板塊，實現全市黨組織和黨員訊息即時查詢、統計等，透過大數據應用強化機關黨員幹部的監督管理，提高選拔任用幹部的科學化水準；機關幹部日常管理模組以「工作紀實」為核心，設置日常工作報告、會務管理、外出審批、請（休）假、教育培訓等功能，記錄蒐集機關幹部工作情況，有效促進機關幹部認真履職盡責，進一步規範會務管理，轉變機關工作作風，提高機關工作效能，並為基於大數據的幹部分析、考核提供數據依據；幹部訊息智慧分析模組以「智慧研判」為核心，設置幹部個人訊息預處理、個人成長經歷量化分析、個人成長模式挖掘、群體潛在社交關係挖掘、組織機構自動生成及履歷訊息可視化等功能，運用相關數據挖掘算法及機器學習算法，對機關幹部履歷數據、工作紀實數據、社交關係數據等進行綜合分析和智慧研判，從而全面瞭解幹部、準確評價幹部、合理選任幹部，實現對領導團隊配備、幹部選拔任用的科學決策和風險管控，有效規避幹部工作風險，為機關幹部人事管理工作提供有力支撐。

黨員幹部教育系統。透過建立黨員教育管理工作新機制，創新理念，整合資源，拓寬渠道，實現教育管理科學化、制度化和規範化，為廣大黨員提供多渠道的學習交流方式。在黨員幹部教育系統集成平台上，蒐集黨員幹部學習數據，瞭解全市黨員幹部參加理論學習和幹部培訓的頻率、內容、涵蓋面等，分析查找黨員幹部學習培訓的薄弱環節，幫助各級各部門科學制定培訓規劃，對黨員幹部學習培訓進行有效指導，不斷幫助黨員幹部提高基礎理論知識、業務水準和執行力。

黨員領導幹部個人誠信系統。系統針對黨員領導幹部個人設立電子誠信檔案，包括公開和不公開兩方面的訊息，人員基本訊息、工作崗位和職責等數據為原始公開訊息，群眾投訴、逾期還款、違紀違規等敏感訊息為不公開訊息，逐步實現與銀行、法院、交通、工商、城管等執法部門個人徵信訊息共享。透過大數據蒐集，將黨員領導幹部在社會其他領域留痕的誠信記錄關聯至電子誠信檔案，實現對黨員領導幹部的規範和約束，與評先選優、選拔任用等獎懲工作掛鉤，探索有效的黨內誠信管理監督機制。

影像雲服務系統。系統以超大規模的智慧分布並行處理技術、多媒體數據智慧分析處理技術等先進技術為支撐，融合高度智慧化網路服務集群，透過電腦、智慧手機、平板、功能手機乃至有線電話等任意終端，讓分散在貴陽各地區、各部門的黨員可以在任意網路、任意時間段內參與多點連通的音影像互動溝通及會議交流、可視化工作協作、應急指揮協同、移動監督。

❸ 全面提升黨的「網路領導力」

貴陽「黨建紅雲」平台的建設始終堅持問題導向，著力發現黨的思想建設、組織建設、作風建設和制度建設中存在的「痛點」，把分散在各處的黨建工作條數據匯集形成塊數據，建立以塊數據理論為支撐的黨建大數據綜合分析模型，透過大數據實現黨的建設工作精準發力、決策參考智慧研判、織密籠子管住權力、服務群眾貼心及時，用大數據的思維方式和雲端運算的精準結果，創新開展組織和黨建工作，不斷提高全市黨的建設科學化水準。

「黨建紅雲」推動黨建工作精準發力。截至二〇一八年八月，貴陽全市已有十一萬三千九百四十二名黨員下載使用該APP，占已錄入黨員的六十一・九%。其中，機關（企事業單位）黨員下載率為九十七・五一%，參與每日「學習問答」率達八十五・四%，縣級黨員領導幹部下載使用並參與「學習問答」率達一〇〇%。貴陽透過蒐集黨員、黨組織基礎行為數據，分析不同類型的基層黨組織和貴陽全市十七萬餘名黨員對中央、省、市方針、政策和重大決策關注的焦點和重點，綜合研判基層黨組織貫徹落實上級精神情況和黨員幹部的思想狀況，為精準做好理想信念教育和思想政治工作提供參考；透過在黨員幹部教育系統集成平台上蒐集黨員幹部學習數據，判斷全市黨員幹部參加理論學習和幹部培訓的頻度、內容、涵蓋面等，分析查找黨員幹部學習培訓的薄弱環節，幫助科學制定培訓規劃，對黨員幹部學習培訓進行有效指導，不斷幫助黨員幹部加強基礎理論知識、業務水準和執行力；透過對基層組織使用黨建APP的「三會一課」模組組織開展網上組織生活的數據分析，研判基層組織作用發揮的情況，黨員，特別是流動黨員參加組織生活的情況，便於有針對性地對基層組織建設進行指導和管理。

「黨建紅雲」實現決策參考智慧研判。「黨建紅雲」平台透過對有關網站、論壇、社區、貼吧等抓取的海量數據進行篩選、甄別、分析，發現黨員、幹部和群眾關注的或不滿意的問題，初步預判未來一段時間內的變化趨勢，為超前謀劃好黨的建設工作、建立健全更為精準有效的組織工作制度提供較為準確的訊息參考；透過對涵蓋全市八千多個黨組織和十八萬餘名黨員數據庫、領導幹部訊息庫的集成管理和滾動更新，以「智慧研判」為核心，分析研判全市黨員幹部隊伍組成和變化情況、基層組織的黨員組成情況等，為進一步做好黨員隊伍、幹部隊伍、領導團隊和基層組織建設提供科學依據。比如，黨建APP「學習問答」的數據顯示每日上午七點至九點是貴陽全市黨員幹部線上參加學習的峰值時段，反映出黨員幹部充分利用碎片化時間積極開展學習的主動性進一步增強。

「黨建紅雲」織密數據籠子管住權力。以「四位一體」幹部管理確定的領導幹部年度工作目標、崗位責任清單為基礎，以「幹部每日工作紀實」為核心，系統真實記錄蒐集幹部日常工作狀況，形成日常考核數據，融合領導團隊和幹部考核系統形成的半年考核以及年度考核數據，實現對幹部的分析評估、追蹤調度和預警提醒，形成的綜合數據結果作為啟動正向激勵保障機制或負向懲戒約束機制的依據。比如，透過對黨員幹部參加「兩學一做」APP學習問答情況自動生成的黨員幹部行為數據，系統自動計算個人答題率，自動對五十八名連續五個工作日未答題的縣級幹部進行告誡提醒，實現數據督導精準到人。同時，系統自動計算個人答題率，納入年度考核，實現對幹部履職能力評估判斷用數據說話，真正使管幹部與促發展相結合，使幹部能上與能下相結合，把好幹部選出來、用出來、管出來。同時，透過黨員領導幹部電子誠信檔案收集到的黨員領導幹部在社會活動各領域產生的誠信數據訊息，實現對黨員領導幹部個人行為的記錄，解決幹部考核中缺乏立體化綜合考核的問題，強化對領導幹部德和廉方面的規範約束，探索黨內誠信管理監督機制。

「黨建紅雲」促進服務群眾貼心及時。「貴陽黨員志願服務平台」幫助黨員實現志願服務與服務需求精準匹配，使有服務需求的困難群眾能夠及時得到黨員志願者的幫助，有效解決了「有需求沒幫助，能幫助沒對象」的供需矛盾；同時，進一步密切黨群幹群關係，使黨員志願者的志願服務更加精準有效，使人民群眾的滿意度和幸福感得到提升。根據後台收集到的黨員志願服務行為數據，基層黨組織能夠找準開展工作的著力點和出發點。「駐村工作」模組能夠解決以往駐村工作中「兩頭不見人」「駐不下，幹不好」等問題，實現用大數據推動駐村幹部「真蹲實駐、真幫實促、真抓實幹」；同時，「駐村輔導」功能可以提供網上涉農政策文件、項目等查詢功能，並有輔導師在線上答疑解惑，幫助駐村幹部及時為村集體和村民提供幫助，幫助駐村幹部成為農民群眾眼中的「政策通」和「土專家」。該模組上線後，收錄駐村幹部上傳工作紀實條數，駐村幹部走訪群眾人（次）數，出謀劃策、協調項目次（個）數，解決困難、化解糾紛次數等數據並整合，後台自動形成「駐村工作時間軸」，真實反映了駐村幹部開展工作的情況，用大數據實現精準管理；同時，系統根據每條問答的閱讀量自動形成「熱點問答」庫，成為駐村幹部幫村扶貧的「小助手」。

第3節・數治法雲：貴陽政法大數據工程

黨的十八大以來，黨中央把政法工作擺到更加重要的位置來執行，作出一系列重大決策，實施一系列重大舉措，維護了政治安全、社會安定、人民安寧，促進了經濟社會持續健康發展。為貫徹落實中央、省、市政法工作戰略部署，貴陽以提升治理體系和治理能力現代化為目標，全面構建「貴陽政法大數據工程」政法大腦、數治法雲、政法大數據治理、政法大數據場景四大標誌性項目，著力從政法工作協同機制創新、政法領域數據聯通融合、政法工作能力提升三個方面實現新突破，全力打造貴陽政法大數據發展的升級版，把貴陽建成全國政法大數據建設應用的標竿城市，不斷譜寫貴陽政法事業發展新篇章。

❶ 貴陽政法智慧化建設基礎優勢

黨的十八大以來，貴陽政法系統在大數據的建設和應用方面積極探索，相繼建設了一批大數據應用系統，相關業務工作得到了有效提升，貴陽在政法大數據領域已逐漸成為領跑者、創新者和受益者。貴陽市委、市政府作出建設「貴陽政法大數據工程」的重大部署，對全市政法工作提出了更高目標、更高要求、更高標準。

1. 政法智慧化建設的發展基礎

網路基礎。近年來，貴陽實施「全光網城市」、「無線覆蓋．滿格貴陽」、「農村通訊提升」等行動計劃，貴陽．貴安國家級互聯網骨幹直聯點出省帶寬達到9130Gbps，貴陽光纖覆蓋家庭數達一八〇．六萬戶，通訊光纜長度達十九．五萬公里，二十戶以上自然村光纖覆蓋率達到八十四．四九％，4G覆蓋率達到八十三％，成為全國首批5G應用示范城市；開展電子政務外網三期建設，完成市、縣（區）骨幹網路冗餘線路改造，實現社區（鄉、鎮）雙冗餘全百兆接入，市區兩級電子政務外網頻寬提升至200M。這些基礎設施建設，為「貴陽政法大數據工程」提供了強大基礎支撐能力。

數據基礎。從二〇一八年開始，貴陽依託「雲上貴州．貴陽平台」推動政府數據「塊上匯聚」，構建了人口、法人、自然資源和空間地理、宏觀經濟、電子證照等五大基礎數據庫，數據共享交換平台的政府數據資源目錄覆蓋了貴陽全市五十四個市直部門和十個區（市、縣）、四個開發區的一六二二個系統一七五九五個數據項。五大基礎數據庫的建設和政府數據資源的交換共享，為「貴陽政法大數據工程」提供了大量數據支撐。

應用基礎。目前，貴陽市直政法各部門已形成各類應用二三九個。其中，市法院七十九個，市檢察院六十二個，市公安局四十七個，市司法局五十一個。同時，其他黨政部門建設了「社會和雲」、「數據鐵籠」、「黨建紅雲」、「大數據精準幫扶」、「大數據綜合治稅」、「公安塊數據指揮中心」等應用，實施了經濟運行監測、市場監測監管、信用訊息共享、失信被執行人聯合懲戒等一批大數據示範應用，涵蓋了政用、民用、商用和基礎設施等多個領域。特別是，二〇一七年研發的政法大數據辦案系統，打破了以往「偵查中心主義」局面，真正實現了公檢法「一把尺子」辦案。這些大數據應用的建設，為構建「貴陽政法大數據工程」多渠道數據來源體系、多場景社會治理系統提供了良好工作基礎。

2.政法智慧化建設的制約因素

當前，貴陽政法大數據發展和應用主要存在「散」、「斷」、「淺」、「缺」、「重」等幾個方面的突出問題。一是「散」，缺乏統籌謀劃，各種應用系統的建設和應用各自為戰，數據分散，資源分割，沒有統一的政法大數據平台；二是「斷」，各部門應用系統使用的是互聯網、政務網、專網等不同網路，在各自的「單行線」上運行，形成只能縱向運轉、不能橫向貫通的「訊息孤島」，沒有形成縱向互聯、橫向互通的政法工作網路；三是「淺」，現有各業務系統數據利用效率低，在決策分析方面沒有多維度數據支撐，導致數據決策處於「淺表層」，沒有深度的數據挖掘、數據分析、數據決策；四是「缺」，目前建設了一批專項性的執法辦案和公共服務平台，但仍然缺乏支持輔助決策、風險防控、治安防控、執法辦案、公共服務、社會治理等方面的綜合性共享工作平台；五是「重」，各部門的應用系統相關功能存在一定程度的重複建設現象，導致基層單位特別是網格員數據重複蒐集、重複錄入、重複勞動現象突出。

3.政法智慧化建設的優勢條件

政治優勢。中央、省委和市委高度重視大數據發展，對大數據在政法工作中的應用提出了明確要求，為「貴陽政法大數據工程」建設指明了方向。特別是貴陽市委、市政府公布了《關於實施「貴陽政法大數據工程」的指導意見》，成立「貴陽政法大數據工程」建設領導小組，為「貴陽政法大數據工程」的順利推進提供了堅強的組織保障和政治保障。

制度優勢。貴陽抓緊大數據立法與標準建設，頒布實施了《貴陽市政府數據共享開放條例》、《貴陽市大數據安全管理條例》、《貴陽市健康醫療大數據應用發展條例》，制定了《貴陽市政府數據資源管理辦法》、《貴陽市政府數據共享開放實施辦法》、《貴陽市政府數據共享開放考核暫行辦法》等法規規章，發布了「人口基礎數據」、「法人單位基礎數據」等兩項地方標準。國家技術標準創新基地（貴州大數據）貴陽區域分基地成立。這些改革創新舉措，為「貴陽政法大數據工程」提供了管理制度與標準規範支撐。

安全優勢。貴陽獲批建設大數據及網路安全示範試點城市，初步建立大數據及網路安全防護體系，建設集戰略、戰役、戰術靶場為一體，公共、專業、特種靶場相結合的國家級大數據安全靶場，全面提升網路安全攻防對抗能力；全面開展大數據及網路安全治理工作，按照等保 2.0 新標準，全面開展關鍵基礎設施和重要訊息系統等級保護工作，將全市移動互聯、工控系統、物聯系統、雲端平台納入等級保護管理體系，為構建「貴陽政法大數據工程」提供了強大安全保障。

❷ 貴陽政法大數據工程總體架構

「貴陽政法大數據工程」是一項複雜的系統工程，涵蓋政法大腦、數治法雲、政法大數據治理、政法大數據場景四大標誌性項目。其中，政法大腦是「貴陽政法大數據工程」的「神經」，負責整體的智慧預判、智慧輔助、智慧決策和智慧調度；政法大數據辦案是「貴陽政法大數據工程」的「血脈」，透過「一機一庫一雲一網一平台」實現政法數據在「雲網端」的融會貫通；政法大數據治理是「貴陽政法大數據工程」的「肝臟」，負責淨化政法數據，規範數據標準，提升數據品質；政法大數據場景是「貴陽政法大數據工程」的「肢體」，覆蓋政法工作的方方面面，是政法大數據應用的主要場景。

1. 政法大腦

政法大腦是「貴陽政法大數據工程」的數據引擎和智慧引擎，是提升政法工作智慧化水準、激發政法工作活力的神經中樞。政法大腦是利用人工智慧等技術為政法工作構建的一個底層人工智慧中樞平台，透過打通相關係統平台接口，對治理後的數據進行智慧分析，向下挖掘數據全面特徵，發現數據問題，溯源既有底層業務系統不足，建立考核機制，提高數據生產能力；向上支持工作決策、協同調度，利用智慧分析結果防控各類風險、穩定社會大局、提升社會治理能力。政法大腦支持透過設計交互式互動界面，提供可視化分析結果供給上層應用平台作決策依據，不斷增強政法工作對現代科技的適應力、掌控力和駕馭力，進而推動政法工作的數據化管理，實現更快、更主動地發現問題、研判問題、解決問題，最終促進政法工作的科學化、精細化和智慧化。

政法大腦的核心是構建政法大數據智慧輔助模型，由若干個子模型組成，包括但不限於智慧偵查輔助模型、智慧檢察輔助模型、智慧審判輔助模型、智慧司法輔助模型等。政法大數據模型可為政法工作人員提供智慧審查、輔助決策、智慧監管、安全預警等服務，實現政法工作由傳統人工向智慧機器轉變，有效提升政法工作的科學化和智慧化水準，促進陽光政法、透明政法。政法大數據模型的使用，可讓政法工作人員將大量精力從簡單、基礎、重複的瑣碎工作中解脫出來，更多地用於一些關鍵案件、關鍵事項、關鍵工作中，有效緩解案多人少的矛盾，提高工作效率和工作效能。

2. 數治法雲

數治法雲即政法大數據辦案系統，是集成法、檢、公、司等政法相關職能部門業務的共建共享共治的綜合性治理平台，圍繞政法各部門的整體工作，整合各類數據和訊息資源，研發支持移動辦公的「雲上政法」APP，搭建統一的政法數據庫，構建分布式的政法雲，鋪設內外聯動的政法網，建設「一站式」智慧化服務政法大數據平台，實現政法大數據的資源共享、綜合應用、精準監督、輔助決策。

一機：「雲上政法」APP 客戶端。「雲上政法」APP 是針對政法工作人員和市民開發的可安裝在智慧終端上的政法智慧助手，它整合了政法機關範圍內包括公安機關、檢察機關、審判機關、司法機關等相關機構事務，提供相應的移動辦公、案件辦理、訊息查詢等服務。「雲上政法」APP 同時支持社會治安管理，為特殊人群帶來便捷的訊息服務，成為可移動的宣傳政法政策的主平台、發布政法訊息的主窗口、推介政法形象的主渠道和引導政法輿論的主陣地。「雲上政法」APP 的使用，既能較好地滿足政法工作人員外出辦公的現實需求，也能及時反映民眾的真實利益訴求，為黨委和政府科學決策提供堅實的民意支撐和技術支撐。

一庫：**政法數據庫**。「貴陽政法大數據工程」的數據中樞，由政法知識庫、法律法規庫、司法案例庫等若干個子庫組成。政法數據庫可隨時隨地提供對法律、證據、案例等相關知識的綜合查詢、檢索服務，並對查詢結果加以智慧排序後，以文字、語音等友好的人機交互形式呈現給查詢人員。政法數據庫需按照規定和流程與各級政法數據庫系統以及「數據鐵籠」、「黨建紅雲」等其他相關數據庫系統聯動，並預留規範接口，推進全市政法數據資源整合和共享。

一雲：**政法雲**。政法雲即政法塊數據雲端平台，其核心定位是要實現政法大數據的「聚」和「通」，核心功能是要滿足政法大數據的有序匯聚和安全儲存。政法雲建設充分運用虛擬化、分布式等雲端運算方法整合政府和社會的計算資源、儲存資源等基礎資源，儲存來自市直政法相關部門提供的數據，提供數據集成、數據共享、數據交換服務，為「貴陽政法大數據工程」的重點領域和七大領域應用提供資源支撐。

一網：**政法網**。強化 5G 建設、構建全連接的政法專網，為政法工作開闢安全穩定的「網路高速公路」，實現政法大數據的「縱向運轉、橫向貫通」。政法網整合已有的政務內網和政務外網，透過政務外網實現政法大數據中心與市、區、縣三級政法機關，以及鄉鎮街道等基層單位的互聯互通；透過政務內網實現政法大數據中心與市直政法各部門之間的互聯互通；透過網路資源整合為政法雲的數據聯通、算力整合提供網路支撐。

一平台：政法大數據平台。依託政法雲的數據、算力等資源，打造全方位的政法大數據平台。它承載了政法大數據的數據蒐集、數據儲存、數據治理、數據分析、數據服務等功能，將綜合執法和司法行政等通用業務與個性化業務相結合，採用大數據、區塊鏈、人工智慧等新一代訊息技術，為執法、司法、監督、維穩、反恐等政法工作提供數據支撐，讓政法工作在品質、效率、動力變革中實現跨越式發展。

3. 政法大數據治理

政法大數據治理體系在國內外訊息化規劃及數據治理標準和規範的指導下，從規範、流程、制度、平台和工具等多個角度構建大數據治理體系，實現對多源異構數據的統一接入、統一編目、統一標準，推進數據治理體系的實施，最終實現貴陽政法系統數據資源的可控、可用、可共享，為「貴陽政法大數據工程」的順利推進提供數據資源保障。

一套規範：政法大數據治理規範——建立數據治理規範體系，推動統一標準化管理。按照「貴陽政法大數據工程」建設的總體要求，遵循可操作、可預見、可擴充原則，貴陽建立涵蓋數據蒐集、歸集、整合、共享、開放、應用的治理規範體系；建立數據品質管理規範，設計多維數據品質評價規則，即時或定期開展數據品質評估分析，及時發現和改進數據品質問題，確保數據的準確性、完整性、時效性。

一套目錄：政法大數據資源目錄——摸清數據家底，瞭解數據應用現狀。從梳理政法業務、滿足跨部門綜合應用需要著手，貴陽市直政法各部門全面梳理數據共享需求，明確數據共享責任，建立數據共享需求管理的長效動態更新機制，形成政法數據庫表目錄，構建政法大數據資源目錄體系。

一套標準：政法大數據數據標準——制定數據標準，統一業務協同體系。貴陽以業務系統的數據項和庫表字段梳理為基礎，制定核心基礎數據標準和指標數據標準，規範數據的業務定義、業務規則、統一口徑、數據類型和數據長度等。依託貴陽政法雲實現政法大數據的集中儲存，將分散在不同單位、不同訊息系統中的數據整合匯聚後形成統一的數據資源池，保障數據即時更新。

一套機制：政法大數據共享機制——完善交換機制，促進數據共享開放。貴陽遵循按需共享、最小夠用、便捷高效、安全可控原則，明確數據共享方式，完善交換共享的管理規範和技術規範，確保各項數據即時交換、同步更新、有序共享、穩步開放。

一個平台：政法大數據治理平台——貴陽引入「數據湖治理」的理念，構建「一站式」

的政法大數據治理平台，提供標準的元數據管理、數據標準管理、數據品質管理、數據安全管理等功能；透過平台實現對政法大數據的統一管理，支持資產搜索、資產關聯、數據血緣、數據分類管理、數據全局視圖預覽等。

4. 政法大數據場景

政法大數據場景應用主要圍繞決策支持、風險防控、治安防控、執法辦案、公共服務、內部管理、市域治理方面，構建政法大數據七大領域應用，全面推進貴陽政法和基層治理的訊息化基礎設施建設、資源整合、業務應用等工作，實現政法工作的科學化、精細化和智慧化，統籌政法系統資源，形成問題聯治、工作聯動、平安聯創的良好局面。

「政法大數據＋決策支持」。貴陽建設政法大數據決策支持平台，對接市直政法各部門、其他政府部門和社會機構等數據資源，對全市的重點人員、重點群體和重點領域相關的人、事、地、物及其特定行為進行關聯分析，實現大數據引領下的維穩態勢感知、治安態勢感知、輿情態勢感知及風險預警，總攬市直政法各部門業務，為領導準確把握政法工作面臨的形勢、運行態勢，科學調配資源，動態調整措施提供決策支持，增強領導決策的科學性、準確性和高效性。

「政法大數據＋風險防控」。貴陽建設政法大數據風險防控平台，對接市直政法各部門、其他政府部門和社會機構的數據資源，利用大數據智慧分析技術，精準即時感知全市邪教、涉恐、民族宗教（非法宗教）等政治領域的風險，精準即時感知信訪和輿情中的風險隱患，創新排查、化解、穩控、處置各類風險的業務協同新機制，增強風險防控的敏銳性、前瞻性、主動性，創新運用防控、打擊、教育轉化等風險化解手段，確保將矛盾消滅於萌芽、風險化解於源頭，實現「數據維穩」、「數據反邪」，全面提升維護省會城市社會大局穩定的能力。

「政法大數據＋治安防控」。貴陽建設政法大數據治安防控平台，匯聚市直政法各部門、其他政府部門和社會機構的數據資源，利用大數據分析挖掘技術，對重點場所的安全防控態勢、重點行業及人員動態、特殊人群的動態進行綜合分析評價，全面掌握相關要素訊息，及時發現重點場所問題，摸清重點行業和特殊人員的基數和管控狀態，完善統籌指揮調度、部門聯動、社會協同、區域協作等機制，深入開展掃黑除惡專項鬥爭，實現治安防控的精準管理、動態管理、科學管理。

「政法大數據＋執法辦案」。貴陽市直政法各部門統一使用省級執法辦案業務平台，平台實現由抓人破案向證據定案、人力跑腿向網上傳輸、人工審查向智慧審查、制度約束向數據監督的「四個轉變」。

「**政法大數據＋公共服務**」。貴陽建立政法大數據公共服務平台，作為市直政法各部門的工作門戶，實現政法政務公開，進行輿論宣傳引導，及時公布政法「放管服」措施，收集群眾反饋意見；有效整合市直政法部門各類事項申辦受理業務並統一業務入口，實現貴陽市政法公共服務事項「一網通辦」。「讓數據多跑路、讓百姓少跑腿」，為人民群眾提供更優質、更高效、更便捷的政法公共服務。

「**政法大數據＋內部管理**」。貴陽建設政法大數據內部管理平台，推動訊息化、大數據等現代化管理手段同內部管理工作的深度融合，提升政法隊伍管理科學化水準，為推動政法幹部調優配強提供數據支撐；充分發揮目標考核表彰先進、激勵後進、督促落實的作用，增強各「戰區」目標責任意識；檢查監督「貴陽政法大數據工程」重大項目建設程序，防範廉政風險；建立第三方徵信管理，鼓勵公平競爭，維護政法機關合法權益。

「**政法大數據＋市域治理**」。貴陽以政治強引領、以法治強保障、以德治強教化、以自治強活力、以智治強支撐，加快推進市域社會治理現代化。透過整合工作機構，實現「綜治服務中心」的實體化；透過優化工作機制，實現綜治工作的高效化；透過加強實有人口管理，實現基層治理的精準化；透過夯實網格保障體系，實現末梢陣地治理的精細化。

❸ 司法科技推動司法治理現代化

黨的十九屆四中全會精神和習近平總書記關於網路強國的重要思想和全面依法治國新理念新思想新戰略，都要求充分發揮數位技術對法治中國建設的支撐和驅動作用，助推國家治理體系和治理能力現代化。現代科技已經成為推動新一輪司法改革的重要力量，對法制觀念、法律制度、法律運行機制和法學研究方法等方面產生了深遠影響。貴陽政法大數據工程是促進審判體系和審判能力現代化的先行探索，是推動國家治理體系和治理能力現代化的創新實踐。

貴陽政法大數據工程提高了辦案效率。訴訟效率是維護司法公正的重要尺度，政法大數據工程打通公檢法網路壁壘，統一數據標準，優化案件辦理流程，實現電子卷宗在政法各機關之間可自流程化推送、同步、讀取、共享和使用，變人力跑腿為網上傳輸。電子卷宗的網上閱卷、網上評判、網上流轉，有效緩解了案多人少的矛盾，初步實現規範辦案、高效銜接和業務協同，切實提高了辦案效率。

貴陽政法大數據工程強化了權力監督。對容易滋生執法司法腐敗的重點領域和關鍵環節，辦案機關借助數治法雲系統案件自流程化監督功能，將執法辦案的標準固化到日常監督管理中，透過案件的閉環流轉，變人工監督為數據監督、事後監督為過程監督、粗放監督為精準監督，實現對權力運行的全程、即時、自動監督管理，讓違規辦案等行為無處遁形，有效杜絕因個人原因造成的隨意性辦案和權力尋租等現象的發生，促使辦案人員牢固樹立程序公正與實體公正並重的理念，執法司法行為更加規範。

貴陽政法大數據工程促進了改革落實。數治法雲的運行使用，促使辦案機關樹立證據意識、程序意識、人權意識，依法全面客觀地收集證據，確保偵查、審查起訴的案件事實證據經得起法律檢驗；能夠切實發揮審判程序應有的制約、把關作用，形成一種考核機制，更好地落實公檢法三機關「分工負責、互相配合、互相制約」的訴訟原則，保證庭審在查明事實、認定證據、保護訴訟、公正裁判中發揮決定性作用。

貴陽政法大數據工程維護了司法公正。數治法雲的運行使用，打破了長期以來偵查決定起訴、起訴決定審判的「偵查中心主義」的局面，考核偵查機關在證據規格和標準上把「破案」與「庭審」的要求結合起來，依法規範地收集、固定、保存、移送證據，確保偵查、審查起訴的案件事實證據經得起庭審標準的檢驗。從源頭上防止事實不清、證據不足的案件進入審判程序，有效防止冤假錯案，提升司法公正，實現黨的領導和依法治國的有機統一。

第4節・智慧警務：貴陽公安「塊數據大腦」

二〇一六年三月，首個國家級大數據綜合試驗區落戶貴州，貴陽公安局搶抓發展機遇，打破壁壘，使分散在各個警種、各個部門間的條數據形成塊數據融合應用，深入挖掘數據資源內在價值，建成了全國第一家塊數據指揮中心。「人在幹、雲在算，四兩撥千斤」的大數據現代警務思維，在貴陽公安局塊數據指揮中心體現得淋漓盡致。在這裡，一塊總面積達一百二十七平方米的LED大螢幕，成為匯集公安、政府、社會、互聯網等五十八類四百六十萬億條數據資源的開放式超級「數據航母雲端平台」。在塊數據指揮中心這個「最強大腦」的統籌下，數據型指揮研判、網格化動態布警、多警聯勤聯值、巡處合一的現代警務運行模式成為守護平安貴陽的利器。

❶ 貴陽智慧警務「1461」總體布局

基於對「科技是核心戰鬥力」這一時代命題的思考和判斷，貴陽公安搶抓國家大數據綜合試驗區落戶貴州為全省公安訊息化發展提供的重大機遇，堅持融合式發展思路和扁平化服務導向，積極整合公安數據資源，以「一個核心、四輪驅動、六項支撐、一網考評」的

「1461」建設總體布局為載體，以「塊數據指揮中心」建設為核心，將大數據應用拓展延伸到公安機關打防管控的各項工作中。

以「塊數據指揮中心」為核心，打造貴陽公安一體化實戰指揮平台。統籌指揮調度手段和情報訊息資源，透過塊數據的形成支撐全市應急和公安指揮調度的縱向貫通、橫向合成，提高城市公共安全和維穩處突的實戰能力，形成政府應急指揮調度與公安預警指揮決策合署體系，實現指揮調度的「時空化、實戰化、一體化、扁平化、可視化、標準化」，全面打造「蒐集責任明確、數據動態鮮活、訊息互通共享、業務流程科學、警務協作高效、訊息深度應用、指揮通訊扁平、技術設施先進、安全保障可靠」的實戰指揮平台。

以「接警出警規範化、偵查破案專業化、社區民警專職化、社會治理多元化」為四輪驅動，形成整體高效運轉合力。以五分鐘出警距離為半徑，科學劃分網格化巡區，確保即時動態備勤，實行「有警出警，無警巡邏」；建立集刑偵、技偵、網偵、圖偵、情報「五位一體」的合成作戰室，以及貴陽公安機關偵辦處置重特大案（事）件專業人才庫，提升公安機關深度打擊、合成打擊、規模打擊的水準，實現偵查破案專業化；一個社區根據轄區人口數量配備相應數量的專職社區民警，配備並使用移動警務終端設備，廣泛蒐集、錄入、維護、更新情報訊息，全面落實社區民警專職化；健全完善「警務聯席會、警民議事會」兩會工作長效機制，組織引導發動社會團體及社會志願者積極參與社會面防控工作，實現社會治理多元化。

以「新發展理念、問題導向、執法數據鐵籠、隊伍管理數據鐵籠、維穩反恐專班機制、深化公安行政改革」為六項支撐，提升全警執法能力和執法公信力。以「創新、協調、綠色、開放、共享」五大發展理念，引領思想變革、提升工作效能，運用模糊警種、管轄、打防概念，將大數據文化和訊息化應用延伸到打、防、管、控、建當中，實現被動、粗放、單一的工作模式向主動、精準、合成的運行機制轉變；堅持問題導向，以專項行動或專項鬥爭方式解決突出問題；運用大數據手段，將執法流程再造，對執法辦案各個環節進行監督，用執法「數據鐵籠」規範警務運行流程；運用隊伍管理「數據鐵籠」，實現對全市公安機關和民警執行制度紀律的動態管理監督，實現對各類隊伍管理風險隱患的分析預警、排查提醒和監督治理；完善安保、維穩、反恐三個專班運作機制，用大數據固化工作流程，實現及時預警、科學用警、集約用警、精準用警；圍繞消防、戶籍、交管、出入境等公安行政管理工作，深化公安行政改革，釋放改革活力和紅利，為推動警務機制改革奠定堅實基礎。

以「一網考評」為導向，打造實力公安、實效警務、實幹警隊。按照項目責任制分解任務指標，設置項目責任人和責任部門，責任人親自部署、溝通協調、全程過問、督導落實；

依託大數據，建立網上考核平台，建立「兩嚴一降」升級版建設標準目標體系，透過項目化、系統化、標準化管理，實現網上對各單位、各部門和具體人的考評，激勵個人及部門進一步增強創先爭優、增比進位意識，切實提升警隊綜合實力。

❷ 塊數據打造智慧公安「最強大腦」

貴陽公安堅持戰鬥力標準，統籌指揮調度手段和情報訊息資源，建立塊數據指揮中心，形成了大數據引領下的「形勢分析、情報研判、預知預警、指揮調度、治安管控、合成作戰、精準打防」的一體化、扁平化、可視化警務實戰運作模式，從根本上重構警務工作模式，變經驗型警務為數據型警務，提升城市公共安全和維穩處突的實戰能力，打造了守護平安貴陽的「最強大腦」。

1.天網巡查：立體感知一體化布局

貴陽公安透過天網工程，構建了全方位、全維度、多層次感知社會穩定和治安態勢的立體化網路，實現對貴陽時空內人、事、物的全息刻畫、特定行為的關聯分析、時空軌跡的精準掌控，解決對實有人口的全域識別掌握、重點高危人員的全域預警管控問題。目前，塊數據指揮中心已匯聚「天網」高清影像資源二萬路，社會影像資源三萬六千五百餘路，公安內部影像資源五千餘路，鋪設長度達一萬多公里的光纖基礎網，基本實現了「點上覆蓋、面上成網、外圍成圈、覆蓋城鄉」的可視化立體感知體系。

「天網」影像專網。貴陽公安以全域覆蓋的「天網」影像專網為依託，以「萬物互聯＋」「人像識別」等訊息前端感知網為支撐，布建了全方位、多層次、自動化的訊息感知網路，確保了訊息數據全面性、鮮活性和精準性，完善了城市報警與監控系統，為保持社會治安、打擊犯罪提供了有力的工具。天網工程①透過在交通要道、治安卡口、公共聚集場所、賓館、學校、醫院，以及治安複雜場所安裝影像監控設備，利用影像專網、互聯網、移動網路把一定區域內所有影像監控點圖像傳播到塊數據指揮中心監控平台，並對刑事案件、治安案件、交通違章、城管違章等圖像訊息進行分類，為強化城市綜合管理、預防打擊犯罪和突發性治安災害事故提供可靠的影像資料。

社會影像監控專網。貴陽公安對金融、電力、醫院、大中小學校、樓宇、商場、服務業、複雜場所、消防設施、道路交通、煤礦、非煤礦山、建築施工、劇毒化學品、煙花爆竹、城市燃氣、油氣管網、特種設備、民爆物品、運輸物流、旅遊、冶金、建材倉庫等重點

① 天網工程是為滿足城市治安防控和城市管理需要，利用圖像蒐集、傳輸、控制、顯示和控制軟體等設備組成，對固定區域進行即時監控和訊息記錄的影像監控系統。

單位、場所建立影像監控網路，對各單位自行投資建設符合技術接入標準的影像監控進行整合，依託大數據，統一標準、統一管理、統一維護、統一接入塊數據指揮中心監控平台。

人像大數據系統。貴陽公安積極推進「大數據＋人工智慧」戰略，創新運用人像識別技術建設「人像大數據系統」，對多類特殊人群的人臉建立了特徵庫，並在車站機場等人流密集場所設置了上萬個影像蒐集點，對潛在的案件風險實現提前預警和干預，犯罪嫌疑人一旦進入貴陽就會被「人像大數據系統」捕捉。

2.塊上集聚：數據資源一體化融合

塊數據指揮中心透過同步即時整合市公安內部、各市直部門、社會網路、公共服務機構等各類數據訊息資源，形成集儲存、網路、計算等資源於一體的塊數據核心資源池，並集中進行數據處理、流轉、共享、分析及展現等功能，打破了警種壁壘、數據壁壘，實現了多警種部門整體聯動，形成了數據、資源、線索的疊加效應。

布建一張蒐集網。貴陽公安為每一位民警配備移動警務終端設備，實現「一點登錄、全網關聯、一人蒐集、全警應用」，可實現現場處警、現場蒐集、現場核對、現場錄入、現場傳輸，對以往手工填寫、回所上報、疲於奔命的傳統模式進行了顛覆；透過在小區安裝「智慧門禁」，全面收集居民小區進出人員訊息，提高居民小區各類案件的可防、可控、可追溯，為出租房屋管理、打擊傳銷等違法犯罪活動提供可靠的分析依據；建設實有人口管理平台，採用多種技術手段自動獲取實有人口相關數據資源，減輕社區民警日常蒐集工作量，將社區民警從原有的大量蒐集工作轉變為數據資源核實及日常管理工作中；同時將全市所有社會影像監控探頭、街面五十五個接處警網格、十一個環築安保卡口高效整合到一個指揮平台上，真正實現了全景式訊息錄入。

打造一個雲端平台。貴陽公安與阿里雲合作打造「塊數據中心雲端平台」，透過多層虛擬技術，實現系統之間的硬體共享，甚至可與各地的「雲端運算中心」平台的硬體資源共享，減少初期投資和資源閒置浪費，並且可根據資源分配策略，自動配置、動態調整資源，實現雲端平台與指揮調度、偵查打擊、重點人員等治安要素動態管控一體化運作。

合成一片數據雲。塊數據指揮中心實現公安專業數據、政府各部門管理數據、公共服務機構業務數據、互聯網數據的集成應用，為偵察打擊、社會面管控等大數據實戰應用提供有力數據支撐。目前，塊數據指揮中心已匯聚公安數據、政務數據、社會資源數據、互聯網數據等數據資源八十七類一六六〇九億條。其中，公安內部數據二十五類一六五七二億條、政府數據十六類十二億條，社會資源數據五億條，互聯網數據二十億條，數據量達到1105T，並完成了數據的清洗、轉換、入庫。

建立一個信任根。貴陽公安根據各偵察警種需要，按照「誰使用，誰審批，誰負責」的原則，搭建技偵對外數據共享平台，透過網路邊界，即時共享通話記錄、開戶、寄遞等訊息資源；同時將各警種獨有數據與技偵數據結合，透過構建合理分析模型，在公安網部署對外服務支撐平台，探索「獲取－服務－反哺」的警種合作新模式，主要為國保、禁毒、刑偵、治安等部門提供服務；並加快消除虛假身分造成的管理漏洞，形成整個公安訊息化數據資源共享，以及社會各部門之間的數據資源共享的格局。

3. 智慧調度：扁平指揮一體化建設

塊數據指揮中心透過合成化作戰，統籌各方面資源，發揮各部門優勢，調動各警種力量和手段，匯聚成強大的偵破合力，並實施「點對點」的扁平化指揮，由指揮中心直接下達指令，調度一線警力，避免了因指揮層級過多而容易造成的指令傳遞偏差，大大縮短了指揮時間，為快速處置警情爭取了主動。

聯勤聯動，合成作戰。貴陽公安充分整合各警種訊息資源、警力資源、技術資源、裝備資源，徹底打破警種壁壘、區域壁壘、調度壁壘，做到上下聯動、警種協同、專業揉合、技術支撐、資源共享，實現了警力資源的最大共享、警力聯動的最強合力和偵查破案的最猛攻擊；透過對「情報指揮一體化大廳」的標準化、規範化建設，建立以公安指揮中心主導，政府其他職能部門、公安各專業警種參與的合成作戰機制，設置刑偵、國保、禁毒、技偵、網安、治安、交警、消防等警種及水、電、煤氣、衛生、民政等單位聯勤聯動席位，採取「常態情況網上訊息推送、重大事件集中聯合作戰」模式，實現警情、輿情、敵情、社情、公共安全同步監測處置；同時搭建有組織警務協同工作平台，實現門戶統一、單點登錄、訊息共享、任務派發、業務協同及專案工作群等功能。

扁平化指揮、菜單式派警。貴陽公安依託網格化接出警工作機制，建設扁平化指揮調度系統。在縱向上，建立市局、分局、派出所三級指揮體系，分別對市局的一級重大警情、二級次重大警情、三級一般警情進行主導指揮，透過分級指揮，有效解決市局指揮壓力大的問題；在橫向上，實現各級指揮體系可以透過無線、簡訊、影像、系統派單等方式對各級的業務警種、街面警力、社區警力進行高效的調度。系統可縱向貫通各級公安機關及事發現場、橫向連接主要業務警種，實現跨地區、跨層級、一對一、一對多、便捷、高效、統一的「一張圖、一鍵通、菜單式」扁平化指揮調度，提高公安機關警務工作效率、協同實戰能力。

4.精準打防：情指互動一體化運行

在各類基礎數據資源整合、治理的基礎上，貴陽公安立足大數據情報研判主導警務工作，建立高效、智慧化的情報研判體系，即時對當前治安態勢、突發事件應急、大型活動安保、重要專案打擊等各項工作進行自動分析推演，真正做到以靜制動、動在敵前，前端防範、前端控制，全面提升對國家安全、公共安全、社會穩定的預知預判能力，實現事前預警研判，指導指揮開展行動；事中即時研判，為指揮調度決策提供方向；事後時空分析，為勤務的動態調整提供引領。

情報分析，預警研判。塊數據指揮中心運用大數據建設完善貴陽關鍵基礎設施安全態勢感知系統、網安大數據情報預警系統、網路安全案事件處置系統，以及網路犯罪偵查大數據戰力系統，實現對貴陽關鍵訊息基礎設施的即時安全監測、網路安全態勢感知、網路輿情引導管控、人員落地查證、案事件追蹤溯源等實戰應用，解決對虛擬社會的管控和預測、預警、預防等問題，對關鍵訊息系統的持續全面監測及案件的追蹤溯源提供有力的技術支撐；並依託阿里大數據雲端平台開展「重點人員管控」、「全息檔案」、「人車物時空軌跡分析」、「對象行為分析」、「涉事人群識別」、「人員親密度分析」、「人員伴隨分析」、「人員關係網路分析」等大數據分析應用，實現對突發警情的預警研判和應急處置。

智慧偵查，精準打防。塊數據指揮中心建設智慧筆錄系統，解決現有筆錄訊息數據圖片存放方式、民警個人保存等方式，依託統一的筆錄管理平台實現筆錄訊息關鍵字提取、自動比對、分析等應用；建設現場勘查 APP 應用，便於民警快速、準確、及時收集各類案件現場訊息，並與案件相關訊息進行管理分析，提高案件偵破效率；建設大數據模擬組合分析系統，充分利用日常偵查破案中的涉案人員、事件、物品的相關性原理，透過簡單的圖形化組合方式搭建碰撞模型，實現資源的過濾查詢、條件碰撞、交集比對、時空分析、頻次分析、數據合併、分類統計、條件過濾等碰撞處理，有效改變以往僅靠人海戰術、圈地碰撞的單一碰撞方式，逐漸形成了豐富多樣的網上碰撞新思路，最終為民警開展深層次、精細化的專業分析應用和最終決策行動提供情報支持。

❸ 塊數據大腦推動警務機制改革

「塊數據大腦」以塊數據為支撐，實現了對貴陽時空內人、事、物的全息刻畫、特定行為的關聯分析、時空軌跡的精準掌控，變被動應對為主動預警，變事後處置為事前預防，形成了一整套「智慧化」、「自流程化」的閉環管理機制，打造了打、防、管、控一體化作戰平台，實現執法辦案全要素網上記載、全流程網上流轉和全過程網上監督，全面推動了貴陽公安工作的品質變革、效率變革、動力變革。

重塑警務組織，推動警務機構扁平化。塊數據指揮中心積極探索現代訊息技術與勤務機制的有機融合，著力構建「條塊分割、合成作戰；指揮長負責、情指一體化」的硬體環境，高效支撐警情受理、指揮調度及合成作戰等業務順利開展，形成情報主導下的「資源整合、手段集成、責任共擔」的合成作戰體系，以網格化接處警為撬點，健全完善了扁平化指揮、網格化動態布警、多警聯勤聯值、巡處合一的現代警務運行模式，推動了警務組織結構扁平化。貴陽全市公安民警主動履職能力顯著提升，「兩搶」發案從二〇一二年日均二十八起降至二〇一八年日均一．二起以下，成為全國第一家「兩搶」、「八類案件」破案率均達到九十%以上，和命案一〇〇%全破的省會城市。

優化警力配置，推動警力供給均衡化。警力不足一直是中國治安公共服務供給中的難題，巨量的流動人口、犯罪案件的複雜性和高智商化、社會轉型期的突出矛盾、民眾日益提高的治安公共服務需求等進一步加劇了警力資源的供需缺口，而模糊的治安公共職能定位、結構配置的不合理又造成了警力不足與警力浪費並存的格局。塊數據指揮中心透過大數據的落地應用，形成了一整套規範化、標準化、導航式的「自流程化」閉環管理機制，實現科學用警，提高警力效率，開放部分警力更多投入到社區基層基礎管理服務。民警的工作效能呈幾何級數增長，逐步形成集約型、效能型、智慧型警力資源配置格局，初步實現了警力的無增長改善。全市人民群眾安全感滿意度連續三年保持在九十五%以上。

再造警務流程，推動警務處理智慧化。塊數據指揮中心以大數據的共建、共享、共用為切入點，解構和重塑各類警務應用，將原來分散在各層級、各部門、各應用系統中的業務流和訊息流，整合成首尾相接、完整聯貫的數據警務流程，構建起涵蓋廣泛、即時更新、智慧決策、無縫隙共享、自流程化的公安大數據綜合運用平台，實現整個警務機制的流程再造；同時開展各類創新型業務應用系統建設及各類研判分析模型的大數據分析應用，滿足民警在統一平台上，實現全網搜索、全網查詢、全網比對、全網研判、全網實戰，從根本上改變了以往傳統工作模式，牢牢掌握了工作主動權，推動全警大數據應用意識和能力水準的提升。

強化警務監督，推動警務執行規範化。「塊數據大腦」從訊息上報、研判評估、指揮調度、現場處置、事後反饋、數據校驗、責任追究等環節入手，密實了隊伍管理和執法規範化「兩個『數據鐵籠』」，促進警務機制改革，真正形成了良性循環的警務工作模式。目前，「塊數據大腦」已將全市公安隊伍管理的二二一個風險點和執法辦案的一三九個風險點納入數據監督範圍，監管發現的問題總數達六六四九八條，預警推送異常訊息達一五五四九條，督促整改次數六四五二六人／次。透過對工作各環節中發現的漏洞和不足，數據自動生成並推送相關責任部門、崗位乃至具體責任人進行提醒、催促、督導、問責，促進各項工作規範常態運作。

貴陽實有人口服務管理平台

「貴陽實有人口服務管理平台」為從根本上解決實有人口管理的痛點問題，應用「數據監督數據、數據核查數據、數據產生數據」科學原理，依託市局塊數據指揮中心強大的數據支撐，解決實有人口自流程蒐集錄入、動態維護更新，創新實有人口管理新模式。平台透過「標準地址」和「身分證號」兩個信任根，進行各類人口關聯訊息的廣泛注入、專業清洗以及深度融合，運用二、三維實景影像地圖完整顯示數據的立體形態，進行空間數據查詢及圖形結果呈現。做到了對實有人口的精準定位、精確管控，形成了房屋與數據、數據與數據之間的互聯互通，發揮了大數據應用的最佳實效，真正達到「以房管人」的效果。讓實有人口管理從以前的「腳板警務」變成了「數位警務」，大大減少了民警的工作量，提升了工作的針對性。

第5節・禁毒新路：打響一場大數據禁毒人民戰爭

禁毒，是一場國家行動，也是一場人民戰爭，事關國家安危、民族興衰、人民福祉，厲行禁毒是中國共產黨和人民政府的一貫立場和主張。貴陽是全國毒品流轉的一個地緣節點，毗鄰雲南，是「金三角」毒品運往四川、重慶、湖南、湖北、廣西、廣東等地區地下販運通道上的一個樞紐大城市，毒品地下運輸必然帶動地下毒品消費，這使貴陽成為毒品過境、中轉、集散和消費疊加之地，禁毒形勢異常嚴峻。貴陽始終保持對毒品違法犯罪高壓嚴打態勢，主動破題、主動求變、主動創新，啟動了「向毒品說『不』，打一場禁毒人民戰爭」的總體部署，運用大數據推動毒品問題源頭治理、精準治理、綜合治理、示範治理，最大限度遏制毒品來源、遏制吸毒人員滋生、遏制毒品社會危害，探索出了新形勢下遏制毒情形勢、創新毒品治理的禁毒新路。

❶ 新形態毒品犯罪發展趨勢

當前，禁毒形勢依然嚴峻。傳統毒品尚未禁絕，新型毒品又如潮水而至，同時，隨著互聯網、移動支付的發展，利用互聯網販毒活動日益猖獗。在互聯網的掩護下，販毒隱蔽性不斷增強、查處難度進一步增大。更加令人憂慮的是，吸毒人員呈現出低齡化、多元化趨勢，給禁毒工作帶來一些新的挑戰，要以全新的視野深化對毒情形勢的認識，以全新的措施深化對毒品突出問題的治理，全面推動新時代禁毒工作實現新發展。

涉互聯網毒品犯罪呈現增長態勢。互聯網和快遞物流業的迅猛發展，使毒品的傳播與交易呈現出不同以往的科技化特點，為毒品濫用者提供了更為便利隱蔽的生產販運方式，間接豐富了毒品濫用的形式和環境，增強了毒品亞文化[1]的傳播，成為毒品交易的「市場」，教唆製毒的「課堂」，聚眾吸毒的「俱樂部」。犯罪分子在製毒方式、運毒方式、藏毒手法、交易方式、付款方式、分銷網路等環節利用新科技不斷更新手段，利用私密型社交媒體進行訊息溝通，透過遠程支付和快遞系統完成交易，成功實現了「人貨分離」和「人錢分流」，這對於辦案人員傳統「人贓俱獲」的偵辦思維提出了挑戰。

新型合成毒品偽裝滲透防不勝防。為了增強毒品的隱蔽性、誘惑性，犯罪分子透過改變包裝形態，為毒品披上了新的外衣，以食品形式生產銷售「咔哇潮飲」、「彩虹煙」、「咖啡包」、「小樹枝」、「小熊餅乾」、「跳跳糖」等新型合成毒品[2]，花樣不斷翻新，具有極強的偽裝性、迷惑性和時尚性，令人防不勝防。新型合成毒品的「娛樂性」的假象在很大程度上掩蓋了其「毒」的本質，很多人往往會在他人的誘惑或者自身好奇心的驅使下去嘗試，這也是新型毒品迅速蔓延的原因。

毒品向低齡化大眾化農村化蔓延。據《二〇一八中國禁毒形勢報告》，截至二〇一八年年底，全國現有吸毒人員二四〇・四萬名，其中，三十五歲以上一一四・五萬名，占四十七・六%；十八歲到三十五歲一二五萬名，占五十二%；十八歲以下一萬名，占〇・四%。吸毒人員低齡化特徵明顯，青少年群體由於本身具有生理和心理上的雙重脆弱性特徵，對毒品成癮性、危害性缺乏正確的認知，個體禁毒意識不強，加之不良群體誘導，青少年參與吸毒、販毒等現象不斷出現，給青少年的健康成長帶來了極為不利的影響。同時，隨著禁毒力度的不斷加大，使得犯罪分子不斷將吸毒目標群體瞄準城鎮鄉村等禁毒力量稍顯薄弱的地區，農村青少年由於學校、家庭、經濟等原因過早輟學，成為販毒人員優先坑騙的對象，致使毒品問題不斷向農村蔓延擴展。

❷「大數據＋禁毒」的貴陽模式

近年來，面對日趨嚴峻的毒情形勢，貴陽始終保持對毒品違法犯罪高壓嚴打態勢，主動破題、主動求變、主動創新，啟動了「向毒品說『不』，打一場禁毒人民戰爭」的總體部

---

① 毒品亞文化與二十世紀六十年代的西方搖滾精神密不可分，相當一部分搖滾精神是叛逆的，部分年輕人蔑視所謂的傳統與主流的精神文化，在與主流三觀相悖的路上尋覓感官及精神的極致體驗。

② 新型合成毒品，又稱第三代毒品，是相對於以海洛因、大麻等為代表的第一代傳統毒品，和以冰毒、搖頭丸等為代表的第二代傳統合成毒品而言的，即新精神活性物質，又稱實驗室毒品，是不法分子為逃避打擊而對管制毒品進行化學結構修飾，或全新設計和篩選而獲得的毒品類似物，具有與管制毒品相似或更強的危害性。

署，運用大數據推動毒品問題源頭治理、精準治理、綜合治理、示範治理，最大限度遏制毒品來源、遏制吸毒人員滋生、遏制毒品社會危害，探索出了新形勢下遏制毒情形勢、創新毒品治理的禁毒新路。

1.「雙逢雙查，超前防控」源頭治理

源頭治理是毒品治理的治本之策。傳統的毒品打擊模式側重考核「繳毒量、破案數」等核心指標，客觀上容易造成「養窩子」、「割韭菜」的弊端，導致毒品打擊陷入「越打越多、越禁越多」的惡循環。為走出這一困境，貴陽立足問題導向和思路創新，科學探索提出了「打源頭、控環節」的禁毒工作理念，實行「逢吸毒必查毒源、逢販毒必查上下線」的「雙逢雙查」工作制度，深入開展毒品預防教育工作，從供給和需求兩方面入手，堵住毒品犯罪源頭。

雙逢雙查，堵源截流。在確定涉毒嫌疑人的基礎上，貴陽透過禁毒情報研判系統分析排查、情報綜合應用平台及禁毒訊息系統比對、詳細訊（詢）問嫌疑人及同案人員、走訪社區和親友等多種方式進行順線深挖細查，查明毒源及上下線，最大限度地打擊毒品販運源頭、遏制毒品供應，最大限度地發現毒品交易、消費環節、控制毒品非法流通，最大限度地排查涉毒人員、納入戒治管控、減少毒品需求，力爭查一個、帶一串、打一夥、挖一窩；同時將

「雙逢雙查」工作納入公安機關禁毒人民戰爭專項考核項目，推動「打源頭、控環節」的要求落實。

關口前移，超前防控。貴陽把建立青少年和中小學生的毒品預防教育作為重中之重，實現普通中小學校、中等職業學校和高等學校的毒品預防教育全涵蓋，並按照集聲、光、電一體現代化禁毒展覽館的定位，打造「全國毒品預防教育（貴陽）基地」；建設中小學生心理健康雲端平台系統，開展中小學德育安全網格化工作；實行訊息週報、月考核制度，線上線下相結合，實現中小學生安全排查日常化，建立重點學生預警、干預機制以及特殊群體學生關注關愛體系，實現預防關口前移。緊緊圍繞流動人口群體、社會閒散人員、涉毒高危行業從業人員等易染毒群體深入開展禁毒宣傳教育工作。

2.「數據禁毒，智慧戒管」精準治理

貴陽按照「一網匯聚、多點支撐、全程追蹤、精準管控」的思路，把數據禁毒系統作為推動禁毒人民戰爭升級發展的突破口，不斷提升貴陽精準化禁毒的能力和水準，是新時代禁毒創新「貴陽模式」的積極嘗試，「數據禁毒」已經成為貴陽打響一場禁毒人民戰爭的響亮名片。

訊息精準：涉毒訊息全面蒐集。數據禁毒系統整合了公安機關辦案部門、社區（鄉、

鎮）、社會化戒毒康復站、助業安置機構、維持治療門診、病殘收治中心（特殊病區）、戒毒場所等「七大數據源」的吸毒人員訊息，並明確各數據源單位採錄吸毒人員訊息的內容和數據推送工作流程，建立一對一的基礎數據庫，有效掌握吸毒人員全面情況。貴陽還制定了《禁毒人民戰爭基礎數據規範》，設定了一二九類、一〇五三項基礎數據蒐集標準。工作人員透過數據禁毒系統可以將吸毒人員基本身分、家庭生活、就業收入、生理心理、戒毒經歷、吸毒原因、吸毒情況、現實狀況等基礎訊息和執行社區戒毒康復過程的各項工作記錄，以及對其服務救助、就業扶持、維持治療、查獲處置、收戒收治等動態訊息全面錄入系統，為多維度分析吸毒人員訊息奠定了堅實基礎。

管控精準：「動態不明」變「處處留痕」。貴陽成立禁毒大數據合成作戰室，深度融合禁毒、技偵、網安等大數據資源，構建「精準禁毒」模式，實現對禁毒工作的「一網統籌」。禁毒大數據合成作戰室依託數據禁毒系統，透過人臉識別、高壓縮儲存、無線傳輸等技術手段，對涉毒重點人員吃、住、行、消、樂，以及相關活動等海量數據進行深度挖掘、比對碰撞，精準掌握吸毒人員活動軌跡，對吸毒人員進入公共場所、高危場所、駕車等高危情境進行即時預警、即時監控、即時調度處置，為排除可能存在的公共安全隱患提供數據支撐。同時，工作人員常態開展多情報線索研判，充分運用技偵現有快遞數據資源，開展涉毒人員數據與寄遞數據比對碰撞工作，加大對物流寄遞涉毒研判工作、加大網路涉毒打擊力度，並透過網路監管每一支藥品的流向情況，遇到問題時可以迅速追溯流向和召回產品等，實現了對貴陽轄區醫療機構特殊藥品標準化、制度化、規範化管理。

幫扶精準：「千人一面」變「一人一策」。在社區戒毒康復方面，數據禁毒系統以數據訊息手段再造社區戒毒康復工作的全過程，自動追蹤記錄涵蓋社區戒毒康復人員定期訪談、定期吸毒檢測、定期報告、定期評估和動態情況維護、藥物維持治療轉介情況、戒斷解除等定期需要完成的「規定動作」，並根據工作需要，動態建立並採錄生理檔案、心理檔案、就業檔案、入組檔案、病殘收治中心檔案、監管場所檔案等。在差異化管控方面，系統以自組織化的方式將獲取到的社區戒毒康復人員積分關聯訊息自動換算成與復吸風險程度、管控難易程度等因素劃分不同的管控層級，根據管控等級的不同對社區戒毒康復對象採取差異化的管控措施。在精準干預幫教方面，系統以對其個體差異進行分類判定，輔以人工干預措施為每一個社區戒毒康復人員定製個性化戒毒康復方案，為實施精準戒毒提供有力支撐。系統可將吸毒人員的合理需求、行為異動等訊息及時推送到社區戒毒康復工作小組，使之能夠根據吸毒人員需求或者工作需要及時開展心理干預、進行幫教談話、提供疾病診療、給予就業指導等幫教工作，初步實現了對管控對象的精細化管理、精準化服務。

考核精準：強化線下責任落實。工作人員對吸毒人員各項基礎、動態數據進行全時空、全方位分析研判，參照《二〇一八年度貴陽市禁毒人民戰爭考評細則》，根據社區戒毒康復工作記錄，即時統計分析考評各項指標數據，確保精準戒毒的措施得到有效落實。

為提高管控真實性，嵌入「活體檢測」技術，系統要求工作人員在與管控對象面對面訪談的過程中，即時拍攝現場照片以印證工作的真實性。同時實現紙質辦公向數據辦公的轉變，定期考評向即時問效的轉變，實現對工作人員履職盡責情況的全方位考核問效，有效增強了管理幫教工作的針對性、實效性，促進了戒斷鞏固成效的不斷提升，為逐步減少吸毒人數起到了積極的促進作用。

3.「條專塊統，全民禁毒」綜合治理

長期以來，禁毒工作主要依靠各級禁毒委員會，以公安、司法機關專業管理為主，在禁毒統籌力度和社會有效參與層面還存在很多不足。為此，貴陽在禁毒領域積極探索，落實黨委、政府「塊統」之責和成員單位「條專」之責，形成「黨委領導、政府負責、部門聯動、社會參與」的「條專塊統」格局。

「書記抓、抓書記」工作領導機制。由貴陽市委直接統籌推動，市四套團隊領導密集開展禁毒工作調研，解決制約禁毒工作發展的體制性、機制性、保障性問題。各區（市、縣）

禁毒委均由黨委書記擔任第一主任，從市到村層層建立完善禁毒工作機構，禁毒委領導體制、議事規則等得到加強。同時，貴陽建立以毒品價格、青少年吸毒人員新增率、收戒管控率、群眾滿意度為核心指標的禁毒工作考評體系，對區縣黨政主要領導、分管領導和公安機關、禁毒辦負責人進行捆綁考核，強化守土有責、守土盡責。

「專班推進、全民禁毒」治理格局。為提高禁毒隊伍專業水準，貴陽研究制定下發了《貴陽市公安局關於落實禁毒人民戰爭的責任分解方案》，明確了禁毒人民戰爭中各警種、各層級的職責和任務，由相關警種聯合成立了禁毒、技偵、網安、場所、查緝、築網底、宣傳、戒毒等八個工作專班，全涵蓋、全天候、立體式、常態化牽頭打擊整治毒品犯罪，建立「專業警種抓毒梟、基層所隊打零包」的格局；同時組建了以人民群眾為主體，涵蓋各層級、各領域、各行業的禁毒情報訊息員隊伍，實現了將禁毒工作納入網格化管理，形成業主委員會、網格長、樓棟長、單元長「一委三長」參與禁毒人民戰爭的長效機制；透過政府購買公共服務的形式，把禁毒宣傳預防教育、戒毒治療、體能康復、心理矯治、教育培訓、就業安置等項目交給社會力量承擔，充分發動廣大人民參與禁毒戰爭。

4.「陽光工程，無毒社區」示範治理

吸毒人員離開戒毒所後如何回歸社會，是禁毒工作中的一大難點，貴陽積極整合資源，

深入推進吸毒人員就業安置「陽光工程」，打造「陽光品牌」，有效解決了吸毒人員回歸社會的問題，形成具有貴陽特色的禁毒示範引領效應。貴陽按照社區、社團、社會「三社聯動」理念，公布《關於推進禁毒工作社會化的實施意見》，加快社會組織孵化，打造了築城陽光禁毒志願者協會、「陽光媽媽」禁毒志願者協會、陽光成癮公益中心等一批禁毒公益組織。在此基礎上，貴陽透過以「就業安置」為核心，以「陽光組織」、「陽光企業」為載體，探索出一條集「生理脫毒、身心康復、就業安置、融入社會」於一體的社區戒毒、社區康復新途徑，讓曾經的「癮君子」有業可就、有事可幹、困有所幫、病有所醫，可以像普通人一樣在陽光下正常地生活和工作。與此同時，為落實禁毒工作基層網，不斷擴大「無毒害」創建涵蓋面，貴陽積極創建「無毒」社區和「控復吸」示範社區，積極探索總結先進工作經驗、思路和方法，引領、帶動「控復吸」創建活動的廣泛、深入、持續、健康發展，推進禁毒人民戰爭各項工作在基層得到有效落實。

❸ 禁毒示範城市的創建路徑

二〇一八年一月十八日，國家禁毒委把貴陽納入全國首批一〇九個禁毒示範城市創建名單，對推動新時代禁毒工作提出了更高要求。貴陽始終以高標準、高要求、高規格推進創建示範城市活動，始終遵循黨委領導、政府負責、部門齊抓、社會參與、法制保障的毒品問題治理體制，堅持全涵蓋預防、全網路管控、全鏈條打擊、全環節監管、全方位檢測，在多個領域、多個方面開展創建工作，進一步推進毒品治理，深化禁毒人民戰爭。

1.全涵蓋毒品預防形成濃厚氛圍

貴陽在全市範圍內營造「聲勢浩大，鋪天蓋地，激動人心」的創建全國禁毒示範城市氛圍，提高全民識毒、防毒和拒毒的意識，鞏固齊抓共管、全民禁毒的大宣傳格局，進一步提高廣大人民群眾對禁毒知識的知曉率和對禁毒工作的滿意度，努力從源頭上防範新吸毒人員滋生，有效遏制毒品危害；將校園作為青少年毒品預防教育的主陣地，在全國率先將禁毒知識納入中考及年級期末考試內容，重新編印了小學、初中、高中三個階段呈螺旋式上升的禁毒教材，開發了「毒品預防」測評訓練功能模組，線上線下的預防教育得到有機融合；把輟學、失學留守兒童和外出務工青少年作為農村禁毒工作的重點，透過學校專題教育、家校聯合、上門發放禁毒宣傳對聯或年畫、簽訂禁毒責任書等形式開展毒品預防教育；大力發動機關、社會團體、企業、人民群眾積極參與禁毒工作，融合生態文明建設、鄉村振興、脫貧攻堅、「三下鄉」等主題宣傳和禁毒史實、事件、民俗、家風家訓等優秀傳統文化，透過開展豐富多彩的活動，在社會面形成了濃厚的禁毒宣傳教育氛圍，推動「健康人生、綠色無毒」

理念深入人心。目前，貴陽組織舉辦閒散青少年、重點行業場所、幹部職工、轄區居民等禁毒培訓一七九一場次，全市共開展創建宣傳活動八八三〇場次，製作宣傳標語、掛圖等十萬餘條，展板二萬餘塊，禁毒黑板報一・八萬餘期，利用公交出租車、戶外 LED 屏、樓宇電梯，以及電影院滾動播放禁毒宣傳標語和公益片三十八萬餘次，二・五萬餘台網吧電腦屏保設置了禁毒警示標語，受眾人數達一千萬餘人（次），引起了社會各界的良好反響。

2.全網路戒毒管控全面優化升級

貴陽透過開展全網路戒毒管控工作，深入實施社區戒毒社區康復工程，加強社會吸毒人員風險分類評估管控，全面推行吸毒人員網格化服務管理，打造多渠道解決吸毒人員就業的陽光工程「升級版」，健全吸毒人員立體化查控機制，大力推進社會化戒毒康復站規範化建設，升級改造數據禁毒應用平台，加快推進禁毒工作社會化進程，實現「科學戒管、長期聯動」機制在戒毒場所和社會化戒毒康復站全涵蓋。貴陽頒布實施了全國省會城市首部地方性禁毒法規——《貴陽市社區戒毒康復條例》，首創推出的「數據禁毒應用平台」優化升級到 2.0 版本，「復吸風險分析預警」模型上線運行，對吸毒人員社會支持系統、家庭支持系統和生理心理因素各類指標，以及運算程序進行優化完善，提升預警精準性和干預實效性，最大限度降低復吸風險，延長其戒毒操守期。全市陽光驛站（社會化戒毒康復站）從三十四個增加到一百四十九個，示範站點從五個增加到六十個。全市建成七個新型戒毒所、一千六百餘個陽光助業驛站、三十七個「陽光工程」集中安置點、十七個戒毒藥物維持治療門診、一個自願戒毒醫療機構。全市孵化引入築城陽光志願者協會、陽光春天社工服務社、春陽社工服務中心等八十餘家社會組織參與禁毒工作，將社區戒毒社區康復工作交由專業的社會組織負責推進落實，禁毒工作的社會化、專業化和科學化水準不斷提高。

3.全鏈條緝毒打擊不斷縱深推進

貴陽以構建全鏈條緝毒打擊體系為支撐，在全市範圍組織開展以打擊製毒犯罪、打擊販毒犯罪和管控製毒物品、管控高危吸毒人員，以及收戒收治病殘吸毒人員為重點的「兩打兩控一收治」專項行動；堅持大數據引領，準確把握毒品犯罪規律特點，探索建立適應毒情形勢的精準打防機制；整合情報、技偵、網安等各警種情報訊息和數據資源，實現禁毒數據跨警種、跨系統的自流程化情報訊息指揮體系，建立完善禁毒情報、失蹤吸毒人員排查、物流寄遞業毒品查緝、在所吸毒人員常態研判、外來人員涉毒違法犯罪打擊等實戰化機制；在重點查緝區域、線路上設立影像監控點、訊息蒐集點，充分借助大數據、物聯網的理念和手段，推行「網上作戰」、「天網查緝」等緝毒偵查新模式；創新「公安管人、醫院治病」的「公衛合作、警醫聯勤」模式，建立了貴陽市病殘吸毒人員收治中心，有效解決了病殘吸毒人員家屬不管、場所不收、群眾不滿的積重難返問題。

貴陽市數據禁毒系統實現精準戒管

禁毒輔警能精準掌握戒毒康復人員訊息、動態，得益於貴陽市數據禁毒系統的開發與使用。數據禁毒系統即時掌握戒毒康復人員在時間維度、空間維度與戒毒行為相關的動態軌跡，分析戒毒康復人員的生理、心理、行為、家庭、就業、社交圈子等狀況，建立戒毒康復人員危害可能性分析模型，動態評估戒毒康復人員復吸原因、危害可能性，並採用積分管理和分類分級管控的辦法，自動列出預警清單，發送管控指令，變事後處置為過程管控，靶向解決戒毒有效性問題，達到有效管控的目的。引入大數據手段，使貴陽市在「消減吸毒人員存量，減少吸毒人員增量」和「減少毒品供應，減少毒品需求，減少毒品危害」等方面的管控能力得到有效提升。

4.全環節禁毒監管強化堵源截流

為嚴防製毒物品流入非法渠道，嚴防發生製造毒品及製造製毒物品犯罪活動，貴陽對製毒物品實施嚴格的全環節管控，對從事易製毒化學品、化工原料及成品研發、生產、加工、儲存、銷售和進出口、使用的企事業單位全面開展徹底審查，即時掌握高危企業、公司、人員、製毒化學品和製毒設備品種及分布等動態訊息，將排查涉及製毒物品（非列管）的企事業單位全部錄入「國家製毒化學品和製毒設備排查管控系統」進行數據化運用，全面掌握製毒物品的庫存數量、實際狀態、流向動向等情況，並發動、組織企事業單位進行內部安全管理教育。貴陽還成立了全省首家易製毒化學品行業自律協會，進一步完善了全環節禁毒監管體系。示範創建以來，共開展製毒物品和易製毒化學品檢查三二一四次，涉及企事業單位八七三家，責令整改、處罰三九六家，全年未發生易製毒化學品非法流失案件。

5.全方位毒情監測鞏固禁毒成效

貴陽不斷健全完善毒情監測體系，更加全面、科學、準確地評價毒品治理效果，進一步鞏固深化禁毒工作成效，有效遏制毒品問題的發展蔓延，實現了毒品形勢的根本好轉；不斷推進禁毒大數據建設，提高禁毒數據整合與應用水準，鞏固完善禁毒情報分析研判機制，為精準指導禁毒工作深入開展提供有力支撐。對貴陽教育宣傳效果和吸毒人員增幅情況進行監測，為實現「控增量、減存量」的目標夯實基礎；對重點行業場所從業人員、社區戒毒社區康復人員進行毛髮抽樣檢毒，實現對毒品氾濫程度的有效監控；對吸毒人員肇事肇禍、漏管失控、毒駕等情況，以及社會面吸毒人員占人口比率、社區戒毒社區康復執行率、戒斷三年鞏固率、吸毒人員入所收戒率和吸毒人員引發的刑事、治安案件情況進行監測，降低了吸毒人員肇事、肇禍風險；對涉毒行為活躍程度和緝毒執法能力與品質進行監測，有效控制外流販毒活動，提升了應用禁毒情報破獲毒品案件的效能。二〇一八年，貴陽共依法核查註銷六一七名貴陽戶籍吸毒人員持有的機動車駕駛證，未發生因「毒駕」引發肇事、肇禍案事件。

貴陽市 VR 線上禁毒教育展覽館

貴陽 VR 線上禁毒教育展覽館是針對貴陽輻射全省、全國的專業性禁毒教育展館，透過 VR 線上技術讓百姓可以足不出戶、身臨其境地參觀禁毒展館，展館內共分為「毒品歷史沿革」、「吸毒人生路」、「毒品認知窗」、「青少年新型毒品認知專區」、「禁毒人民戰爭」五大板塊。展館內大量運用虛擬現實、聲、光、電、多媒體等手段，透過動畫、圖片、文字、模型，強化觀眾互動及參與體驗，達到禁毒宣傳警示和預防教育作用，讓大家瞭解毒品危害，堅決抵制毒品。

第 6 節・網路扶貧：「大數據＋大扶貧」的貴州樣板

千百年來，困囿八山一水一分田的貴州是全國貧困人口多、貧困面積大、貧困程度深的省分。作為全國扶貧攻堅的主陣地和主戰場，貴州充分利用了大數據先行優勢，牢牢扣準脫貧攻堅這一時代主題，將高新科技領域的創新發展與實現貴州貧困地區跨越發展緊密結合，運用大數據支撐大扶貧，利用大數據技術手段落實精準扶貧、精準脫貧基本方略，強化「大數據＋產業扶貧」、「大數據＋應用扶貧」、「大數據＋民生扶貧」，實現了雲上「繡花」拔窮根，山中算數真脫貧。貴州在脫貧攻堅主戰場上開展了一系列的探索和實踐，逐步探索出了一條「大數據＋大扶貧」的融合發展道路，為全國提供了「大數據＋扶貧」的「貴州樣板」。前世界銀行行長金墉在貴州調研時說：「從決戰脫貧攻堅到發展數位經濟，貴州有許多成功範例，我們要將貴州可複製的、可借鑑的發展模式推廣到其他國家和地區，造福更多的人，推動全球減貧和發展事業取得更大成就。」

❶ 脫貧攻堅看貴州

「沒有比人更高的山，沒有比腳更長的路。」扶貧不走尋常路，脫貧不是空承諾。面對一百五十五萬還沒有擺脫貧困農民群眾，「貧困不除、愧對歷史，群眾不富、寢食難安，小康不達、誓不罷休！」這是貴州各級黨員幹部對貧困發出的戰書，也是對全省各族群眾的莊嚴承諾。二〇二〇年是決戰決勝脫貧攻堅、全面建成小康社會收官之年，是從消除絕對貧困轉向解決相對貧困的關鍵之年。「行至半山不停步，船到中流當奮楫」，圍繞決勝之年的工作要求，貴州迎難而上，堅持大數據引領大扶貧，以開局就是決戰、起步就要衝刺的勁頭打響「脫貧戰」，吹響全國脫貧攻堅主戰場上的「衝鋒號」。

1. 脫貧攻堅的主陣地和主戰場

經過近幾年的持續攻堅，貴州貧困人口總量大幅減少，貧困發生率從「十二五」末的十四・三％下降到二〇一八年年底的四・三％，脫貧攻堅戰取得決定性進展，進一步增強了貴州打贏脫貧攻堅戰的信心決心。但是，作為深度貧困地區，貴州仍然面臨著巨大的困難和挑戰。

從貧困人口總量上看，除已摘帽退出的十五個縣外，全省仍有五十一個貧困縣需要在二〇一九～二〇二〇兩年脫貧摘帽，還有二七六〇個貧困村、一五五萬貧困人口需要脫貧出列。這其中，深度貧困地區尚有貧困人口九十一萬，占五十八・七％，老弱病殘等特殊貧困群眾五十二・五七萬，占三十三・九二％。這些群眾致貧原因複雜，生產生活條件相對較差，以往的普惠式扶貧政策效應遞減，這是貴州下一步工作的難中之難、堅中之堅。

從貧困人口分布上看，深度貧困地區脫貧難度比較大，貴州深度貧困地區集中分布在西北部高寒山區、西南部石漠化山區和東南部深山區，在十六個深度貧困縣中，十一個位於滇黔桂石漠化區，三個位於烏蒙山區，二個位於武陵山區；有二七六〇個深度貧困村，九十五%以上集中在高寒山區、石漠化山區及森林覆蓋率高的山區，資源稟賦較差，貧困群眾增收渠道窄、持續增收難度大。

從貧困人口內生動力上看，剩下的貧困人口中，因病、因殘占比大，勞動力資源開發難度較大；少數貧困戶「等靠要」思想仍然存在，發展意願不強，甚至有爭戴「貧困帽」現象，需要進一步激發其自主脫貧動力。同時，深度貧困地區建檔立卡貧困人口中，少數民族人口占七十一．五八%，部分少數民族群眾，尤其是部分婦女不懂漢話、不識漢字，學習掌握勞動技能的能力不足，教育、文化、人力資源開發等難度較大，脫貧任務艱巨。

從扶貧效果上看，貴州由於基礎設施、民生保障方面歷史欠帳較多，脫貧基礎薄弱，「兩不愁三保障」目標的實現過程中還存在一些薄弱環節，在產業、住房、飲水安全、人居環境以及就學、就業、就醫等方面，還有很多需要加快補齊的短處。特別是在農業產業發展上，貧困地區缺乏新型經營主體帶動，產銷對接不充分，利益聯結不完善，對貧困群眾帶動不足。

2.精準扶貧路上的「五大難」

貧困人口精準識別難。由於任務重、工作量大、時間緊迫，工作人員在對貧困戶真實情況進行調研、數據訊息的及時錄入等方面還存在一定難度。由於國家制定的扶貧項目的數據統計專業性強，部分工作人員在實際操作中不能正確運用。貴州採用「四看法」指標進行貧困戶識別，與傳統「大水漫灌」的識別方法相比，有一定的進步性，但是在實際扶貧工作中，「四看法」中的指標偏向定性，缺少細化的定量指標，且貧困戶民主評議中難以排除人為因素，以上都會造成貧困人口數據的失真，直接影響到精準幫扶的效果。

幫扶人與扶貧需求精準對接難。各貧困戶、貧困村的致貧因素各異、扶貧需求各不相同，先確定幫扶關係，再進行致貧因素分析和扶貧需求調查，容易導致幫扶資源供給與扶貧對象、扶貧需求難以實現最優匹配。擁有資源多的幫扶單位或幫扶人能為與其結對的貧困村或貧困戶提供較好的幫扶資源，而資源稀少的幫扶單位或幫扶責任人，在規定時間內幫助貧困村和貧困人口脫貧卻困難重重。因此，一些貧困地區出現由主要領導掛點的貧困村基礎設施資金投入較多，而一些非主要領導掛點的貧困村扶貧資金的投入則遠遠不夠的現象。

扶貧數據動態管理難。在實際工作中，數據的動態管理受到數據的維護成本影響。由於數據維護的項目眾多，如貧困戶的致貧因素、脫貧度、幫扶幹部的監督、返貧趨勢以及概率等，基本數據庫建設和動態數據庫維護等都存在維護成本高、工作量大、需要的人力資源多的難題，不利於實現數據的動態和精準管理。如果對貴州幾百萬貧困人口的基本概況、收入支出、醫療健康、受教育程度全部進行登記，工作量巨大，而且存在對已脫貧人口因為一些突發因素可能隨時返貧不能及時識別的問題。

扶貧工作即時監測難。扶貧工作需要監測的指標有三項一級指標、十五項二級指標和三十七項三級指標，採用綜合指數法，透過脫貧攻堅計劃完成率、專家評分、上級評分和問卷調查將三十七項三級指標指數化，加權得出十五項二級指標指數，然後加權計算得到三項一級指標指數，最後加權得到脫貧攻堅成效指數。這些沒有訊息系統支撐，不可能精準到位，且各自地區的數據缺乏溝通和共享，很難將貧困地區氣候、主要收入來源、健康及醫療保障等全部納入數據管理，缺乏全面高效的數據分析和決策，無法科學地進行扶貧效果監測並提供修改建議。

社會扶貧精準落實難。社會扶貧是構建「三位一體」大扶貧格局的重要一翼，社會組織作為社會扶貧的主體受制於專業能力有限，內部管理機制不完善，缺乏高水準的理事會構建經驗，在決策時缺乏專業性，對幫扶工作僅停留在對貧困戶的物質幫扶上，在立足村情和貧困戶實際有針對性地開展項目扶持、技術援助、人員培訓等方面缺乏有效支持。而且，近年來社會組織本身侵吞善款事件頻發，這主要因為不少社會組織缺乏內部和外部監督機制，組織運行不透明，財務訊息不公開。

3.「大數據＋大扶貧」的模式路徑

扶貧攻堅貴在「精準」、重在「精準」、成敗在「精準」，切忌「大水漫灌」。在推進中，貴州堅持以大數據為引領、彎道取直，大扶貧作保底、不拖後腿，積極探索用數據甄別、數據決策、數據管理、數據考核的精準扶貧方式，突出精準性、體現有效性、打造示範性。

打通扶貧數據「任督二脈」。貴州統籌推進各部門數據管理及共享權利義務，依託政府數據共享交換平台，大力推進扶貧領域基礎數據資源建設及與各部門訊息系統的跨部門、跨區域共享。在依法加強安全保障和隱私保護前提下，貴州按照「扶貧＋」的思路，強化與相關職能部門間的統籌配合，建立數據動態交換機制，完成扶貧大數據平台的橫向數據連接、傳輸和整合，將大數據融入脫貧攻堅全過程，實現部門數據的互通互聯、資源共享；在確保數據與貧困對象訊息安全的前提下，實現大數據向各級扶貧部門授權開放，向社會有限度開放，打通扶貧系統與其他系統的網路連接，共享氣候、水質、土質、經濟、生產等資源，促進脫貧攻堅問題精準施策。

繪製全省扶貧「一張圖」。貴州統一了全省的大數據扶貧系統平台，建立各扶貧系統間的數據共享機制，在深度貧困地區，推廣應用升級版的大數據精準扶貧系統平台。由貴州省扶貧開發領導辦公室領頭，工信部、農業農村部、科技部、財政部等配合，協同做好「精準扶貧大數據支撐平台」的推廣應用、下級用戶帳戶分配和管理、平台APP端的下載安裝指導、使用答疑等工作，避免出現多系統、多部門管理精準扶貧系統情況，確保基層幫扶幹部能用會用，充分發揮精準大數據平台功能；構建省級大數據處理和雲管理中心；充分利用雲端平台基礎資源，遵循「統一網路平台、統一安全體系、統一運維管理」的一體化項目建設原則，將扶貧對象的脫貧返貧情況及時透過大數據管理好，實現扶貧數據的即時觀測、分析和對比，讓扶貧工作變得更加透明、高效、精準和全面。同時，貴州敦促標準委加快調研，率先試點、及時反饋，制定公平合理、標準統一的大數據精準扶貧地方標準。

打好精準扶貧「組合拳」。貴州做好村級示範，完善系統功能、不斷提升「扶貧雲」系統實用價值，發揮大數據扶貧功能，提升扶貧績效；改善扶貧訊息系統的邏輯錯誤篩查功能，及時對錯誤訊息進行預警，提高「扶貧雲」系統智慧化水準，減少人工干預，解決工作中人為操作帶來的干擾及錯誤；加強扶貧子系統開發設計。在省級扶貧系統基礎上，按照統一平台、統一標準、統一數據的要求，貴州開發建設具有自身特色的子扶貧雲和精準扶貧個案管理相關系統，激發更廣泛的扶貧工作創新，保證數據的統一性、完整性、靈活性，強化特色扶貧工作和個案扶貧措施應用；依託省級「扶貧雲」系統建設，建好地方特色的大數據精準扶貧監測公共數據平台，實現扶貧開發工作的精準識別、精準幫扶、精準管理、精準考核，推動精準扶貧政策的全面落實，為精準扶貧績效考核提供科學決策支撐。

❷ 雲上繡花拔窮根

貴州精準扶貧圍繞「扶持誰、誰來扶、怎麼扶、如何退」四個問題，以大數據開啟「雲」上扶貧密碼，建成「貴州扶貧雲」系統，真正實現了對全省扶貧工作的精準管理、動態管理和科學管理。

1. 貧困畫像，精準識別

從二〇一四年起，貴州利用新一代訊息技術，逐步建立起了農村建檔立卡貧困人口訊息系統，精準識別貧困人口七八二・八萬人。

二〇一五年十二月二十五日，「扶貧雲」在「雲上貴州」平台應運而生，按照「軍事化作戰」的原則，用「一張圖」的形式，將貧困區域、貧困人口、扶貧項目，透過GPS定位在「圖」上，省、市、縣、鄉、村五級都可以透過PC端、移動端，實現掛圖分析、掛圖指揮、掛圖作戰。近幾年，為有效解決基層跨部門、跨系統重複填報數據的問題，貴州透過「雲上貴州」平台接口，建立大扶貧數據交換機制，以簽訂數據保密協議、數據傳輸協議的方式，打通公安、衛健、教育、人社、住建、民政、水利、國土、工商等十七個部門相關數據，形成部門互通、上下聯動的「大扶貧大數據」。「扶貧雲」透過數據清洗比對、模糊匹配、智慧分析，對全省建檔立卡貧困戶中擁有機動車、商品房和企業情況的已經做到了即時更新和自動預警。運用大數據的方式，按照「一看房，二看糧，三看勞動力強不強，四看有沒有上學郎」的「四看法」，為每一位貧困戶建立了相應的「貧困指數」，甄別出最貧困的鄉、最貧困的村、最貧困的戶，使貧困深度看得見、摸得著，扶貧工作實現了由定性到定量的精準轉變。截至二〇一九年十月底，識別準確率從二〇一七年的九十五・九八％提高到了九十九・一七％。

2. 瞄準靶心，精準施策

精準識別的目的是為了精準幫扶脫貧。「扶貧雲」把幫扶幹部與貧困戶聯繫起來，透過「責任鏈」監控，把「結對幫扶」落到實處。透過對數據的提取分析，「扶貧雲」還能展示貧困人口的致貧原因，包括：因病、因殘、因學、因災、缺土地、缺水、缺技術、缺勞力、缺資金、交通條件落後、自身發展動力不足等，透過致貧原因分析；同時依據農業、商務、民政等部門數據綜合分析，對幫扶點產業發展進行科學分析和合理規劃，幫助扶貧幹部為貧困群眾量身打造、精準制定及適時調整幫扶措施，把產業脫貧、搬遷脫貧、生態脫貧、教育脫貧、保障脫貧等任務，落實到每一個貧困戶。比如，制定精準幫扶策略，幫扶幹部可以透過平台提供的幫扶對象的致貧原因，精準分析後提出準確的幫扶對策，引導貧困群眾開展針對性的種植養殖、發展農村電商等，從而推動幫扶點產業發展、促進貧困群眾增收。再如，平台對因病返貧的對象即時推送，方便幫扶幹部及時掌握情況主動幫扶，充分用活「五步工作法」（政策設計、工作部署、幹部培訓、監督檢查、追責問責），全面聚集「八要素」（產業選擇、培訓農民、技術服務、資金籌措、組織方式、產銷對接、利益聯結、基層黨建），深入推進農村產業革命，大力推行電商扶貧，打通扶貧「最後一公里」。

3. 築牢防線，精準幫扶

透過大數據技術，掌握貧困人口訊息、致貧原因、脫貧成效等情況後，「扶貧雲」將圍繞幫扶結對情況、幫扶計劃制定、幫扶計劃落實情況、幫扶措施情況，針對省、市州、縣、鎮、村，分別監測結對、幫扶計劃、幫扶項目落實情況，識別出已落實、未落實的貧困人口分布，關聯顯示幫扶的人或單位等相關訊息；透過分析幫扶情況，清晰瞭解省、市州、縣、鎮、村貧困人口的實際幫扶情況，協助全省各地切實做到退貧不返貧。在決戰脫貧攻堅、決勝全面小康的關鍵時刻，貴州「扶貧雲」深挖大數據「鑽石礦」，一手抓深度貧困地區脫貧攻堅，一手抓脫貧成果鞏固提升，聚焦補齊「兩不愁三保障」短板，運用大數據追溯技術，對計劃脫貧人口進行預脫貧標識，落實幫扶舉措，實行脫貧追蹤管理。截至目前（二〇二〇年），全省脫貧準確率從二〇一七年的九十五・七四%提高到了一〇〇%。

4. 數據留痕，精準監管

透過貴州「扶貧雲」手機APP，人們不僅能看到與貧困戶結對的幫扶幹部訊息，對幫扶幹部監督管理，還能查詢並上傳該貧困戶在教育、醫療、危房改造等方面的相關訊息。貴州「扶貧雲」在全國率先開發疑似漏評蒐集、入戶核查、計劃脫貧標識、幫扶措施涵蓋分析等特有功能，透過運用多項特色功能並進行數據綜合分析，二〇一八年共幫助全省各地標識計劃脫貧三十六萬餘戶、一百四十萬餘人，針對幫扶措施落實情況預警三十三萬餘次，下發通報六次，為全省各地特別是十八個縣高品質完成減貧任務如期摘帽提供了有力支撐。如今，在每天更新全國扶貧開發系統貴州業務數據的基礎上，貴州扶貧雲透過「數據自動比對端口」等多種方式，實現各部門數據比對和分析，把扶貧項目的分布狀況、實施進度、資金報帳等訊息，以工作流的形式直觀呈現，實現了從項目申報、立項批覆、資金劃撥、實施監督、檢查驗收全過程的精準監管、動態監管。數據顯示，黨的十八大以來，貴州累計選派駐村幹部二十九・八四萬人，駐村工作隊五・五二萬個，第一書記三・二八萬人，且隨著「扶貧雲」的開發運用，第一書記與選派駐村幹部人數都呈逐年減少趨勢，有效實現了數據管理的科學工作模式。

5. 持續追蹤，精準脫貧

近年來，貴州依託大數據精準扶貧雲系統，透過大數據可視化掌握全省未脫貧地區的網商發展情況，大力改善適合網商發展的貧困地區交通及基礎網路設施，統籌支持物流、快遞公司分支機構或服務站點入駐鄉、鎮、村，大力推動電商安家貧困地區，培養本地營運商；依託現有產業，搭乘互聯網快車，運用大數據技術精準對接網銷渠道，整合社會力量幫助貧困地區農畜特色產品、民俗文化產品等電商發展，增加既有產業附加值實現增收；支持農產品溯源體系建設、QS和「三品一標」認證等供應鏈監管服務，有效解決了互聯網銷售的營銷信用問題，提升了貴州扶貧品牌形象；將大數據、互聯網與農業、服務業等產業充分融合發展，調整全省貧困地區產業結構，實現資源優化配置與產業升級；積極推進電子政務、電子村務、便民服務、電子農務、網上培訓等，讓貧困地區群眾享受遠程辦事及高效率服務；透過「大數據＋互聯網」整合各方人力、財力、物力資源，透過互聯網「眾籌扶貧」等方式，引導鼓勵社會各方力量支持扶貧。

❸ 山中算數真脫貧

二〇一八年七月，習近平總書記對貴州畢節試驗區工作作出的重要指示，要著眼長遠、提前謀劃，做好同二〇二〇年後鄉村振興戰略的銜接。二〇一九年六月，中共中央辦公廳、國務院辦公廳印發的《數位鄉村發展戰略綱要》，綱要明確提出，數位鄉村建設既是鄉村振興的戰略方向，也是建設數位中國的重要內容。作為國家大數據（貴州）綜合試驗區、全國脫貧攻堅主戰場，貴州引入大數據為大鄉村發展注入新動能。近年來，貴州透過不斷探索，深入實施「大扶貧、大數據、大生態」三大戰略行動，用大數據支撐大扶貧，發揮大數據先行優勢，將高新科技領域的創新發展與實現貴州貧困地區跨越發展緊密結合，實現了「大數據＋大扶貧」的高度統一融合，促進農業全面升級、農村全面進步、農民全面發展。

1.「大數據＋產業振興」

鄉村振興，產業興旺是基石。農業是鄉村產業的重點，農業產業體系越健全，農民增收渠道就越通暢。貴州加快構建大數據、雲端運算、互聯網、物聯網技術為一體的現代農業發展模式，實現了對現代農業生產的即時監控、精準管理、遠程控制與智慧決策；加快實現貧困農戶建檔立卡數據與農業生產數據的共享互聯，做好精準脫貧識別；建設農業產業脫貧攻堅大數據庫和大數據平台，構建「天空地人」四位一體的農業大數據可持續蒐集更新體系；夯實農業大數據基礎，實現農業生產數據的關聯整合、時空分析與智慧決策，優化農業產業布局，深入推進農業結構調整。貴州將物聯網作為實施「互聯網＋現代農業」行動的一項根本性措施，加快推廣應用，充分發揮其在節水、節藥、節肥、節勞動力等方面的作用，提高土地產出率、資源利用率和勞動生產率，促進農業生產管理向智慧化、精準化、網路化方向轉變。同時，貴州還加快建立適合全省農業產業發展的數據標準化體系，構建農業數據指標、樣本標準、蒐集方法、分析模型、發布制度等標準體系；積極開展農業部門數據開放、數據品質、數據交易等關鍵共性標準的制定和實施，帶動農業物聯網基地建設規模化。在推進農產品品質安全可追溯方面，貴州充分運用大數據技術，聚焦茶葉、蔬菜、水果、禽蛋等貴州特色農業產業，實現農產品產地、生產單位、產品檢測等訊息的追溯查詢，打通農產品生產、加工、流通等環節，形成生產有記錄、訊息可查詢、品質有保障、責任可追究的農產品品質安全追溯體系，最終實現農產品的安全風險管理。

2.「大數據＋生態振興」

生態宜居，是廣大人民群眾美好生活的民生需求。改善農村人居環境，讓居民望得見山、看得見水、記得住鄉愁，是建設生態宜居的美麗鄉村應有之義。貴州踐行習近平總書記「綠水青山就是金山銀山」的發展理念，貫徹落實《關於全面推行河長制的意見》政策，先行先試，構建省、市、縣、鄉、村五級河長體系，結合大數據技術開發「河長雲」平台。平台內容包括河長台帳、巡河統計、巡河動態和任務管理四大部分，採用「互聯網＋河長制」思維，在「一張圖、一個庫、一個APP」的基礎上建立起全方位河長體系，並制定「一河一策」行動指南，對日常巡河、問題督辦、情況通報、考核問責等各項工作進行數據化管理，聚集了水務、環保、國土、氣象、公安、住建等部門數據，實現了訊息的即時共享。人們在平台上可以對巡河全過程監督，隨機點開一條河流，與河流相關的各級河長姓名、河流治理和護河情況等各類訊息就立即呈現。同時，「河長雲」平台依託生態「數據鐵籠」，充分發揮群眾監督和法紀監督的作用，匯集民意調查熱線、領導信箱、網站、手機APP、微信、QQ等各種渠道，建立跨區域的河湖保護協同監管機制，打造線上線下一體化監管模式，提高河長制工作監管效能；整合地區河長辦、紀檢監察部門以及全社會力量，守護水生態安全，打好污染防治攻堅戰，共同保護綠水青山。

3.「大數據＋文化振興」

既要「面子」也要「裡子」，既要壯大經濟，更要活化文化、提振精神。鄉村優秀文化與鄉村優美環境結合起來，還能成為珍貴的鄉村旅遊資源。早在二〇一一年，貴州就制定印發了《貴州省編製鄉村旅遊扶貧規劃行動計劃規範（試行）》等文件，鼓勵貧困村莊發展旅遊業。二〇一七年，貴州省扶貧辦與省旅發委共同印發了《關於依託「扶貧雲」做好旅遊精準扶貧大數據工作的通知》，開發了「貴州旅遊精準扶貧雲系統」，建立了全省鄉村旅遊發展和鄉村旅遊扶貧綜合訊息精準管理的統一平台，對全省貧困村寨旅遊總人數、總收入、遊客關注度、資源稟賦和旅遊適宜從業人口進行了全面徹底調查，有效提高旅遊數據的準確性；按照旅遊業助推脫貧攻堅要求，組建縣、鄉、村旅遊精準扶貧訊息隊伍，新增村級訊息員，並指導其加入省、州、縣旅遊扶貧雲系統工作群，關注工作動態。各鄉鎮嚴格梳理旅遊工程項目、鄉村旅遊服務業、參加旅遊企業工作及新興產業合作社、旅遊企業幫扶等訊息，精準識別帶動的貧困受益人口，為旅遊扶貧工作開展提供翔實的數據支撐；逐步完善鄉村景區門禁系統，配套安裝景區攝像頭，加快推動數據收集、數據挖掘、融合應用，實現旅遊產業監管、旅遊產品推廣、個性化服務預訂等功能，構建起服務單位與遊客之間的互動網路，滿足遊客「吃、住、行、遊、購、娛」六大需要，實現鄉村旅遊發展、旅遊扶貧工作的精準監測統計和調度管理。

4.「大數據＋人才振興」

農村經濟社會發展，說到底，還是人，提升鄉村教育品質才能為鄉村振興輸送高素質人才。貴州率先推動「精準扶貧雲」與「教育雲」融合，基本實現了教育扶貧數據與多部門數據的即時共享。教育精準扶貧系統以扶貧部門確認的貧困人口數據為基準，將其與學籍數據、高考招生錄取數據進行對比和關聯性分析，自動在入學前將貧困學生名單推送給各相關學校，實現了貧困家庭子女高中、大專院校免學費的零申請、零證明、零跑腿。此外，透過高校與企業合作模式，貴州對各區縣的貧困人口進行專業化培訓，提高貧困人口的教育水準。二〇一八年五月，貴州省大數據發展管理局和省教育廳與阿里雲端運算有限公司共同簽署相關合作協議，為貴陽、遵義、安順地區記錄在檔的大數據相關專業的在校貧困學生提供免費培訓。同時，貴州省大數據發展管理局與省教育廳依據發展及需求情況，共同開設了雲端運算和大數據培訓班，讓貧困學生掌握多項雲端運算使用技能及大數據前沿技術。二〇一八年六月，透過「教學點數位教育資源全覆蓋」項目建設，貴州邊遠山區一七九一個教學點基本實現了設備配置、資源配送和教學應用「三到位」，率先在全國完成省級全員培訓，有效地解決了長期以來教學點師資短缺和水準不高的實際困難，讓優質教育資源實現精準涵蓋、精準推送、精準支持，提高了教學品質，受到教育部點名表揚。

5.「大數據＋組織振興」

鄉村振興關鍵在黨，農村基層黨組織強不強，基層黨組織書記行不行，直接影響鄉村振興戰略的實施效果。貴州充分發掘大數據手段在黨建工作中的潛力，扎實推進黨建訊息化向智慧化轉型，著力加強智慧黨建的陣地建設、設施建設和內容建設，開發了「貴州黨建雲端平台」，在黨建模式、教育渠道、聯繫群眾、訊息送達等方面都呈現出數位化的新特點。該系統涵蓋了「一雲兩庫五平台」，即雲基礎平台，黨員、黨組織數據庫和行為數據庫，宣傳平台、教育平台、管理平台、服務平台、資源平台，實現省、市、縣、鄉、村、黨員六級互聯互通，集宣傳展示、學習教育、互動交流、綜合服務、辦公管理五大功能於一體，對基層黨員幹部進行遠程工作指導和監督，打通黨建服務群眾「最後一公里」，還可隨時進行「兩學一做」學習教育，解決基層黨員幹部集中學習不便的問題，具有黨建新模式、教育新渠道、聯繫群眾新平台、扶貧新手段、訊息送達新通道「五新」特點，可實現對黨組織和黨員的全覆蓋。

5

CHAPTER

雲上築夢・數位貴州的願景與展望

「把握好數位化、網路化、智慧化發展機遇，處理好大數據發展在法律、安全、政府治理等方面挑戰」，是習近平總書記在二〇一九數博會上對貴州大數據發展的期待和要求。貴州始終堅持創新發展，順應融合趨勢，不斷開創大數據發展的美好未來，讓經濟發展更加充滿活力，讓人們生活更加充滿智慧，讓人類文明更加輝煌燦爛。無論是主動求變抑或被動應變，面對數位革命，「變」是唯一的方法論。新中國成立七十年來，特別是黨的十八大以來，貴州與全國一道，經濟社會發展實現了歷史性跨越，城鄉面貌發生了翻天覆地的變化，可以說是「中國之治」的一個縮影。

第1節・數權法引領未來法治

當今世界，人類正面臨前所未有的挑戰，核戰爭、網路戰、金融戰、生物戰、非主權力量等形式多樣的全球問題層出不窮。全球問題的應對之道是全球治理，人類命運共同體是中國著眼於世界前途、人類發展和全球治理提出的「中國方案」。國際法律共同體是人類命運共同體的法治支撐，是存在於相互依存的國際社會中的一種共同規則體系，能夠同時擴大各國利益交會點，形成利益共同體，落實國際行為體的共同責任。數權法是國際法律共同體的重要組成部分，是對技術、法律和人類發展大趨勢的審視。數權法的提出，是中國法律崛起並走近世界舞台中央的重要標誌，是數位文明時代參與全球治理的強大法理重器。

❶ 從數據時代邁向數權時代

在大數據時代，數據的即時流動、共享構成了一個數據化的生態圈，數據力與數據關係影響著社會關係，數據權利化思潮空前活躍。隨著時代發展和科技進步，數據被賦予了新的內涵和外延。人作為客體被接入互聯網，成為一個不斷蒐集數據並向雲端傳輸數據的節點，開啟了人的數據化。時代的發展和技術的進步不斷要求承認新的權利以滿足社會的需要。面對日益高漲的數據化浪潮，要實現數據的全面保護，社會需要構建一個以數權為基點的權利保障體系。數據權、共享權、數據主權等構成了大數據時代的新權益，這些權益具有被列入法律權利清單的資格。從某種意義上說，數權的產生也是社會發展到數位社會這一階段給法律帶來的成長機會。

數據權。大數據正朝著資源化、資產化、資本化趨勢推進，數據創新與數據增值日漸成為經濟增長與社會發展的主要動力。與此同時，由於數據被非法蒐集、竊取、買賣、濫用等侵權或犯罪行為頻發，加大法律制度對數據的合法保護與開發利用，不僅是世界各國立法的主要內容，也成為中外學者以「數據權」為命名的研究熱點。數據權作為數位社會形態下的一種獨立的權利，大致可以分為個人數據權、企業數據權和政府數據權等。對數據的保護是一個宏觀的概念，可分為私權視野下的數據權利和公權視野下的數據權力：其一，指向私權利，即以個人利益為中心構建的數據權利，包括數據人格權、數據財產權和數據隱私權等；其二，指向公權力，即以公共利益為中心構建的數據權力。法治的核心是規範公權、保障私權，維護正義、引領風尚。數據權利與數據權力作為傳統私權利與公權力在數位空間的延伸，兩者的衝突更為頻繁。當前，數據權利與數據權力正處於快速成長時期，但從長遠來看，數據權利的擴散和數據權力的衰退是必然趨勢。

共享權。當物的成本下降甚至接近零成本時，物的占有將變得不再必要。對於富足而零邊際成本的數據資源來說更是如此，其天然的可分割性、可複製性、多元主體性等特性決定了「數盡其用」基本原則的前提是共享，倡導「一數多權」的共享則成為一種必然趨勢。從長遠看，稀缺的資源也會變得富足，傳統意義上的資源稀缺將被交互共享打破。美國經濟學家、思想家傑里米・里夫金認為，「未來社會可能不再是簡單地交換價值，而是實現價值共享。過去所有的東西如果不交換就沒有價值，但是未來不是交換而是共享。」共享的理念早已滲透在對物或數的利用當中，成為一種基本的、常態化的利用方式。共享權是數權的本質，是基於利他而形成的權利，其實現方式是公益數權與用益數權。共享權使數據所有權和使用權的分離成為可能，形成了一種「不求所有、但求所用」的共享發展模式。但數據共享和隱私保護之間卻天然地存在利益衝突，共享權與隱私權之間的博弈日趨加劇，其原因在於公共利益與個人利益的博弈、財產利益與人格利益的分歧。因此，要想充分挖掘數據資源的價值，必須實現共享權與隱私權的平衡。可以預見的是，共享是新一輪科技革命和產業變革的關鍵力量，基於共享，人類文明必將走向更高階段，人類將進入一個由共享權建構的秩序之中。

數據主權。數據具有無國界、共享性的基本特徵。隨著人類活動空間的拓展，數據空間成為繼陸、海、空、天等自然空間之後人類創建的第五大主權領域空間。一個國家擁有數據的規模、活性及解釋運用的能力，將成為綜合國力的重要組成部分。在此背景下，主權概念開始與地理要素脫離，數據主權成為新的概念分支並占據主權體系版圖核心。數據主權是國家主權的重要組成部分，是國家主權在數位化、全球化發展趨勢下新的表現形式，是國家主權在數據空間的表現和自然延伸，是各國在大數據時代維護國家主權，反對數據壟斷和霸權主義的關鍵領域。如果說，數據力是衡量國家綜合國力及國際競爭力的主要標誌，那麼，數據主權將成為保障國家核心利益的前提和基礎。針對對數據的管理和控制，各國紛紛開始構建本國的數據主權制度。例如，中國在堅持尊重網路主權原則的基礎上制定《中華人民共和國網路安全法》，明確了關鍵訊息基礎設施中個人訊息和重要數據境內儲存的要求；歐盟實施《一般數據保護條例》，延伸了對數據的域外管轄權；美國公布《澄清域外合法使用數據法案》，賦予了執法機構對域外數據的索取權；俄羅斯透過《主權互聯網法》，確立俄網的「自主可控」網路主權。澳洲、巴西、加拿大、印度、韓國等也制定了類似的法律。數據主權已成為全球博弈與國際競爭的新尺度。

進入數權時代，原有的隱私保護法律制度已難以協調數據主體保護訴求與數據處理者利用需求之間的利益衝突。這就需要將數權視作一種新型權利予以保護，並在此基礎上構建數權制度以健全數權法律保護制度。這也是推動大數據時代在法律指引下健康發展的合理選擇。以權利為核心的前訊息時代的法律保護並沒有完全過時，仍是必要的積累，我們應在做好補課的同時，適應大數據時代的要求，從多元、動態的視角做好數權法律保護的整體制度建構。

❷ 數權、數權制度和數權法

從認識大數據的第一天開始，我們往往把它看成一種新能源、新技術、新組織方式，或者把它看成一種正在改變未來的新力量，希望透過數據的跨界、融合、開放、共享創造出更多價值。但是，開放數據和數據流動又往往帶來了更多的風險，個人訊息的過度收集和濫用對數據主體的隱私，企業、社會乃至國家的安全提出了巨大挑戰，從而引發人們對數據共享、隱私保護與社會公正的廣泛關注和深層憂慮，並成為全球數據治理的一大難題。這個難題引發了我們更深層次的思考，我們試圖提出一個「數據人」的理論假設來破解這一難題。我們把基於「數據人」而衍生的權利稱為數權；把基於數權而建構的秩序，稱為數權制度；把基於數權制度而形成的法律規範，稱為數權法，從而建構一個「數權—數權制度—數權法」的法律架構。

人權、物權、數權是人類未來生活的三項基本權利。從法律上證明「我的和你的」，是權利關係的首要問題。這其中涉及數權，也涉及人權。經過幾百年的發展，人類社會正進入大數據時代，「數據人」將從假設變成現實，數據關係反映在個人生活、企業運作和國家安全等方方面面。一個新的既有別於傳統的物，又超越了傳統的人的東西開始進入法律關係的視野，這就是「數」。數因時代而生，時代又被數創造。它跳出了傳統法律意義上的權利義務關係，體現出一種跨界和融合的特徵。它不再是傳統的「反對所有占有者占有它的權利」。數據的流動和共享，正成為這個時代的本質。更為重要的是，基於保護人類固有尊嚴的原則，數權是人權層面上一項新的基本權利。按照GDPR（《一般數據保護條例》）的表述，自然人在個人數據處理方面獲得保護是一項基本權利。這一精神激勵我們透過「人權論」、「物權論」的語境去探討數權的基礎理論，並透過對人權、物權的觀照，揭示數權在法哲學上的正當性依據，進一步說明數權、數權制度和數權法創設的可能性、必要性和必然性。這裡所說的數權，突破了人格學說、隱私學說、物權學說、債權學說、知識產權學說對數據保護的局限，成為數據語境下的新權益。這種新權益包括數據主權、個人數據權和數據共享權。數權與人權、物權構成人類未來生活的三項基本權利。

數權是人格權和財產權的綜合體。數據既具有人格屬性，又具有財產屬性，但同時又與人格權、財產權有所不同。數據人格權的核心價值是維護數據主體——人的尊嚴。大數據時代，個人會在各式各樣的數據系統中留下「數據腳印」，透過關聯分析可以還原一個人的特徵，形成「數據人」。承認數據人格權就是強調數據主體依法享有自由不受剝奪、名譽不受侮辱、隱私不被窺探、訊息不被濫用等權利。同時，「數據有價」已成為全社會的共識，因而有必要賦予數據財產權並依法保護。數據財產作為新的財產客體，應當具備確定性、可控制性、獨立性、價值性和稀缺性這五個法律特徵。數據人格權和數據財產權共同構成數權的兩大核心權利。

數權的主體是特定權利人，數權的客體是特定數據集。在具體的數權法律關係中，權利人是指特定的權利人。數權擁有不同的權利形態，如數據蒐集權、數據可攜權、數據使用權、數據收益權、數據修改權等。因此，需要結合具體的數權形態和規定內容確定具體的數權人。對於數權的客體而言，單一獨立存在的數據不具有任何價值，只有按一定的規則組合成具有獨立價值的數據集才有特定的價值，不能將數據集中的單個數據作為分別的數權客體對待。因此，數權的客體是特定的數據集。

數權突破了「一物一權」和「物必有體」的局限，往往表現為一數多權。「一物一權」是物權支配性的本質特徵。物的形態隨著科技的進步逐漸豐富，伴隨物權類型的不斷增加，所有權的權能分離日趨複雜化。「一物一權」在現實中受到了「一物多權」、「多物一權」的衝擊。人類對物的利用程度和形式不斷變化，「一物多權」、「多物一權」在審判實踐中也取得法律上的一些間接默認與模糊許可。隨著時代發展和科技進步，當物的成本下降甚至接近零成本時，物的獨享變得不再必要。對於富足而零邊際成本的數據資源來說更是如此，其天然的非物權客體性和多元主體性決定了「數盡其用」的基本原則。

數權具有私權屬性、公權屬性和主權屬性。數權天然地具有一種利他的、共享之權的屬性，是私權和公權衝突與博弈中的一種存在。數權一旦從自然權利上升為一種共有和「公意」，那麼，它就必然超越它本身的形態，而成為一種社會權利。大數據時代，人們都作為一種數據人而存在的話，那麼，這個由數據人組成的主權者群體，必然需要一種制度，保證人人都能以數據公民的自由形式和在私有權利確獲保障的過程中重新獲得因放棄自然權利而失去的那些東西。亦如GDPR中所述，「保護個人數據的權利不是一項絕對權利，應考慮其在社會的作用並應當根據比例性原則與其他基本權利保持平衡。」換句話說，保護數據主體權利的同時仍應為技術創新和產業發展留下空間，這也恰恰是民法「物盡其用」的精髓所在。既然數據已經成為數位經濟的關鍵生產要素，那麼我們就需要明確數據所有權和使用權如何分離。數據權利、數據權屬是核心問題，是一個比數權保護本身更重要的問題。在民法的眼睛裡，每個人都是國家本身，這就是界定數權非常重要的一個哲學框架。個人的主權、社會的主權、互聯網企業巨頭的主權，以及國家的數據主權，都應該是同樣的一種善，但它們也會發生衝突，在西方政治思想史上把它們視為同等重要，但是更重要的是，法律人會捍衛的個人主權。

數權制度的五個基本維度。法律制度是社會理想與社會現實這兩者的協調者，或者說它處於規範和現實之間難以明確界定的居間區。數權制度更是如此，其意義不僅在於維護和實現正義，而且還須致力於創造秩序，即透過數權關係和數權規則結合而成的且能對數權關係實現有效的組合、調節和保護的制度安排，最大程度降低數據交易費用，提高數據資源配置效率。這就要求我們針對數權構建一套制度體系與運行規則，包括數權法定制度、數據所有權制度、公益數權制度、用益數權制度和共享制度。這五大維度的核心，則是基於安全、風險防範等價值目標而確立的個人數據保護制度。但個人數據保護不能僅限於考慮私權的保護，需要超越「同意」或「知情」模式，兼顧對產業發展和社會公正更加開放、包容和友好的態度，保持規則的動態和彈性，更好（但不是更多）地透過自下而上、分布式的規則產生機制，建立起更加符合特定價值目標的配套制度，形成更加符合現實需要的數據保護規制和法律體系。

共享權是數權的本質。重混是人類未來生活的時代特徵。而重混對權力結構和權利結構的衝擊使人們不得不重新審視社會，以及重構新的數位秩序。數權是數位秩序內在活力的源泉，數權的主張是推動秩序重構的重要力量。這種力量標誌著傳統權力的衰退、新型權利的擴展和個人主權的讓渡。利他主義越來越成為人類未來共同生活的共識。個人的「自然權利」是法治社會的基石。但我們總是要在保護不可剝奪的個人權利的同時，更進一步探索在一種主權性的集體「公意」的至高無上性中探尋數位社會生活的終極規範。數權作為基於「數據人」假設的未來之權，它也具有這樣一種「公意」。當「數據人」走下經濟的象牙塔，共享成為數位秩序的核心時，數權的本質才能得到彰顯。

數權法是調整數據權屬、數據權利、數據利用和數據保護的法律規範。數據確權是數權保護的邏輯起點，是建立數據規則的前提條件。數據權利是數權立法的重要組成部分，一部沒有權利內容的法律無法激起人們對它的渴望。在立法中，立法者應當賦予數據主體相應的權利，如數據知情權、數據更正權、數據被遺忘權、數據蒐集權、數據可攜帶權、數據使用權、數據收益權、數據共享權、數據救濟權等。法律中不僅要有數據的所有權人控制、使用、收益等權利的規定，也要有他人利用數據的權利的規定，如用益數權、公益數權、共享權等。數據的價值在於利用，在堅持數盡其用原則的前提下，開發數據政用、商用、民用價值，催生全治理鏈、全產業鏈、全服務鏈「三鏈融合」的數據利用模式。保護責任是法律、法規、規章必不可少的重要組成部分，如果一部法律缺乏保護責任的規定，該法律所規定的權利和義務就是一些形同虛設的規則。數據蒐集、儲存、傳輸、使用等環節都需要強化安全治理，防止數據被攻擊、洩露、竊取、竄改和非法使用。此外，數據事關國家安全和公共利益，需要在國家層面對數據主權加以保護。

數權法重構數位文明新秩序。數位文明時代是一個基於大數據、物聯網、人工智慧、量子訊息、區塊鏈等新興技術的智慧化時代。這個時代，數權思潮空前活躍，數據的即時流動、共享構成一個數據化的生態圈，整個社會生產關係被打上了數據關係的烙印，政治、經濟、文化、科技等得以全面改造，這將引發整個社會發展模式和利益分配模式前所未有的變革和重構。表面看來，現有法律體系外部框架的搭建已經取得非凡成就，從《查士丁尼國法大全》、《拿破崙法典》到《德國民法典》等立法創制，法律制度在芸芸眾生眼裡已相當完備，似乎已完備到可以滿足人類對有秩序、有組織的生活需要，滿足人類重複令其滿意的經驗或安排的欲望，以及對某些情形作出調適性反應的衝動。然而，面對基於甚至是十八世紀的法律和二十一世紀的現實的矛盾，在涉及民法、經濟法、行政法、刑法、訴訟法、國際法等諸多領域，數權法究竟如何跨界，這基本上還處於一個三岔口的狀態。但無論如何，數權法是數據有序流通之必須、數據再利用之前提、個人隱私與數據利用之平衡，是構造數位世界空間這個「方圓」世界的基本材料。數權法將是數位文明時代規則的新座標、治理的新典範和文明的新起點，必將重構數位文明新秩序。

數權法是工業文明邁向數位文明的重要基石。從農業文明到工業文明再到數位文明，法律將實現從「人法」到「物法」再到「數法」的躍遷。數位文明為數權法的創生提供了價值原點與革新動力，數權法也為數位文明的制度和秩序的維繫提供了存在依據。數權法的意蘊凝結在數位文明的秩序典範之中，並成為維繫這一文明秩序的規範基礎。從這個意義上，數權法是文明躍遷的產物，也將是人類從工業文明向數位文明邁進的基石。

❸ 數權法重構數位文明新秩序

進入數位時代，以互聯網、大數據、區塊鏈、人工智慧等為代表的數位科技成為這個時代的標識，中國也正在加速建設成為「數位中國」。數位科技與人類生產、生活、生存深度融合，數位科技的廣泛使用已經成為人類發展須臾不可或缺的一部分。當今社會的法治和國家治理、社會治理也在智慧化的時代背景中呈現出其專屬的智慧化發展路徑。如果說，人類社會還將發生一場巨大的社會革命，那將不是打碎舊的國家機器的暴力革命，而是規制數位帝國的法治革命。隨著以數位科技為代表的第四次工業革命和經濟社會的急遽變革，新興人權大量湧現，數權是其中最顯赫、最重要的新興權利，而「數權」、「數權制度」、「數權法」等數權體系的提出，顯得格外耀眼。

數權法是國際法律共同體的重要組成部分。數位化萬物的大背景下，人機物三元世界一切皆可數據表達，出現了「數據人」的人格模式假設。聚焦於「數據人」將會產生一系列傳統法律難以規制的法定權利和法律關係，如數據權、共享權、數據主權等。因此，需要構建新的法律規範來調整數位文明時代的數據權屬、數據權利、數據利用和數據保護，這種新的法律規範我們稱為「數權法」。數權法的提出，正是從法律視角給我們提供了一個重構世界秩序的法治化解決方案。

數權法是對數位文明時代「三大趨勢」的研判。一是技術發展的大趨勢。自世界上第一台通用電腦誕生，以電子技術、計算技術、軟體技術為重要標誌，人類進入訊息技術 1.0 時代。隨後經過二十年的技術進步和生態演化，以互聯網技術為重要標誌，Facebook 等國際性互聯網平台誕生，全球訊息網路互聯互通，人類進入訊息技術 2.0 時代，世界變成「雞犬之聲相聞」的地球村。技術的進化始終向前，人工智慧、量子訊息、5G 通訊、物聯網、區塊鏈等新一代技術迅速發展，以數位分身為重要標誌，人類進入訊息技術 3.0 時代，人類正在經歷著從物質空間向數位空間的遷移。在可預見的未來，物質空間與數位空間逐步融合，數位化、網路化、智慧化將逐步成為人類生存的新特徵，數位化生存成為最重要的生存方式，這是數權法研究的「技術脈絡」。二是法律經歷的大趨勢。法律的發展是社會的自覺狀態，縱觀世界法制史，法律經歷了族群法、城邦法、國家法、國際團體法的發展過程。未來，法律將會出現由國家之法到跨國家之法再到超國家之法的過程，呈現出法律的全球化日趨統一、私法自治、成文法與判例法相互融合等重要趨勢，最終形成「全球法+國家法」的多元法律格局，這是數權法研究的「基本判斷」。三是人類發展的大趨勢。法律誕生至今，權利的主體仍是「自然人」，也許在不久的將來，人類社會很可能就會由「自然人」、「機器人」、「基因人」共同組成，共生共存。我們把「自然人」、「機器人」、「基因人」統稱為「數據人」，基於「數據人」建構了一套「數權—數權制度—數權法」的法理架構，這是數權法研究的「理論基礎」。

「中國的法律要走向世界，最有可能的是數位經濟方面的法律」。二十一世紀初最大的國際政治變化是中國的持續和平發展。對於一個國家來說，真正的和平是為世界提供一種文明。數權法是人類邁向數位文明的新秩序，是時代進化的產物。它開闢了全新的法學研究領域，對於促進中國法學與世界法學的雙向對話，促進雙邊和多邊法學文化等領域交流具有重要意義。「數權—數權制度—數權法」體系為我們重新審視這個世界提供了一個全新的視角，這是一把我們所有人都期待的鑰匙，它將打開數位文明的未來之門。

第2節・數據治理與數據安全

大數據安全是國家大數據戰略的重要組成部分，建立健全大數據安全保障體系對於推進大數據產業發展與應用至關重要。為貫徹落實習近平總書記關於「戰略清晰、技術先進、產業領先、攻防兼備」網路強國戰略目標和保障國家數據安全的要求，貴陽堅持在國家大數據綜合試驗區的建設上先行先試，提出大數據安全「1＋1＋3＋N」的總體思路，大膽探索，以大數據及網路安全攻防演練為切入點，以國家大數據安全靶場為手段，以大數據安全產業示範區為載體，以大數據及網路安全示範城市為戰略目標，用過人的膽魄把中央有關決策部署變成真正的貴陽行動，不斷全面提升大數據及網路安全防護能力和水準，為大數據及網路空間安全治理和保障國家數據安全提供貴陽方案。

❶ 數據共享開放與數據安全立法

開放共享與安全保障是大數據發展進程中的「兩大關鍵」。開放共享是數據的本質，安全是數據的基礎，沒有安全就沒有開放共享，缺乏數據流通和安全保障都不可能實現數據產業的發展。確保數據安全是貫穿數據共享開放全過程的前提，促進數據流通是發揮數位效能的最佳途徑。只有找到數據開放需求、隱私保護和安全保障需求之間的最佳平衡點，實現數據開放與數據安全的同步與平衡，才能促進大數據產業健康發展，推動經濟高品質發展。

以「聚通用」為突破口推進政務數據共享開放。貴州開展大數據戰略行動以來，先後推出「七＋N朵雲」建設、政務數據「聚通用」三年會戰、「一雲一網一平台」建設等重大舉措，推行三級「雲長制」，「雲上貴州」成為全國第一個省級政務數據共享開放平台，政務數據共享開放走在全國前列。

數據匯聚成為全國樣板。貴州省市兩級政府七百三十六個非涉密應用系統接入「雲上貴州」平台，數據集聚量從二〇一五年的 10TB 增長到二〇一九年九月的 1316TB。國家電子政務雲南方節點建成。國家發展改革委、國家訊息中心對貴州政府數據匯聚模式充分肯定，將其作為國家電子政務雲端建設的經驗借鑑。

數據開放水準領跑全國。貴州獲批建設國家公共訊息資源開放試點省，省市縣數據資源目錄一〇〇%上架，二〇一九年二月已開放六十七家省直部門一九一五個數據資源，其中一二二三個可透過API接口直接調用，可機讀數據占比達九十六・七五％。中國網路空間研究院編寫的《中國互聯網發展報告二〇一八》藍皮書顯示，貴州政府部門開放數量及可機讀數據數量占比均名列第一。

在全國率先探索數據共享交換新機制。貴州建立貴州省政務數據調度中心，統一調度政府數據實現共享互通。貴州省政府數據共享交換平台率先接入國家平台，形成了「上聯國家、下通市州、橫接廳局」數據共享交換體系，已接入八個國家部委十八個接口數據。「貴州省政務訊息系統整合共享應用」被中央網信辦、國家發展改革委評為「數位中國建設」年度最佳實踐。

全國首個市、區兩級政府一體化數據開放平台——貴陽市人民政府數據開放平台①於二〇一七年一月八日正式上線。該平台在國內率先實現「主題、行業、領域、服務、部門」五種數據分類，設置了「統計、交通、旅遊、氣象、商貿、醫療、教育」等多個重點領域專題，並提出二十餘個指標項的開放元數據標準。平台向社會免費開放涵蓋五十一家市直部門及十三個區縣（開發區）一一七三〇五七六條數據，二九七三個數據集，五百五十餘萬條數據，四百八十一個API。本著「一集中五統一」的原則，貴陽依託市級統一平台建設區縣二級子站，實現區縣既有標準統一又有區域特色，圍繞「四個中心」，基於「CBA」技術，構建平台、業務、數據、管理、安全「五位一體」的系統架構，積極探索「主動開放＋依申請開放＋契約式開放＋孵化式開放」的數據開放模式，建成有數據、有技術、有特色、有關聯、有交互的全市政府數據開放平台和「全域覆蓋、上下聯動、公平共享、安全可控」的市區兩級一體化政府數據開放體系。

貴州省人民政府數據開放平台[2]於二〇一六年九月三十日上線，該平台具備國有自主知識產權，致力於向公眾用戶提供權威、可靠的政府綠色開放數據，使公眾用戶或社會企業能夠方便快捷地使用政府綠色數據資源。貴州省人民政府數據開放平台採用雲端技術架構，與傳統系統架構相比更加靈活、可靠、穩定，同時採用 SLB 負載均衡、CDN 靜態緩存、MQ 訊息佇列處理、碎片化分布式儲存等先進雲端架構體系，能夠有效避免傳統架構設計的弊端，讓平台實現安全可靠運行。同時，針對不同群體提供多樣化的數據開放形式，從簡單的文件下載，到技術要求較複雜的接口程序呼叫，開放平台考慮到用戶群體的需求，滿足並提供各類群體真正需要、方便的綠色政府開放數據。截至二〇一九年十二月三十一日，貴州省人民政府數據開放平台訪問次數為五九二三九九次，下載呼叫次數為一九四九二三次，平台

① 貴陽市政府數據開放平台域名為 www.gyopendata.gov.cn。
② 貴州省政府數據開放平台域名為 http://data.guizhou.gov.cn。

用戶數為五六四八個，開放數據接口數量為一三八〇個。

全國首部政府數據共享開放地方性法規。二〇一七年三月三十日，《貴陽市政府數據共享開放條例》①經貴州省十二屆人大常委會第二十七次會議批准，自二〇一七年五月一日起施行。這是全國首部政府數據共享開放地方性法規，也是中國首部設區的市關於大數據方面的地方性法規。共享開放法律法規作為政府數據共享開放最權威和最直接的依據，在推動政府數據資源優化配置和增值利用、不斷提升政府治理能力和公共服務水準等方面具有極大的促進作用，也為落實國家大數據戰略、建設國家大數據（貴州）綜合試驗區、擴大貴陽優勢，推動當地及全國大數據發展具有重要的推動作用和示範意義。

全國首部大數據安全管理地方法規。二〇一八年六月五日，貴陽市第十四屆人民代表大會常務委員會第十三次會議透過，二〇一八年八月二日，貴州省第十三屆人民代表大會常務委員會第四次會議批准，歷時六百天，經過十二輪反覆論證修訂的《貴陽市大數據安全管理條例》（以下簡稱《條例》）於二〇一八年八月十六日公布，二〇一八年十月一日施行。《條例》包括總則、安全保障、監測預警與應急處置、監督檢查、法律責任、附則六章，共三十七條。作為全國首部大數據安全管理的地方法規，《條例》對大數據安全的監管職責進行了細化，明確了防範數據洩露、竊取、非法使用等風險的安全保障措施。

數據安全已成為大數據時代最為緊迫的核心問題，但關於數據安全的立法進程相對滯後。二〇一八年九月，《數據安全法》被列入十三屆全國人大常委會立法規劃，但從審議議程看卻排在第六十二位。二〇一八年五月，歐盟全面實施GDPR，特別是歐盟透過高標準的個人數據保護規範搶占了全球數據保護規則的制定權，進而影響著全球數據立法，並對歐盟之外的國家數據產業產生巨大的制約效應。同時，雖然中國在二〇一七年六月頒布實施《中華人民共和國網路安全法》，調整和規範了網路運行安全和網路訊息安全，但主要側重於物理層和網路層的安全保護，並未針對數據蒐集、儲存、流通、應用、銷毀等環節的數據安全進行保障，不能完全滿足大數據時代數據安全管理保障的需求。

二〇一八年全國「兩會」，作為國內較早開展大數據領域理論研究的專家，全國政協委員、大數據戰略重點實驗室主任連玉明教授，建議國家相關機構加快數據安全立法進程，並提交了《關於加快數據安全立法的建議》（第一三二五號）的政協提案，強調數據安全立法應當著重把握五個方面的重點問題：加強數據安全立法的組織領導；強化數據安全立法的理論研究和調查研究；把握數據安全立法的重點；鼓勵條件成熟的地方在立法權限範圍內先行

① 二〇一七年五月十二日，《人民日報》就《貴陽市政府數據共享開放條例》的實施刊登題為「立法，讓政府數據走出高閣」的通訊，稱「貴陽公布國家首部大數據地方法規促進共享開放」。

先試，大膽探索，勇於創新；加強數據安全宣傳教育。數據安全已成為大數據時代最為緊迫的核心問題，且數據安全法立法進程相對滯後，建議加快立法進程，牢牢把握國家數據主權，推動構建網路空間命運共同體。

經公安部、中央網信辦給予《中華人民共和國公安部關於政協十三屆全國委員會第一次會議第一三二五號提案的答覆意見》（以下簡稱《意見》），《意見》從加緊完善數據安全保護法律政策、依法開展數據保護專項行動、加快健全數據安全標準體系、組織開展數據安全宣傳教育等予以答覆，並在下一步工作中表示，「加快推進數據安全立法研究，組織專業研究力量加強數據安全和數據保護理論研究，探索數據共享、流通、交易、儲存等數據安全保護基本制度，爭取盡快將數據安全納入立法範疇，加強數據安全的頂層設計」。二〇一八年九月七日，十三屆全國人大常委會立法規劃公布，《數據安全法》列入第一類項目：條件比較成熟、任期內擬提請審議的法律草案（共六十九件）第六十二件。

二〇一九年全國「兩會」期間，連玉明委員再次聚焦數據安全領域，提交《關於加快〈數據安全法〉立法進程》的提案，提案指出要進一步加快《數據安全法》立法進程，強化數據安全國際話語權。他認為應盡早推進五個方面的工作：加大數權、數權制度和數權法理論研究的力度；加緊組織起草《數據安全法（草案）》；開展《數據安全法》立法協商；提早、提前納入審議議程，加快立法進程；強化《數據安全法》的國際話語權，搶占中國數據安全規則制定權。連玉明委員特別強調，《數據安全法》應致力於維護國家安全，成為中國在數據安全領域的基本法；以此為基礎，強化數據跨境管轄權，守住國家數據主權，牢牢把握數據安全規則制定權和國際話語權，為推進互聯網全球治理法治化貢獻中國智慧，提供中國方案，推動構建網路空間命運共同體。

❷ 全國首個國家大數據安全靶場

中國的網路規模和用戶規模均居世界第一，但核心技術與關鍵資源依賴國外產品情況嚴重，網路攻擊、訊息竊取、病毒傳播等事件呈多發態勢。國家大數據安全靶場是貴陽利用國家大數據（貴州）綜合試驗區的定位優勢與實踐基礎，探索構建數據安全治理生態的試驗田，是集戰略、戰役、戰術於一體，公共、專業與特種靶場相結合的國家級大數據安全靶標系統，為國家網路攻防實戰能力提升、技術與產品的測試驗證創新等方面提供良好平台，對於推動大數據安全示範，提升中國網路空間安全水準，保障大數據產業發展具有現實意義和長遠意義。

貴陽國家大數據安全靶場按照「前瞻設計、世界一流，攻防一體、創新發展，數安為重、產業增值，服務社會、保障民生，貴陽引領、輻射全國」的思路，依託科研院所和行業龍頭企業，建設國家公共靶場、貴陽城市靶場、軍民融合靶場、關鍵基礎設施專業靶場和新興網路靶場五大靶場；重點打造攻防演練實戰、攻防武器試驗、技術與產品驗證、人才實訓四個基地和應用場景仿真、滲透攻擊能力、對抗反制能力、安全靶場營運四個中心；開發部署「攻防演練導調與指揮系統」、「攻防態勢與進度可視化系統」、「活體網路靶標系統」等大數據及網路安全靶場構建系統，形成靶場評估、仿真、災備、同步、研發、分析、試驗、感知、認證、審查十大評估能力。最終建成集戰略（國家級）、戰役（特定區域、特定種類）、戰術（特定目標）於一體，公共、專業與特種靶場相結合的國際領先的國家大數據及網路安全靶場（見圖 5-1）。

以「五大靶場」為設施層，搭建網路攻防基礎平台。貴陽國家大數據安全靶場以國家公共靶場為核心，以貴陽城市靶場、軍民融合靶場、基礎設施靶場、新興網路靶場為重點，透過虛擬及仿真技術，模擬構建特定的網路環境或以真實網路環境為靶場目標，為國家公共安全、城市整體網路安全、軍民融合、關鍵訊息基礎設施、新興網路等領域提供安全檢測與技術檢驗的專業靶場。

以「四個基地」為功能層，打造綜合應用試驗場地。大數據安全靶場以技術產品驗證基地、攻防武器試驗基地、攻防演練實戰基地、安全人才實訓基地，為大數據安全軟體、裝備與產品提供安全監測、風險與效能評估服務。「四大基地」透過開放課題、聯合攻關等多種方式，開展安全性檢測分析、風險與效能評估、指揮系統與可視化、儲存系統與數據處理及其標準等大數據安全核心技術攻關，實現技術與產品驗證；透過實施大數據與網路安全技能測評環境構建與測評業務，實現開展大數據及網路安全人才實訓與培養；透過搭建網路攻防演練的基礎環境，制定完善攻防演練方案和應急預案設計以及現場導控等，確保攻防演練活動順利進行，護航大數據產業發展，保障國家網路空間安全。

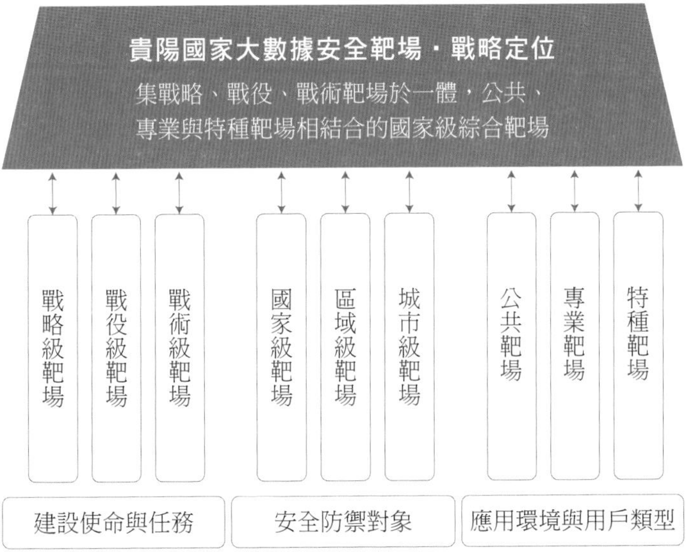

圖 5-1　貴陽國家大數據安全靶場戰略定位示意圖

以「四個中心」為能力層，構建營運防禦能力體系。大數據安全靶場搭建了應用仿真中心、滲透攻擊能力中心、對抗反制能力中心、安全靶場營運中心四個中心，以現實產品、技術應用為基礎，透過利用高度仿真或模擬仿真技術，根據靶場任務要求構建大數據及網路安全產品、關鍵訊息基礎設施、新興網路應用系統等，為研究、檢測、驗證提供環境支持、技術支持，提升靶場的模擬仿真能力、攻擊對抗能力與營運管理能力。

安全是訊息化的基礎，網路攻防演練是檢驗和提升訊息安全防護能力的重要路徑。貴陽作為大數據的發展策源地、要素集聚區和探索築夢場，於二〇一六年開啟了全國網路攻防實網實戰的先河，之後每年利用一週左右的時間，集中全國的優秀攻防隊伍、領先安全廠商及相關資源，在經開區展開大數據及網路安全攻擊與防護的實網應急演練活動，最終在保障能力、安全人才、安全產業等多方面形成一系列實用價值高、示範意義大、影響輻射廣的運用成果。同時，常態化的實網攻防演練，自上而下地喚醒並不斷強化大數據時代的網路安全意識和防禦能力，勾勒貴陽大數據安全地圖與貴陽安全指數，初步建立起可借鑑、可複製、可推廣的安全可控檢測模式和跨區域的網路安全聯動機制，為各大城市應對大面積網路攻擊提供參考借鑑，進而為國家應對國際網路攻擊、保護網路空間安全摸索和積累經驗。

攻防演練 1.0：開啟城市真實網路攻防演練先河。二〇一六年十二月二十三日至二十八日，在公安部的指導下，貴陽首次舉辦了以「數谷論道・數安為基」為主題的「二〇一六貴陽大數據與網路安全攻防演練」活動，在全國引起廣泛關注。貴陽開啟的是以一個城市範圍內的真實網路環境、真實業務系統為測試目標，針對大數據產業特定環境的網路實戰演練。在此次演練中，貴陽將目標主要限定在市行政轄區範圍內的網站、線上訊息系統、工控系統及其他專用系統，統一由活動指揮部辦公室與公安、工信、通訊管理等相關部門確定攻擊目標，並且所有納入安全演練範圍的測試目標必須獲得公安機關授權。活動遵循安全可控、真實對抗、虛實結合、以點帶面、疊代演進、引爆影響和產業沉澱原則，在高度管控、嚴格限制的前提下，旨在以發現、暴露和解決問題為切入點，檢驗大數據與網路安全的防護水準、應急處置能力，喚醒數據時代的全社會網路安全防護意識。

攻防演練 2.0：開啟關鍵訊息基礎設施滲透測試。二〇一七年十一月二十一日至二十八日，以「共建安全生態、共享數據未來」為主題的「二〇一七貴陽大數據及網路安全攻防演練」活動在貴陽大數據安全產業示範區舉行。相對於首次演練，此次演練活動突出了「攻防演練走出去」和「智慧攻防」兩大特色，凸顯了演練規模更大、層次更高、目標針對性強、檢測程度深、強度大，以及異地攻防等特點。在內容、技術、平台、模式、環境五個方面進行全面推進攻防演練疊代升級，形成了立足貴陽、涵蓋全省、輻射全國的跨區聯動的攻防演練機制。

攻防演練 3.0：開啟全國放管服雲端平台安全檢測。二〇一八年十一月二十一日至二十七日，「二〇一八貴陽大數據及網路安全攻防演練」在貴陽國家大數據安全靶場成功舉辦。活動是以「構建安全生態．護航數位經濟」為主題，重點聚焦「放管服」改革下的政務服務雲端平台及業務系統的安全檢測，著力提升「互聯網＋政務服務」整體安全態勢感知和風險防範能力，是對二〇一六年、二〇一七年攻防演練活動的進一步疊代升級。

攻防演練 4.0：實施「五跨」合成式體系菁英對抗演練。二〇一九年五月十六日，「二〇一九貴陽大數據及網路安全菁英對抗演練」在貴陽大數據安全產業示範區啟動。本次演練以「共築數據安全．服務數位經濟」為主題，為期十一天，共有三個檢測集團、十六支菁英戰隊、十名菁英極客，共計一一七名隊員參加。本次演練活動進一步升級為菁英對抗演練，呈現三大特色亮點，一是全國首次實施「五跨」的合成式體系對抗，採用集團式協同對抗、團隊攻防對抗、極客菁英對抗的合成式對抗模式，著力提升網路對抗中統籌指揮、聯合作戰、協同防禦、應急響應等能力，推動演練升級為跨層級、跨地域、跨系統、跨部門、跨業務的國家級活動，提升貴陽大數據及網路安全菁英對抗演練活動的影響力；二是全國首次工業互聯網實網演練，首次將全國最大的工業互聯網實網平台作為靶標進行安全檢測，形成對工業互聯網網路、平台、系統、設備的即時監測和安全檢測能力，實現重點行業工業互聯網整體安全態勢感知和風險防範；三是全國首次發布大數據安全產業藍皮書，對近三年貴陽大數據及網路安全產業實戰與理論進行系統總結，形成擁有貴陽特色的大數據及網路安全產業發展理論體系。

❸ 貴陽大數據安全產業示範區

為形成完整的大數據及網路安全產業生態體系，貴陽聚集相關資源要素、引進行業內具有明顯競爭優勢和示範帶動效應的大數據安全及相關領域龍頭企業，集中力量攻破技術瓶頸，以構建完整的大數據及網路安全產業生態體系為目標，打造涵蓋安全產品提供、安全測評、安全認證、安全運維、態勢感知、威脅情報分析等環節的完整產業鏈條，集聚大數據及網路安全軟體、安全裝備、安全服務、安全行業應用四大產業，打造技術與產品先進可控、特色突出、示範引領、輻射全國的大數據及網路安全產業集群，助推大數據安全產品及技術在經濟社會各領域應用，為全面構建大數據及網路安全保障體系貢獻「經開力量」，為打造「中國數谷」構築堅實的網路安全屏障。

核心鏈：大數據安全軟體產業。貴陽立足前沿安全趨勢的動態追蹤、網路安全漏洞挖掘研究、惡意軟體逆向分析研究、網路攻防滲透等安全威脅，以大數據安全軟體為重點，集中安全防護、安全檢測、數據安全、雲端安全、安全監測，開發基礎管理類[1]、數據儲存類[2]、互聯互通類[3]、細分行業應用類安防軟體[4]，並為用戶提供相關解決方案和後續服務，打造涵蓋雲端安全、數據安全、基於大數據安全分析、移動端安全等安全產品在內的大數據安全軟體產業集群，形成一批自主創新、技術先進，滿足重大應用需求的產品、解決方案和服務。

補充鏈：大數據安全裝備產業。在全新的移動互聯和大數據時代，網路設備作為互聯網中的關鍵網元[5]，其能從微觀的角度反映整體的網路安全態勢，沒有網路設備的安全就沒有網路安全。

大數據安全裝備是大數據安全服務的基石，發展安全基礎硬體和安全平台產業能有效支撐安全服務產業發展，豐富大數據安全服務內容和類型，提升服務能力，搶占大數據安全產業鏈高端環節。貴陽經開區加快建設貴陽大數據安全產業示範區，依託自身電子訊息產業基礎，以大數據安全裝備為補充，圍繞VPN數據分析設備、數據加密系統，培育覆蓋網路安全設備、大數據安全硬體、安全終端、安全晶片和電子元器件等業態，發展大數據安全裝備產業，引進相關大數據安全裝備生產研發企業，促進大數據安全裝備產業規模發展，形成了以中國航天科工十院為龍頭引領的大數據安全裝備產業集群雛形。

延伸鏈：大數據安全服務產業。貴陽依託已有的訊息服務產業基礎，以大數據安全服務為延伸，扶持本地有成長潛力的企業，面對企業、銀行和政府機構等單位，提供安全運維、風險評估、安全應用服務、規劃諮詢、測評認證、安全系統整改、教育培訓、容災備份、攻防演練、人員能力培養和安全大數據交易等服務，發展大數據安全服務產業，提升整個產業的「軟實力」。透過大數據服務公司之間的相互協作，建立產業鏈各環節良性互動機制，依託公共大數據國家重點實驗室和大數據技術國家工程實驗室，提升關鍵技術創新突破能力，實現產業鏈全線升級，有效避開貴陽電子訊息製造產業基礎薄弱、高端人才缺乏等不足，也順應訊息安全產業以解決方案和安全服務為主的發展趨勢。

拓展鏈：「大數據安全＋衍生業態」。貴陽以大數據安全應用為突破和牽引，自主研發

---

① 基礎管理類安防軟體主要實現安防設備接入管理、用戶權限、數據蒐集、預案管理等，同時提供串流媒體轉發以及影音儲存等基礎服務，該軟體為安防系統的基礎平台，是安防系統賴以運行的最基礎的平台軟體。

② 數據儲存類安防軟體主要實現多種數據的融合儲存功能，如非結構化的影像串流、圖片數據以及半結構化和結構化數據，可提供檢索數據精準快速定位功能。

③ 互聯互通類安防軟體主要實現不同平台之間的互聯互通，如基於 GB/T28181—2016 標準的互聯，獨立運行的軟體一般以跨域聯網網關的形態出現。此外，互聯互通安防軟體還支持非標準的接口協議，如 SDK、CGI 等。

④ 細分行業應用類安防軟體是以細分行業需求為參考，透過影像智慧分析，個性化行業應用，數據精細管理實現數據為行業服務。

⑤ 網元即網路元素，是網路管理中可以監視和管理的最小單位，其由一個或多個機盤或機框組成，能夠獨立完成一定的傳輸功能。

和引進吸收並重，發展「大數據安全＋衍生業態」，加快形成安全可控的大數據產品體系，推進大數據安全在工業、軍民融合、金融、物流、政府、通訊等領域應用，促進大數據在創新創業、政府管理和民生服務等方面廣泛深入應用，使技術融合、業務融合和數據融合能力顯著提升，實現跨層級、跨地域、跨系統、跨部門、跨業務的協同管理和服務，形成數據驅動創新發展的安全新模式。例如，在「大數據安全＋交通」領域，推出「客安邦」智慧客運安全營運平台；在「大數據安全＋醫療」領域，推行「互聯網＋醫療」大數據平台；在「大數據安全＋食品」領域，依託「食品安全雲」推出食品安全溯源檢測平台。

貴陽集中「關後門」、「堵漏洞」、「防斷供」這三大類訊息安全和產業安全的相關問題全面發展大數據安全產業。目前，貴陽大數據安全產業示範區已入駐企業機構四十六家，快速聚集了大數據安全產業的發展合力，形成了以「國家訊息安全技術研究中心、國家訊息安全工程技術研究中心、貴陽大數據及網路安全技術創新中心」為技術創新引領，以「中國網路安全審查技術與認證中心」為品質認證評價、以貴陽「大數據及網路安全應用示範中心」為安全應用推廣、以「貴州強盛信安企業管理諮詢服務中心」為管理諮詢服務的一體化安全產業發展體系，為構建大數據安全軟體、大數據安全裝備、大數據安全服務、「大數據安全＋衍生業態」四大產業集群的健康發展奠定了堅實的基礎。

❹ 大數據及網路安全示範城市

安全作為大數據產業及訊息技術產業的制動閥，是貴陽發展大數據的基石。為此，貴陽把大數據安全放在重中之重的位置，創全國先例，以城市整體系統思考大數據安全的發展之路，形成了「1＋1＋3＋N」的大數據及網路安全示範城市頂層設計。同時，貴陽堅持審慎監管和保護創新並重，加強關鍵行業和領域重要訊息的保護，建立健全數據安全標準體系和安全評估體系，不斷提升城市大數據及網路態勢感知能力，探索數據安全立法，開啟數據倫理研究，形成了一套完整的城市大數據及網路安全建設的新典範。

貴陽發展大數據安全，以總體國家安全觀和網路安全觀為指導，以大數據及網路安全靶場建設為手段，以大數據及網路安全監管保護中心、技術創新中心和應用示範中心建設為重點，集中提升安全監管與保護能力、技術創新能力和產業支撐能力，聚焦核心任務，推進重大工程，逐步構建起全市大數據及網路安全保障體系，形成了大數據安全發展「1＋1＋3＋N」總體思路，初步建成國家級大數據及網路安全示範試點城市。

「一」即大數據及網路安全示範城市。貴陽大數據安全工作的核心是建設大數據及網路安全示範城市。貴陽以加強大數據及網路安全保障為基礎，先行先試，探索城市總體大數據及網路安全保障，透過對全市關鍵訊息基礎設施和重要訊息系統開展大數據安全保衛工作，及時識別數據安全風險。貴陽各政府部門強化保障支撐機制，形成了市級統籌、部門支持的工作推進機制，整合資源、科學投入、降低成本、提高效率。同時，為確保安全工作落實到位，貴陽建立了大數據安全責任管理體制，各個單位的一把手是本單位數據與網路安全的第一責任人，當發生數據安全事件時，要向第一責任人和分管責任人追責。

「二」即大數據安全靶場。自二〇一六年以來，貴陽連續三年開展大數據安全攻防演練，並同步啟動「國家級大數據安全靶場」建設，二〇一六年十二月，完成全國首次城市真實攻防演練；二〇一七年十一月，完成全國首次跨城真實攻防演練，同年十二月，靶場規劃方案在北京透過評審；二〇一八年三月，完成靶場建設工程立項，二〇一八年五月二十五日，全國第一個「大數據安全綜合靶場」一期在貴陽建成。未來，貴陽國家大數據安全靶場將成為可常態演練的實戰靶場，對網路基礎設施、大數據中心、工業控制系統、重要訊息系統、重要公眾服務平台及網站系統、雲端運算平台、物聯網平台等保護對象進行安全檢測，同步開展大數據安全攻防演習、技術檢驗和產品測試。

「三」即大數據及網路安全監管保護中心、技術創新中心和應用示範中心三個中心。一是大數據及網路安全監管保護中心，負責大數據安全統籌、組織和監察管理，開展對大數據安全、知識產權等案件的偵辦；二是建立大數據及網路安全技術創新中心，依託國家級大數據安全技術實驗室、大數據安全聯合研發中心，與北京郵電大學、貴州大學共同成立了大數據及網路安全技術創新中心，實現大數據安全技術自主創新；三是協同建立大數據及網路安全應用示範中心，以國家級大數據安全技術實驗室及大數據安全技術創新中心為研發基地，建立大數據及網路安全應用示範中心，將研究成果轉化為產品，推動大數據及網路安全技術的應用及推廣。

「N」即「N」個平台。以大數據安全綜合防護平台建設為主體，建立「N」個由省、市公安機關、地方政府及重要行業部門建立的安全技術監管、防護、應急平台，實現公安機關、地方政府、行業部門縱橫相連的立體化管控。

貴陽國家大數據安全靶場五大靶場

國家公共靶場：以當前典型大數據中心為原型，為超大規模、大規模和中小規模的攻防演練環境，以及重大網路安全事件沙盤推演、網路安全人才技能培訓、高級研修、專題研討等提供環境支撐。

貴陽城市靶場：以貴陽真實網路環境及目標為靶場環境，摸清貴陽城市網路安全底數，感知網路空間安全態勢，為保障貴陽大數據中心安全提供支持和保障，服務貴陽建設全國首個「大數據安全示範試點城市」。

軍民融合靶場：為網路安全與地方網路攻防新技術的融合提供環境支持，包括特定環境下按照網安相關單位的特殊需求構建軍民一體、虛實結合的網路環境，為網安與地方訊息安全新技術的研究、驗證提供環境支持。

基礎設施靶場：按照國家電力、銀行、通訊、氣象、交通等國家典型關鍵基礎設施的網路特點，構建虛實一體、以實為主的專業靶場。一方面為貴陽大數據安全靶場常態化網路攻防對抗提供重要設施專業靶場環境支撐，另一方面也能夠為檢測現有關鍵基礎設施網路環境安全底數，研究與驗證專業網路安全對抗新技術等提供支持。

新興網路靶場：依託當前及未來網路新技術，如下一代移動通訊、物聯網技術和量子技術等，構建具有一定前瞻性試驗性質的虛實一體網路靶場，為預研未來網路安全新態勢、新技術等提供環境和設備支持。

第3節・治理科技與中國之治

黨的十九屆四中全會專題研究堅持和完善中國特色社會主義制度、推進國家治理體系和治理能力現代化問題，強調要加強系統治理、依法治理、綜合治理、源頭治理，把中國制度優勢更好轉化為國家治理效能，為實現「兩個一百年」奮鬥目標、實現中華民族偉大復興的中國夢提供有力保證。中國之治的理想是天下大治，在全球政治經濟版圖正發生深刻變化的今天，與「西方之亂」形成鮮明對照，「中國之治」必將以中國特色、中國風格、中國氣派的制度文明譜寫二十一世紀全球治理的新篇章，為人類「諾亞方舟」的和合共生和永續繁榮提供全新樣本。

❶ 從技術之治到制度之治

治理現代化是繼工業現代化、農業現代化、國防現代化、科學技術現代化之後的第「五個現代化」，其本質是制度的現代化。

國家治理現代化包含了治理主體多元化，治理手段現代化，治理體系制度化、科學化、規範化、程序化等多個方面，意味著國家與社會、政府與公民、權力與權利的關係重構。當前中國面臨著全方位數位化、訊息化、智慧化轉型，國家治理、社會治理的對象、內容和國際博弈的主戰場都處於變化之中，對社會轉型與發展也有持續深遠的影響。大數據、人工智慧、區塊鏈、雲端運算、物聯網等新興數位技術不斷湧現，以治理科技能力的提升為國家治理體系和治理能力現代化提供新的技術支撐，形成基於新一代數位基礎設施所構建的智慧化制度體系。

決定中國崛起的根本推動力在於兩個「全面」，即全面深化改革和全面擴大開放。全面深化改革是新時代堅持和發展中國特色社會主義的根本動力。在前進道路上，要進一步解放思想、進一步解放和發展社會生產力、進一步解放和增強社會活力，在更高起點、更高層次、更高目標上推進全面深化改革，將改革開放進行到底。全面擴大開放是實現國家繁榮富強的根本出路，以開放促改革、促發展，是中國發展不斷取得新成就的重要法寶。在經濟全球化深入發展、各國經濟加速融合的時代，必須發展更高層次的開放型經濟，推動形成全面開放新格局。這是決勝全面建成小康社會、建設社會主義現代化強國的必由之路。

全面深化改革的總目標是完善和發展中國特色社會主義制度，推進國家治理體系和治理能力現代化。一九七八年，黨的十一屆三中全會啟動的改革開放，開啟了中國國家治理探索的新旅程。二〇一三年，黨的十八屆三中全會透過了《中共中央關於全面深化改革若干重大問題的決定》，將完善和發展中國特色社會主義制度，推進國家治理體系和治理能力現代化當作全面深化改革的總目標。二〇一九年，黨的十九屆四中全會作出了《中共中央關於堅持和完善中國特色社會主義制度、推進國家治理體系和治理能力現代化若干重大問題的決定》，再次重申這一目標，並且把推進國家治理現代化納入了「兩個百年目標」的總體戰略框架之內。在不久的將來，一場更為聲勢浩大的深化改革與擴大開放必將展現出嶄新的壯麗圖景。

國家治理是一個永恆的話題，每個時期都有與之相適應的治理模式。治理現代化即以現代化的治理體系和治理能力實現善治之目標。治理現代化的前提是治理，手段是現代化，目標是善治。國家治理體系和治理能力現代化並非簡單的治國理政策略和手段的完善，而是社會主義制度的整體躍遷，更是現代化方式的全新探索。顯然，現代化是一個動態的概念，訊息時代的現代化就是基於訊息化的現代化，就是以訊息化的方式和路徑實現現代化。習近平總書記指出「沒有訊息化就沒有現代化」。在這個意義上，訊息化在中國就是涵蓋現代化建設全局的戰略舉措，實現現代化必須以實現訊息化為前提和標準，要成為現代化強國就必須成為網路等訊息技術方面的強國，其中也包括大力發展訊息化，使之成為國家治理現代化的重要技術手段和保障。

在習近平總書記作《關於〈中共中央關於堅持和完善中國特色社會主義制度、推進國家治理體系和治理能力現代化若干重大問題的決定〉的說明》時，建議更加重視運用人工智慧、互聯網、大數據等現代訊息技術手段提升治理能力和治理現代化水準。全球正處於新一輪科技革命和產業變革之中，隨著大數據、人工智慧等新一代訊息技術的發展，中國正積極推動數位政府、智慧城市和數位經濟等建設，國家治理體系也已經出現「技術＋規則」的發展態勢。作為新時代國家治理的引擎和手段——「數位中國」所承載的，不僅是以科學技術為代表的生產力的發展，也不僅是以數位化為手段的治理技術，更深層次的是以數位化驅動國家治理體系和治理能力現代化的新理念。

國家治理體系和治理能力現代化是一種全新的政治理念，在社會政治生活中，治理是一種偏重於工具性的政治行為。國家治理體系包括政府治理、市場治理和社會治理三個重要的次級體系，對應治理主體、治理機制和治理工具三大要素，政府官員的素質、治理的制度和治理的技術，便成為影響國家治理現代化的三個基本變量。隨著新技術革命和新產業革命的孕育興起，以大數據、雲端運算、人工智慧、區塊鏈、5G、物聯網、工業互聯網、量子通訊等為代表的新一代訊息技術，對經濟社會的發展產生了深刻影響，並為國家治理體系和治理能力現代化提供了有力的科技支撐。總而言之，當前，我們需要重新審視現有理論對於社會形態變革的理解與闡釋。訊息技術已經不再只作為工具而出現，甚至也不再只作為傳統理論視野下的背景或前提而出現，因其而引發的社會形態變遷更多要求突破乃至變革傳統理論框架，「治理科技」作為新的理論概念由此被提出。

治理科技是新一代訊息技術驅動的治理創新，是在科學規則的治理體系下，治理主體採用科學的方式、方法以及現代科學技術手段，進行有效治理並對治理效果進行追蹤評估和反饋，不斷提升治理能力。在這裡，治理科技應當是一種寬泛的理解。治理科技既意指制度的操作規定、實施細則和具體辦法，也涉及與制度安排相互配套的各種技術工具和技術手段。因此，技術能使制度得到貫徹落實，制度也需要更加科學、合理和具體的技術。沒有技術的支持，制度會落為空話；但同時，沒有制度開創的空間，技術也無用武之地。在國家治理現代化的進程中，需要有更多的技術發展和技術保障。因為官員與公眾的共同參與、政府與企業的共同努力、社會各界的共同奉獻，需要有現代化的溝通管道和手段，需要有科學的方法和工具，還需要有合理的方案和措施。

科技驅動治理體系和治理能力現代化是國家治理體系和治理能力現代化的重要內容和基礎支撐，是科技強國和現代化強國的重要標誌。十九屆四中全會實際上明確了大國治理的「四梁八柱」，為堅持和完善「中國之治」提供了基本遵循。在國家治理大邏輯確定之後，如何從中觀甚至微觀角度研究探討並在實踐層面上加以推進國家治理現代化，成為當前一個較為迫切的問題。我們所處的這個世界，是技術空前輝煌的世界，所發生的重大變革主要是由技術驅動的。事實上，隨著數位時代的到來，以新一代訊息技術為基石的、與新時代經濟社會發展相適應的治理科技體系早已應運而生，只是中國的治理科技還處在起步階段，實踐先於理論的特徵較為明顯。「治理科技」為治理現代化提供了全新途徑，在優化升級治理模式的過程中帶來了不可忽視的積極價值。

堅持和完善中國特色社會主義制度、推進國家治理體系和治理能力現代化是一項戰略性、系統性工程，從形成更加成熟、更加定型的制度看，中國社會主義實踐已經走過了前半程，現在已經進入後半程。經過七十年的探索，中國當前制度的建設重心已經不再是強調制度的單個突破和創新，而是更加重視並強調制度間的聯繫和對接以及功能的整合。習近平總書記強調，「現在要把著力點放到加強系統集成、協同高效上來，鞏固和深化這些年來我們在解決體制性障礙、機制性梗阻、政策性創新方面取得的改革成果」。堅決以制度劃邊界、以治理破藩籬，破除一切妨礙科學發展的思想觀念和體制機制弊端，必須突出系統集成、協同高效。

我們應該要有這樣的制度自信與制度信仰，堅信憑藉強大的自我完善和發展能力以及源源不斷的強大生命力，在不斷適應新要求、回答新課題、總結新經驗、應對新挑戰、解決新問題的進程中，在提煉總結自身的優秀因素和吸收世界各國的進步因素後，中國特色社會主義制度和國家治理體系一定能成長為世界上最好的制度，為人類政治文明進步作出重大貢獻，為世界政黨政治發展提供有益借鑑，為人類探索更好社會制度提供中國智慧、中國方案。

❷ 數位分身城市的治理典範

二〇〇二年，美國學者邁克爾・格里弗斯提出「數位分身」的概念，後來這一概念被美國航空業高度關注。以數位化手段，在虛擬訊息空間構造出一個與物理實體相對應的虛擬世界的數位分身，在製造業有著廣泛的應用空間。隨著新一代訊息技術的興起，城市感知愈發無處不在，物理世界和數位世界的界限逐漸模糊，數位分身城市的概念也應運而生。數位分身城市是支撐新型智慧城市建設的複雜綜合技術體系，是城市智慧運行持續創新的前沿先進模式，是物理維度上的實體城市和訊息維度上的數位城市同生共存、虛實交融的城市未來發展形態。作為首個國家級大數據綜合試驗區核心區，貴陽自二〇一三年提出大數據發展戰略以來，在大數據、人工智慧、物聯網、雲端運算等新一代訊息技術不斷發展、數據作用不斷凸顯的背景下，依託「數博大道」探索數位分身城市建設，旨在將數位技術與城市規劃、治理、營運相結合，以數據支撐城市決策、營運，創新城市治理方式。

貴陽數位分身城市建設思路是以建設數位中國、智慧社會為導向，以塊數據資源為基本要素，堅持數位城市與現實城市同步規劃、同步建設，大規模、全領域集成應用新一代訊息技術，適度超前部署數位基礎設施，構建全域數位映像空間，建立塊數據資源管理與應用體系，著力提升網路安全保障能力，推動全要素數位化轉型，推進產城深度融合，形成由數據驅動的自我學習、自我優化、自我成長的數位分身城市發展新模式，打造以塊數據為引領，集數位經濟、數位社會、數位文明於一體的未來城市，為城市邁向新時代轉型升級探索新路徑、提供新經驗、創造新形態。

貴陽數位分身城市建設邏輯是對「數博大道」全域物理空間內的人、物、事（社會活動）進行全要素數位化呈現，以虛擬空間單元為訊息附著點，發生於「物理—數位空間」的全要素數據透過區塊鏈方式將可信數據透過其賦存的地理空間單元塊進行關聯，構成了面向地理空間單元的「可信空間塊」。虛擬空間與物理空間一一對應，這樣的一個空間塊內可以容納各種服務，是一種綜合服務空間。空間塊之間具有耦合關係，透過對其解構、交叉、融合，對空間內的塊數據不斷地挖掘、分析、靈活組合，使不同來源的數據在數位分身空間內的匯集交融中產生新的湧現、派生出新的應用，實現對城市事物規律的精準定位，甚至能夠發現以往未能發現的新規律，為改善和優化城市系統提供有效的指引。

貴陽數位分身城市建設理念是以「超越地理邊界、超越產業邊界、超越網路物理邊界、超越數據權屬邊界、超越應用服務邊界、超越現實空間邊界」為總體設計思路，打造物聯泛在、高度智慧的基礎能力，形成多元協同、應用創新的發展格局，構建產城融合、安全營運的支撐體系。超越地理邊界，透過「多樣化」資源整合、「開放式」創新實踐、「外引型」人才戰略，建設開放包容、共享無界的數位分身城市；超越產業邊界，形成「一核多翼」的無邊界產業新群落，打造以服務於產業集聚新節點，協同貴陽、輻射全國、影響世界的立體化產業魔方為統領的數位分身城市；超越網路物理邊界，構建雲端化、邊緣化、智慧化的泛數博訊息化基礎設施體系，提供最高水準的基礎網路服務，實現訊息安全多層面防禦，打造空天地全域交互、極致安全的數位分身城市；超越數據權屬邊界，打破跨部門的數據共享壁壘，打通訊息化供應鏈的全過程節點，形成塊數據運行規則，在法律框架內正常、健康、有序地進行數據共享和開放，打造塊數據應用標竿型數位分身城市；超越應用服務邊界，顛覆或創新城市建設、治理和服務模式，突破各領域、各行業固有的服務界限，縱向疊代深入、橫向延伸帶動，推動跨界融合，打造服務同質、標準同環、應用創新的數位分身城市；超越現實空間邊界，將虛擬空間與現實空間緊密結合，堅持數位城市與現實城市同步規劃、同步建設，適度超前布局智慧基礎設施，打造全球領先的數位分身城市。

貴陽數位分身城市的建設願景是以全球眼光、國際標準、中國特色、高點定位為總體要求，「數博大道數位分身城市」建設，將以塊數據為核心，創新部署各類新技術、新業務、新模式，超越當前城市發展形態，打造集總部經濟集聚、關聯產業耦合、未來城市示範、永不落幕的展示於一體的全新城市形態。特別是以數位分身理念推進「數博大道未來城市」建設，重點打造一個以數據、模型、算法為核心的數位分身平台，支撐構建與物理城市同步運行、虛實交互的數位分身城市；加快推進多項前沿技術先行、先試，打造全球規模最大的新技術試商用中心；以「1+N」模式構建城市管理與服務新體系，實現從新技術到新應用的「質變」在「數博大道」率先垂範，打造未來城市標竿示範區。

貴陽數位分身城市試驗載體是在「數博大道」探索一種全新的城市建設路徑和實踐模式，創新部署各類新技術、新業務、新模式，讓數據驅動治理，數位服務產業，數位推動文明。透過幾年的努力，將「數博大道」打造成多元交互、深度學習、自我優化的數位分身城市形態，真正實現數位城市與物理城市孿生平行發展，建設成為人類發展史上的未來城市示範，滿足人們對更加美好生活的嚮往。到二〇二四年，貴陽計劃實現「數博大道」感知體系立體化全覆蓋、城市空間要素實現全數位化、城市基礎設施全面智慧化、塊數據資源實現全面融合應用、產城融合格局全面拓展、城市治理模式全面創新，與數位分身城市相適應的法律法規制度體系不斷完善，多元共治的數位社會體系日益健全，數位經濟特色產業集群邁向繁榮，基於算法信任和共享社會的數位文明不斷進化，科技、生態、人文在虛擬空間集大成，形成一座數據融合的共享之城、數位經濟支撐的綠色之城、數據文化興盛的文明之城、數據治理推動的安全之城、數據力驅動的虛擬之城。

❸ 中國之治與世界未來

當今世界正經歷百年未有之大變局，全球治理體系面臨重重考驗，中國正在用一種全新方式去思考自己和世界的關係。推進國家治理體系與治理能力現代化是中國的第五個「現代化」，吹響了「源於中國而屬於世界」的當代政治文明話語體系建設的號角。十九屆四中全會第一次系統描繪了中國特色社會主義制度的「圖譜」，這是中華民族的一次革命性飛躍，這種革新精神正是中華民族綿延不斷的祕訣。

「中國之治」承載著一個古老文明的現代化命題，中國之治的本質是文明之治，是探索形成政黨與社會、人民與國家、中國與世界、傳統與現代等多重關係的新機制，實現包括社會形態、國家制度、核心價值在內的新文明樣本。小智治事，大智治制，「中國之制」成就「中國之治理」，經受了實踐檢驗的中國發展道路不僅在約占世界人口五分之一的東方古國開闢出國家治理的新境界，更為推動構建人類命運共同體貢獻著中國智慧。中國的治理模式激勵著廣大發展中國家探索自己的治理模式，也啟迪西方社會走出治理困境，為人類文明演進貢獻中國智慧。

「應對共同挑戰、邁向美好未來，既需要經濟科技力量，也需要文化文明力量。」二〇一九年五月，在北京舉行的亞洲文明對話大會上，習近平主席深刻闡明文明對世界的推動作用。自二〇一三年以來，中國政府積極推行有中國特色的大國外交，提出了一系列順應世界發展潮流的理念，如「構建人類命運共同體」、「利益共同體」、「推動構建以合作共贏為核心的新型國際關係」、「堅持正確義利觀」、「共商共建共享」等，體現了中國對人類社會整體利益的關切。中國在國際話語權方面的弱勢地位在發生變化，「中國話語」已經在國際社會產生了很大影響，並開始被國際社會所接受。「和而不同」、「和合共生」、「美美與共」、「天下大同」等飽含東方智慧的中國理念和文明觀如同一股清流，贏得了國際社會的高度讚賞。

追溯中華文明發展史可以發現，在中華五千多年的文明積澱中，早已形成了天人合一的宇宙觀、協和萬邦的國際觀、和而不同的社會觀、人心和善的道德觀。在儒家思想的「理想宇宙」裡面，沒有不同的國家以及國家和文化之間的邊界和界限。儒家追求天下的統一，其根本價值具有世界性和共通性，儒家的世界性認為「四海之內皆兄弟」，符合多元世界的文明需要。中國之治源於儒家思想，其核心乃為良知之治。良知之治就是將陽明心學與現代治理相結合，在加強以良知為核心的道德理性中實現協調與平衡，以達到共建人類命運共同體的目標。良知之治的本質是建立有序、公平、活力、向上、富強的社會，即王陽明倡導的「萬物一體之仁」的社會理想，其文化內涵則是由「心即理」、「知行合一」、「致良知」建構而成的文化價值體系。

心即理，是良知之治的理論基礎。心即理的命題古已有之，只是到了王陽明這裡，才代表著個人主體意識的覺醒。王陽明始終認為，「心」，都是個體之心，它以良知的形式，先驗地存在於每個人的主體意識中，如孟子所說的「四端」①。此外，王陽明認為「吾心便是天理」，是說我心與萬物一體，萬物就在我心中，而「心」的存在也離不開萬物。也就是說，每個人的世界，在很大程度上實際是自己的「心」所創造的世界，這個世界的意義，也

① 「四端」是儒家稱應有的四種德行，即「惻隱之心，仁之端也；羞惡之心，義之端也；辭讓之心，禮之端也；是非之心，智之端也」。「四端」是孟子思想的一個重要內容，也是他對先秦儒學理論的一個重要貢獻。

是由自己的「心」賦予它的，有什麼樣的「心」，就會有什麼樣的「世界」。因此，陽明心學首先確定了「心即理」的內涵，即「心外無理，心外無物」，其重要價值意義在於強調人的道德主體性與人的價值，這也是陽明心學思想的出發點。知行合一，是良知之治的理論主體。王陽明認為，「知是行之始，行是知之成」、「知是行的主意，行是知的功夫」，說的是「知」和「行」是同一的，因為它們紮根在同一個「本體」上。所以說，「知行合一」的重要意義在於它把從古希臘哲學就開始的、把理論和實踐分開的思維方式徹底打破了。從道德認知的角度看，「知行合一」意味著道德認識和道德實踐上的合一，「知」就是人的內在的道德認識，而「行」則是人的外在的行為活動，王陽明所強調的便是使內在的道德認識和外在的道德行為相統一。因此，「知行合一」的重要意義在於防止人們的「一念之不善」，當人們在道德倫理綱常上剛要萌發「不善之念」的時候，就要將其扼殺於「萌芽」之中，避免讓這種「不善之念」潛伏在人們的思想當中，慢慢滋長。可見，王陽明的「知行合一」觀是一個由知善到行善的過程，它要求人們將自己的倫理道德知識付諸實踐，從而完善自己的道德人格，因為「善的動機，只是完成善的開始，並不是善的完成。意念的善不能落實到實踐，它就不是真正的善」。無論是什麼時候，道德都是一把無形的枷鎖，既封鎖人的自由，又使人的自由得到保證，那麼，「知行合一」便成為儒家道德形象的一根準繩，這也便是陽明心學的核心要義與良知之治的理論主體。

致良知，是良知之治的理論昇華。致良知是陽明思想的根本宗旨，它的提出標誌著陽明心學的最終確立，並從根本上重塑了儒家思想的結構。以往的理學家認為「致知在於格物」，認為要達到致知的目的，必須要從格物開始。王陽明另闢蹊徑，將《大學》中的「致知」，與孟子的「良知」說相結合。他認為，「良知」是人與生俱來的，能使人「知善知惡」，能使人對自己的行為作出正確評價，指導人們的行為選擇，促使人們棄惡從善。所以，「良知」是以是非之知的形式表現出來的、具有先驗性與普遍性的道德意識。「致良知」就是要透過對人的「良知」的自我認識，使人們能「體察」到「物欲」、「私利」是使自己「良知」昏蔽的主要原因，從而培養出一種道德上的自覺的能動性，以時時保持或恢復「吾心之良心」的「廓然大公、寂然不動」的本性。也就是說，「致良知」強調克己去私，實現公平正義。此外，致良知的核心思想包含一種推己及人的觀念，即把個人的情向外推，由近到遠。良知的核心思想是忠恕之道，忠恕之道就是仁。盡己之心為「忠」，推己及人則為「恕」。實行忠恕之道，也就是從個人的主體性逐漸向外推，逐漸從一個「作為個人」的人，一直推向「天地萬物為一體」的人。王陽明說，「風雨露雷，日月星辰，禽獸草木，山川土石，與人原是一體」，他認為，人的靈明是人與天地鬼神萬物的貫通者，所以，人心與

「天地鬼神萬物為一體」；人的良知開合與自然界的晝夜相應，所以，人心與天地為一體；「仁心」施之萬物，所以，萬物因「仁心」為一體。因此，「萬物一體」論是以道德心即良知為根基的。由此可見，陽明學的思想具有向外擴大的惻隱之情，也就是從個人到家庭、到社會、到族群、到人類的全體，乃至到天地萬物。所以，良知之治正是以「良知」為根基，也就是說，如果「良知」喪失，良知之治便喪失了精神，就不會有「萬物一體之治」，這也正是陽明呼喚「萬物一體之仁」的原因。

全球治理的中國自信，源於中國的道路自信、理論自信、制度自信和文化自信。二〇一三年三月，習近平總書記在莫斯科國際關係學院發表演講時，首提人類命運共同體這一理念，指出當今人類社會「越來越成為你中有我、我中有你的命運共同體」。二〇一三年到二〇一五年的博鰲亞洲論壇，人類命運共同體理念實現了從「樹立命運共同體意識」到「邁向命運共同體」的飛躍。二〇一七年，「構建人類命運共同體」相繼被寫入聯合國決議、安理會決議、人權理事會決議，彰顯了中國理念對全球治理的重要貢獻。在黨的十九大報告中，習近平總書記六次提到人類命運共同體，站在全人類進步的高度，對全世界作出莊嚴承諾：「中國將繼續發揮負責任大國作用，積極參與全球治理體系改革和建設，不斷貢獻中國智慧和力量。」同時，人類命運共同體思想還被寫進了黨的十九大修改透過的《中國共產黨章程》，上升到前所未有的政治高度。二〇一八年三月，十三屆全國人大一次會議表決透過《中華人民共和國憲法修正案》，將「推動構建人類命運共同體」寫入憲法序言，使得人類命運共同體理念上升到憲法層面，納入中國法律制度體系之中，標誌著人類命運共同體成為習近平新時代中國特色社會主義思想的重要組成部分。

構建人類命運共同體是推動全球治理的中國方案、中國智慧和中國貢獻，其重點在於多元文明的融合與共治。然而，世界文明是多元的，不同的價值取向如何相互並存而不彼此排斥？如何實現《中庸》中所說的「萬物並育而不相害」、「道並行而不相悖」？我們在陽明心學中獲得了答案，那就是良知。良知是個體道德自覺、道德選擇的重要根據和組織，也是普遍的禮儀和道的內化形式，為人們的行為提供道德指引。不同的文明雖然形態各異，但追求的良知之心則是相通的。王陽明說：「蓋其心學純明，而有以全其萬物一體之仁。故其精神流貫，志氣通達，而無有乎人己之分，物我之間。」「夫聖人之心，以天地萬物為一體，其視天下之人，無內外遠近，凡有血氣，皆其昆弟赤子之親，莫不欲安全而教養之，以遂其萬物一體之念。」「是故親吾之父，以及人之父，以及天下人之父……以至於山川鬼神鳥獸草木也，莫不實有以親之，以達吾一體之仁，然後吾之明德始無不明，而真能以天地萬物為一體矣。」王陽明主張的「致吾心之良知於事事物物也」、「天地萬物一體之仁」，強調要以良知為指引，胸懷世界，要對他人、群體仁民愛物和具有責任意識，並由此建立世界普遍認同的道德秩序，使整個社會趨於和諧形態。這其中的思想就是對文明的差異以及文明多元性的認同和包容，構成了人類命運共同體的內在要求。尤其是「萬物一體說」思想中所蘊含的對世界的關切和良知之要義，構成了當今世界認同和理解人類命運共同體的重要方面，為各國、各民族承認、接受、認同人類命運共同體提供了理論前提。

人類命運共同體是全球治理共商共建共享原則的核心，其本質是超越民族國家意識形態的「全球觀」，終極目標是構建「持久和平、普遍安全、共同繁榮、開放包容、清潔美麗的世界」。這是一個以經濟、政治、生態為紐帶，超越地域、民族、國家而相互依存的人類存在新形態，是人類文明得以發展的共同前提。因此，在全球增長動能不足、全球經濟治理滯後、全球發展失衡的關鍵時刻，中國以大國氣度與胸懷，提出構建人類命運共同體，是對世界各族人民的深度關切，也是大國責任擔當的重要體現。習近平總書記在闡述構建人類命運共同體的基本原則時，提出夥伴關係要「平等相待、互商互諒」，文明交流要「和而不同、兼收並蓄」，生態體系要「尊崇自然、綠色發展」。這其中所蘊含的「合作」、「共贏」、「普惠」思想，與中華文化精髓中的「和平、仁愛、天下一家」等思想不謀而合，涵蓋了中華傳統文化「以和為貴」、「有容乃大」、「和而不同」的大智慧和大格局，體現了中國

「天下為公」、「萬邦和諧」、「萬國咸寧」的政治理念。

中國走出了一條符合自身國情的發展道路，探索出了一條既具有中國特色又具有普遍世界意義的工業化、城鎮化及市場經濟模式，客觀上在鼓勵越來越多的國家走符合自身國情的發展道路。中國提出實現中華民族偉大復興的中國夢，正在激勵越來越多國家的人們實現他們追求美好生活的夢想和人類文明共同復興的願望。我們應該要有這樣的制度自信與制度信仰，堅信憑藉強大的自我完善和發展能力，以及源源不斷的強大生命力，在不斷適應新要求、回答新課題、總結新經驗、應對新挑戰、解決新問題的進程中，在提煉總結自身的優秀因素和吸收世界各國的進步因素後，中國特色社會主義制度和國家治理體系一定能成長為世界上最好的制度，為人類政治文明進步作出重大貢獻，為世界政黨政治發展提供有益借鑑，為人類探索更好社會制度提供中國智慧、中國方案。未來，隨著人類經濟文化中心重新東移，中國日益走近世界舞台中央，東方文明必將在世界綻放出更加璀璨的良知之光。

後記

自二〇一四年起，貴州點亮了大數據之光，一路快馬加鞭，一路砥礪奮進，撕下了貧困標籤，貼上了亮麗名片，展開了一幅貴州轉型發展，崢嶸崛起的壯美畫卷。回首過去，成績來之不易，展望未來，任重而道遠。在各地競相發展、你追我趕的逼人態勢下，貴州不進則退，慢進亦退，稍有懈怠便有可能喪失先機。唯改革者進、唯創新者強，在新的歷史起點上，貴州堅定不移深入實施大數據戰略行動，扎實推進「四個強化、四個融合」，讓「智慧樹」茁壯成長、枝繁葉茂，讓「鑽石礦」流光溢彩、惠澤大眾，用治理科技開啟中國之治與世界未來新境界。貴州人民幹事創業、後發趕超的精氣神迸發，不甘落後、奮力爬高的夢想成真，必將在新的奮鬥征程上書寫出更大奇蹟。

二〇二〇年的新冠肺炎像一道分水嶺，黑天鵝變成了灰犀牛，曾經的小概率危機逐步變成了大概率的現實，每個人都被置身於一個高度不確定性的時代，過往對於世界的認知正在迅速被新的挑戰和機遇所沖刷。在這樣特殊的日子裡，感恩那些抗疫一線人員，感恩團結奮進的力量；亦是在這樣特殊的日子裡，大數據戰略重點實驗室匯聚了一批專家學者、政策研究者和實踐者，對《中國數谷》（第二版）進行了討論交流、深度研究和集中撰寫。在本書的研究和撰寫過程中，連玉明提出總體思路和核心觀點，連玉明、宋青、宋希賢對本書的框架體系進行了總體設計，並細化提綱和主題思想，主要由連玉明、宋青、宋希賢、龍榮遠、黃倩、陳雅嫻、程茹、賀弋晏、熊靈犀、鍾新敏、楊楨皓、彭小林、李玉璽、梅杰、季雨涵、姜似海負責撰寫，連玉明、宋青、宋希賢負責審稿。

在本書編寫過程中，貴州省委常委、貴陽市委書記、貴安新區黨工委書記趙德明，貴陽市委副書記、市長、貴安新區黨工委副書記、管委會主任陳晏，市委常委、常務副市長徐昊，市委常委、市委秘書長劉本立等對本書編寫給予了全程指導並貢獻了大量前瞻性的思想和觀點。中共貴陽市委辦公廳、市人民政府辦公廳、市委宣傳部、市委政策研究室、市發展和改革委、市科學技術局、市大數據局、北京國際城市發展研究院等單位和部門領導提出了許多富有建設性的意見和建議，豐富了書稿的系統性、思想性和實踐性。此外，機械工業出版社的領導對本書的出版給予了高度肯定和大力支持，組織多名編輯精心編校、精心設計，保證了本書如期出版。在此一併表示衷心的感謝！

在研究和編著本書的過程中，我們盡力蒐集最新文獻、吸納最新觀點，以豐富本書的思想和內容。儘管如此，由於著作水準有限，研究內容涉及眾多行業領域，難免有疏漏之處，特別是對引用的文獻資料及其出處如有掛一漏萬，懇請讀者批評指正。

大數據戰略重點實驗室

二〇二〇年三月二十八日於貴陽

BIG 357

中國數谷：
趕超美國矽谷的大數據革新

作　　者—大數據戰略重點實驗室
主　　編—連玉明
圖表提供—大數據戰略重點實驗室
特約校稿—林秋芬
責任編輯—廖宜家
主　　編—謝翠鈺
美術編輯—菩薩蠻數位文化有限公司
封面設計—陳文德

董 事 長—趙政岷
出 版 者—時報文化出版企業股份有限公司
108019台北市和平西路三段二四〇號七樓
發行專線—（〇二）二三〇六六八四二
讀者服務專線—〇八〇〇二三一七〇五
（〇二）二三〇四七一〇三
讀者服務傳真—（〇二）二三〇四六八五八
郵撥—一九三四四七二四時報文化出版公司
信箱—一〇八九九　台北華江橋郵局第九九信箱

時報悅讀網—http://www.readingtimes.com.tw
法律顧問—理律法律事務所　陳長文律師、李念祖律師
印　　刷—勁達印刷有限公司
初版一刷—二〇二一年四月三十日
定價—新台幣四八〇元
缺頁或破損的書，請寄回更換

時報文化出版公司成立於一九七五年，
並於一九九九年股票上櫃公開發行，於二〇〇八年脫離中時集團非屬旺中，
以「尊重智慧與創意的文化事業」為信念。

中國數谷:趕超美國矽谷的大數據革新 / 大數據戰略重點實驗室作; 連玉明主編. -- 初版. -- 臺北市 : 時報文化出版企業股份有限公司, 2021.04
面；　公分. -- (Big ; 357)
ISBN 978-957-13-8615-7(平裝)

1.資訊業 2.產業發展 3.大數據 4.中國

484.6　　　110001119

ISBN 978-957-13-8615-7
Printed in Taiwan